赛博物理系统工程建模与仿真

赛博物理系统的复杂性挑战
支持智能、适应和自主的建模与仿真的应用

〔美〕Saurabh Mittal
〔美〕Andreas Tolk　　主编

高星海　译

北京航空航天大学出版社

图书在版编目(CIP)数据

赛博物理系统工程建模与仿真：赛博物理系统的复杂性挑战支持智能、适应和自主的建模与仿真的应用 / （美）苏拉布·米塔尔（Saurabh Mittal），（美）安德鲁·托尔克（Andreas Tolk）主编；高星海译. -- 北京：北京航空航天大学出版社，2021.9

书名原文：Complexity Challenges in Cyber Physical Systems：Using Modeling and Simulation (M&S) to Support Intelligence，Adaptation and Autonomy

ISBN 978　7-5124-3608-4

Ⅰ.①赛⋯ Ⅱ.①苏⋯ ②安⋯ ③高⋯ Ⅲ.①物理学—系统建模②物理学—计算机仿真 Ⅳ.①O4-39

中国版本图书馆 CIP 数据核字（2021）第 196809 号

赛博物理系统工程建模与仿真
赛博物理系统的复杂性挑战
支持智能、适应和自主的建模与仿真的应用
［美］Saurabh Mittal
　　　　　　　　　　　　主编
［美］Andreas Tolk
高星海　译
策划编辑　董宜斌　　责任编辑　孙兴芳
*
北京航空航天大学出版社出版发行

北京市海淀区学院路 37 号（邮编 100191）　http://www.buaapress.com.cn
发行部电话：(010)82317024　传真：(010)82328026
读者信箱：copyrights@buaacm.com.cn　邮购电话：(010)82316936
涿州市新华印刷有限公司印装　各地书店经销
*
开本：710×1 000　1/16　印张：21.5　字数：484 千字
2021 年 10 月第 1 版　2021 年 10 月第 1 次印刷
ISBN 978-7-5124-3608-4　定价：169.00 元

内 容 简 介

本书面向赛博物理系统(CPS)的智能、自主和适应的复杂性特征,聚焦建模与仿真(M&S)技术在基于模型的工程、基于仿真的工程等方面的研究成果,广泛汇编并综述近年来国际上多个政府组织、研究团体的相应的文献和验证项目,面对被广为关注的智慧城市、自主驾驶、复杂防务体系等多个应用领域,详细阐述 CPS 工程中 M&S 技术的领先应用模式;同时,就普适性解决方案中共享的概念,如 CPS 统一本体架构、自主系统协同仿真框架、自主系统架构、复杂系统强韧性测度以及社会系统演进等,提出了卓有建树的开放性研究思路和探索方向,从而激发读者对 M&S 的研究兴趣,并将其应用于 CPS 工程的技术与管理流程中,使本书成为基于模型的系统工程(MBSE)中应用先进 M&S 技术和方法的一站式参考,从而为工程领域提供领先的设计和评估能力发挥重要的作用。

本书适合从事复杂组织体系和先进工程系统开发方法研究的学者,以及系统架构师、系统工程师等从业者阅读;可作为系统工程大学教育中复杂系统设计分析的专业课程的教材,也可作为其他专业课程扩展领域的参考书,如针对计算机科学的人工智能和赛博安全、电子工程和控制工程的嵌入式实时系统、机械工程的现场制造系统等。

对于创造了简单、精准和包容的无限智能而言，将自身呈现在复杂宇宙之中，无论是内在的还是外在的，都让我们共同分享、欣赏并力求得以领悟。

Saurabh Mittal

致所有敢于走出自己学科舒适区的科学家和研究者，是他们在寻求与志同道合的伙伴们的协同，创建跨学科团队并激励我们在复杂研究中的进步。

Andreas Tolk

译者序

直到最近几十年，科学和哲学领域才将我们所观察到的自然和工程系统所呈现的复杂性归结为涌现性，这一特征并非由系统组成直接创建，而通常表现在系统行为的宏观层面由相互作用的组件所产生。到了今天，人们普遍认为基于模型的范式是未来我们应对系统复杂性演进的最为关键的方式，当然也是系统工程中最为突出的发展方向。

首先，从开发方法论的视角来看，基于模型的系统工程（MBSE）转型实质上是持续地转移到由模型的连续性、追溯性所支持的系统开发流程，当提及模型时，我们通常指的是可执行的仿真模型。因此，先进的建模与仿真（M&S）技术和方法成为驱动系统工程方法运作的核心机制。其次，从系统演进的视角来看，我们将赛博物理系统（CPS）定义为由通信、计算和控制主导物理行为的系统，CPS 代表先进的系统混合形式，其中 M&S 技术的应用将涉及系统的概念、规范和运行等多个层级——采用形式化方法表达基本概念（如结构、状态、事件、并发等）及其关系，将真实世界中所研究的系统（问题）表达为模型，通过仿真引擎执行各种仿真指令来验证系统行为和功能的实现。综合上述两个视角，CPS 概念与 M&S 技术的结合，在 MBSE 的大背景下将引发 CPS 工程建模与仿真的应用热潮，这也将成为复杂自适应系统（CAS）工程、软件密集型系统（SIS）工程、体系（系统之系统，SoS）工程、网络系统（NS）工程、实时嵌入式系统（RTES）工程以及其他更多具有相似特征工程的共同范式。

本书为 Wiley 出版的"复杂系统与复杂组织"系列丛书之一。该丛书是 Wiley 已出版 30 余年的"系统工程和管理"系列丛书的姊妹篇。后者相继出版了 50 多部，侧重于传统的系统工程主题；而前者在近 5 年来已出版 8 部，特别针对工程和组织系统中出现的各种复杂行为与社会现象，立足于系统科学和系统工程的核心基础方面的快速发展，寻求系统性和权威性的诠释和阐明，同时也更加关注社会和工程领域所面临的日益复杂的挑战——从技术、人员到组织的互联水平和演进速度的持续提高。因此，当今我们解决系统问题的方法需要建立在跨学科的基础之上，由此理解、分析并综合各种解决方案，而成功的跨学科研究取决于有关概念、原理、模型、方法和工具等广泛知识的获得和应用，"复杂系统与复杂组织"系列丛书的编撰正在为系统科学和系统工程的发展提供更多的视角。

本书面向赛博物理系统（CPS）的智能、自主和适应的复杂性特征，聚焦建模与仿真（M&S）技术在基于模型的工程、基于仿真的工程等方面的研究成果，广泛汇编并综述近年来国际上多个政府组织、研究团体相应的文献和验证项目，面对广为关注的智能城市、自主驾驶、复杂防务体系等多个应用领域，详细阐述 CPS 工程中 M&S 技术的领先应用模式；同时就普适性解决方案中共享的概念，如：CPS 统一本体架构、自主系统协同仿真框架、自主系统架构、复杂系统强韧性测度、社会系统演进等，提出了卓有建树的开放性研究思路和探索方向,从而激发读者对 M&S 的研究兴趣,并将其应用于 CPS 工程的技术与管理流程中,使本书成为基于模型的系统工程(MBSE)中应用先进 M&S 技术和方法的一站式参考。

本书将 CPS 工程的复杂性归于系统微观组成的动态时空交互过程,借助 M&S 技术的支持来达到 CPS 基于行为的认知和实现的目标。因此,本书特别适于那些期望创造全新系统解决方案、探索系统工程数字转型方向以及掌握未来系统工程应用范式的研究者、实践者和学习者。

书中呈现的内容集中反映了当前系统工程理论和方法的最新发展趋势,涉及众多的理论和实践方面的知识,鉴于译者本人专业领域知识所限,难免有不妥或偏颇之处,恳请读者批评指正。

在本书翻译过程中,段世安承担了大量翻译稿的整理工作,在此对他的辛勤工作表示感谢。

译 者

2021 年 8 月于北航

序　言

　　赛博物理系统(CPS)的各种定义均聚焦于其中的计算组件和物理组件以及集成的传感器、网络和动力等,但我们常常忽略了 CPS 将会显著地改变我们了解各种系统和环境的方式。CPS 无处不在:汽车自动泊车系统识别路标并做出相应的反应,掌握与其他汽车的车距并确保合适的距离等;新型的医疗设备系列,从外科手术辅助装置到智能假体;智能家居观察人们的适宜状况并相应地控制空调,把握人们回家的时间,准备好饭菜,并在交通阻塞的状况下对饭菜进行保温;家居只是智能城市的一部分,传感器还将掌握交通拥堵状况并自动进行交通分流,重新调整交通信号灯并将信息传递给智能汽车;应急及军事人员已经习惯人-赛博团队中的 CPS 同事,CPS 能够评估那些对于人类团队伙伴过于危险或难以到达的区域。然而,所有这些支持都需要付出代价,即系统变得越来越复杂! 我们如何管理或管控这些智能、自主和适应的系统呢? 我们又如何利用机会来规避消极的后果呢?

　　曾经我们经历了类似的巨大变化,Internet 改变了我们检索和获取信息的观念,现在,同样众多的 CPS 也在使用 Internet 收集和改变信息,它同样也需要付出代价。在 Internet 时代之前,许多复杂的系统都同时具有软件和硬件组件,但由于未接入网络,因此它们免受网络攻击。然而,由于 CPS 的组件具有跨越不同网络(拥有 CPS 组织的内部和外部)的连接能力,因此出现了新的挑战,这些挑战包括网络安全、控制、测试、连接程度、连续的警戒和持续的运行、自主程度、基于智能的行为、强韧性以及对社会经济结构的影响。

　　正像当前许多出版文献所论述的,CPS 和物联网(IoT)可互换使用,但是两者之间却存在着一些微妙的差别。我们将 CPS 理解为 IoT 在特定领域的某种形式,因此它们的区别在于规模、社会影响和效应传播等方面。CPS 主要聚焦于特定领域,例如航空、医疗、军事、防务和制造等。由于特定领域的本质特性,可在运行技术(OT)和信息技术(IT)层面针对 CPS 进行更详细的研究。然而,由此带来的弊端是,CPS 既不能在特定领域中分享对其的理解,也不能从其他领域对 CPS 的理解中受益。与领域无关的公共理论将对其有所帮助,由此可产生在特定领域中共同的解决方案,我们将讨论一些存在的可选方法,但支持这一思想的共同的形式化方法迄今为止尚未被广泛接受。

　　建模和仿真(M&S)技术已成为一种可在虚拟环境中研究 CPS 各种挑战的机制。尽管仿真活动包含建模活动,但基于模型的工程(MBE)和基于仿真的工程是两种截然不同的活动。模型是系统的抽象表达,并在可能的在线环境(人使用实际的系统)、虚拟环境(人使用仿真的系统)或构造性环境(仿真的人和系统)中进行评估。仿真基础架构确保为模型系统提供正确的功能评估环境,而这些功能实质上是需要测试和评估的系统功能。

　　我们从 2017 年秋季开始这方面的研究工作,在研究 CPS 支持的混合仿真所面临的挑战时,获得了 MITER 公司内部的部分经费支持,在此表示感谢。同时,我们也拨出了一些经费,请专家们参与小组讨论。这些专家来自不同的领域,他们使用 M&S 方法来应对 CPS 的挑战并共同开展 CPS 工程的研究工作。有趣的是,这扩展出了一些合作,因为我们在应对挑战和寻找解决方案时找到了相同之处,最终使得本书诞生。本书力图将我们的研究用于 CPS 工程中 M&S 技术的最新应用中。书中主题共涉及五部分:简介、支持 CPS 工程的建模技术、基于仿真的 CPS 工程、赛博元素以及发展方向。

第一部分包括第 1~3 章,其中,第 1 章介绍在 CPS 工程中 M&S 技术应用的相关复杂性;Castro 等在第 2 章中详细描述智能 CPS 在运行和设计中的挑战;第 3 章由 Mazal 等撰写,在北大西洋公约组织(NATO)涉及的自主系统背景下研究 M&S。第二部分包括第 4~7 章,其中,Traoré 撰写的第 4 章涉及非常复杂的系统分析的多角度建模和整体仿真;Barros 在第 5 章介绍了 CPS 层级化的协同仿真的统一框架;随后,Markina-Khusid 等在第 6 章进行了基于模型的系统工程权衡分析;第 7 章由 Mittal 等撰写,研究了更大形式的 CPS,即物联网(IoT),以及与开发风险评估框架相关的复杂性。第三部分包括第 8~10 章,其中,Castro 等在第 8 章介绍仿真模型连续体,用以支持 CPS 中嵌入式控制器的有效开发;Henares 等在第 9 章提出了 CPS 设计方法论预测慢性疾病症状,介绍从概念到云部署再到执行的 CPS 工程的整个生命周期方法论,这是另一个实际应用;Bhadani 等在第 10 章将基于模型的工程应用于 CPS 中的自主性主题。第四部分包括第 11~13 章,其中,Furness 撰写的第 11 章涉及确保 CPS 安全的各种观点;Haque 等在第 12 章对此提供支持,介绍关于 CPS 强韧性的内容,并讨论强韧性系统工程的框架、复杂性和未来方向;Suarez 和 Demerath 在第 13 章讨论使用 CPS 创建社会结构。第五部分包括第 14 章,提供针对 CPS 工程中 M&S 应用复杂性的研究议程。

编撰本书是一次有益的经历,给我们提供了大量的学习和发现机会。我们邀请你一同分享 CPS 工程中令人振奋的旅程,为各个层级的提升提供大量的机会。CPS 将塑造我们的生活:观测老年人的平静生活,检查我们自己的健康,观察和优化我们的生产系统以及其他更多的情况。正如我们的孩子那样,为了家庭作业或学业项目,很难想象在互联网和谷歌出现之前如何寻找感兴趣的相关信息;新生一代可能再也无法想象我们要经常练习路边侧位平行停车,或者每天只能投送一次包裹的场景。我们希望通过本书能为未来有效地开发 CPS 解决方案做出贡献,并希望为学者和研究人员带来一些新颖的观念。

Saurabh Mittal 博士[①]
MITRE 公司
美国俄亥俄州费尔伯恩
Andreas Tolk 博士[②]
MITRE 公司
美国弗吉尼亚州汉普顿

---

①② 两位作者与 MITRE 公司的关系仅用于确定其身份,并不意欲传达或暗示 MITRE 公司同意或支持作者表明的立场、见解或观点。批准公开发布,无限发行。发行号:PR_18-2996-3。

前　　言

关于赛博物理系统的发展,出现了一些重要的全球化趋势。在全球范围内,正在寻求重大技术驱动的进步,以适应日益提高的赛博物理系统的性能、安全性和保密性,同时实现低成本的设计、开发和运行的效能。这些趋势包括:

- 在物理系统(包括自主系统)的更高层级的自动化方面进行大量投资。
- 越来越多地将人工智能(AI)应用于物理系统的研究和早期应用,包括解决"可靠的 AI"问题,以确保 AI 软件设计和开发的高度可靠性。
- 由建模和仿真研究团体开发先进的静态和动态分析工具,由此产生的基于模型的系统工程(MBSE)分析工具和方法,解决了与高度集成的体系架构日益复杂有关的问题。
- 开发赛博攻击强韧系统架构,以响应由实时检测的赛博攻击所造成的功能失效,从而使其恢复到可接受的系统运行状态。

这些举措使系统设计的复杂性与日俱增,在设计新的或大幅升级的系统时,需要解决相应的风险问题,这些风险包括:

- 赛博攻击,包括供应链和内部攻击,会直接影响物理系统的应用层,在最极端的情况下,有可能导致操作人员或用户受伤或致命。
- 由系统设计中未发现的缺陷而导致的相关安全事件。
- 异常情况下,与人机角色相关的不确定性而导致的操作人员失误。

但是,最令人担忧的风险也许是公认的工程师和科学家的短缺,虽然他们为这些新技术和工具的开发做出了贡献,但由于缺少合适的人员,在开发和评估新的赛博物理系统设计时,无法有效地使用那些提高效率的分析工具。本书通过提供合理组织的精选的文献来帮助读者解决上述问题,针对复杂赛博物理系统的设计和开发,共同为读者提供最新技术的综合观点。通过整合不同的文献,本书可作为大学教育课程的补充,倾向于将以上研究主题转化为不同系别的课程,例如,针对机械工程的物理系统、计算机科学的人工智能和赛博安全、系统工程的复杂系统设计分析等。因此,我相信在正规教育和先前经验的基础上,针对赛博物理系统所倡导的方向,此类书籍将为工程师获得强大的设计和评估能力发挥巨大的作用。

对于那些有志于参与这种全球化趋势并对此做出贡献的工程师和科学家,我强烈建议阅读本书,以提高赛博物理系统的自动化水平!

Barry Martin Horowitz
美国国家工程院院士
弗吉尼亚大学系统与信息工程教授
MITRE 公司前首席执行官
弗吉尼亚州前网络安全专员
2019 年 3 月

关于主编

Saurabh Mittal 是 MITER 公司（位于俄亥俄州费尔博恩）仿真、实验和博弈部门的首席科学家，国际建模与仿真学会（SCS）（位于加利福尼亚州圣地亚哥）副主席、董事会成员；拥有亚利桑那大学图森分校电子和计算机工程博士学位和硕士学位，并在系统和工业工程以及管理和信息系统领域获得两个辅修学位；与他人合作发表 100 多篇文献，包括书籍章节、期刊论文和会议论文，其中有 3 本书涉及复杂系统、体系（系统之系统）、复杂自适应系统、涌现行为、建模和仿真（M&S）以及跨多学科的基于 M&S 的系统工程；曾在许多国际会议计划/技术委员会任职，是著名学术期刊的推荐人，并在 *SCS Transactions*、《防务 M&S》杂志和《复杂组织体架构（EA）知识体》的编辑委员会任职；曾获美国亚利桑那大学的"卓越领导奖"、美国国防部最高的民间合同方奖——金鹰奖，以及 SCS 的"杰出服务和专业贡献奖"。

Andreas Tolk 是 MITER 公司（位于弗吉尼亚州汉普顿）的高级管理人员，是弗吉尼亚州诺福克市 Old Dominion 大学的兼职教授；拥有德国联邦武装大学计算机科学博士学位和理学硕士学位；研究兴趣包括计算和认识论的基础、M&S 的约束以及计算科学中构成基于模型的解决方案的数学基础；发表了 250 多篇同行评审的期刊论文、书籍章节和会议论文，并编辑了 10 部有关 M&S 以及系统工程主题的教科书和纲要；是建模与仿真学会的会员、IEEE 和计算机协会的高级会员。

贡献者名单

Jose L. Ayala　西班牙马德里康普顿斯大学

Matt Bunting　美国亚利桑那大学电气与计算机工程系

Fernando J. Barros　葡萄牙科英布拉大学信息工程系

Sheila A. Cane　美国昆尼皮亚克大学

Rahul Bhadani　美国亚利桑那大学电气与计算机工程系

Sebastian Castro　美国 MathWorks 公司

Marco Biagini　北约建模与仿真卓越中心(M&S COE)(意大利)

Rodrigo D. Castro　阿根廷布宜诺斯艾利斯大学和计算机科学研究院 FCEyN 计
算分部

Agostino G. Bruzzone　意大利热那亚大学

Fabio Corona　北约建模与仿真卓越中心(M&S COE)(意大利)

Richard B. Harris　美国 MITRE 公司

Judith Dahmann　美国 MITRE 公司

Kevin Henares　西班牙马德里康普顿斯大学

Loren Demerath　美国路易斯安那州百年学院社会学系

Ryan B. Jacobs　美国 MITRE 公司

Zach Furness　美国斯特林 INOVA 健康系统

Jason M. Jones　北约建模与仿真卓越中心(M&S COE)(意大利)

Bheshaj Krishnappa　美国克利夫兰 ReliabilityFirst 公司风险分析和缓解

Juan I. Giribet　阿根廷布宜诺斯艾利斯大学工程学院电子与数学工程系和阿根
廷阿尔贝托·卡尔德龙研究所

Ezequiel Pecker Marcosig　阿根廷布宜诺斯艾利斯大学工程学院电子工程系和计
算机科学研究所

Md Ariful Haque　美国奥多明尼昂大学建模仿真和可视化工程系

Aleksandra Markina‐Khusid　美国 MITRE 公司

Jan Mazal　北约建模与仿真卓越中心(M&S COE)(意大利)

Sachin Shetty　美国奥多明尼昂大学计算建模与仿真工程系

Saurabh Mittal　美国 MITRE 公司

Pieter J. Mosterman　美国 MathWorks 公司

Jonathan Sprinkle　美国亚利桑那大学电气与计算机工程系

Josué Pagán　西班牙马德里理工大学

E. Dante Suarez　美国三一大学商学院金融与决策科学系商系

Akshay H. Rajhans　美国 MathWorks 公司

Andreas Tolk　美国 MITRE 公司

José L. Risco-Martín　西班牙马德里康普顿斯大学

Charles Schmidt　美国 MITRE 公司

Mamadou K. Traoré　法国波尔多大学

John Tufarolo　美国研究创新公司

Marina Zapater　瑞士洛桑联邦理工学院

Michele Turi　北约建模与仿真卓越中心（M&S COE）（意大利）

关于作者

  Aleksandra Markina – Khusid 是 MITER 公司系统工程技术中心的首席系统工程师，为 DoD 和 DHS 的多项 SoS 建模工作提供支持，是 MITER 公司基于模型工程能力领域团队的负责人。她拥有麻省理工学院的物理学学士学位、电气工程硕士学位和博士学位以及工程与管理硕士学位。

  Agostino G. Bruzzone 是热那亚 DIME 大学的全职教授、M&S Net（涉及 34 个中心的国际性研究网络）主任、MISS McLeod 仿真科学研究院院长以及热那亚中心（分布于全球的 28 个中心）的创始人，Liophant Simulation 总裁。他是 MIMOS（Movimento Italiano di Simulazione）的副总裁兼理事会成员、北约 MSG 成员、国际建模与仿真学会执行副主席。他致力于利用仿真和混沌理论开展创新建模、AI 技术、神经网络、遗传算法和模糊逻辑在工业现场问题上的应用研究。他是多个国际技术和组织委员会的成员（即 IASTED 的 AI 应用、AI 会议、ESS、AMS）以及科学计划的总协调员（即 SCSC 和 I3M 的主席）。他为 DIMS 博士课程（综合数学 M&S 博士学位）教授 M&S。他是热那亚大学工业现场和技术硕士课程的主任，也是 STRATEGOS 战略和安全工程技术国际理科硕士教育的创始人和主席（http://www.itim.unige.it/strategos）。他在海事研究与实验中心（CMRE）担任北约科学技术组织的项目负责人，为建模和仿真研究开辟了新的技术路径。他是全球第十位进入建模与仿真名人堂的科学家，被国际建模与仿真学会授予终身最高成就奖。

  Akshay H. Rajhans 是 MathWorks 公司高级研究与技术办公室的首席赛博物理系统研究科学家，他的研究重点是赛博物理系统（CPS）的技术计算和基于模型的设计与分析。此前，他在康明斯从事柴油发动机应用的电子控制系统的研发和应用工作，并在博世研究和技术中心发明了一种基于模型的非介入式负荷监测方法。他曾在 CPS、建模与仿真领域的顶级研究会议中担任领导职务，包括在 2017 冬季仿真会议和 2019 春季仿真会议中担任首任 CPS 分会场主席，以及担任 CPS 监控和测试国际研讨会（2019）的联合主席。他是 2011 年 IEEE/ACM William J. McCalla 最佳论文奖的获得者，他的工作被 ACM 的旗舰杂志《ACM 通讯》评为研究热点。他拥有卡内基-梅隆大学的电气和计算机工程博士学位以及宾夕法尼亚大学的电气工程硕士学位。他是 IEEE 和 ACM 的会员。

  Bheshaj Krishnappa 目前在 ReliabilityFirst 公司担任负责人。他负责美国大部分地理区域的大功率电力系统可靠性和安全性的风险分析以及威胁缓解工作。他拥有超过 22 年的专业经验并曾在大中型公司担任高级职务，面向组织目标的达成，负责信息技术、安全性和业务解决方案的实施和管理。他毕业于商科专业，精通可持续商业实践，并为社会、环境和经济效能的三重底线研究做出了贡献。他致力于运用自己的丰富知识来实现个人和组织的目标,以产生可持续的积极影响。

Charles Schmidt 是 MITER 公司的集团负责人。他在赛博安全、安全自动化和标准开发方面拥有超过 17 年的经验。他拥有卡尔顿学院的数学和计算机科学学士学位以及犹他大学的计算机科学硕士学位。

Ezequiel Pecker Marcosig 拥有阿根廷布宜诺斯艾利斯大学工程学院(FIUBA)的电子工程学位。他目前是 FIUBA 和 ICC - CONICET 的博士,致力于研究基于模型和仿真的赛博物理系统混合控制器的设计。他的工作得到 Peruilh 基金会博士奖学金的支持。自 2013 年以来,他一直担任 FIUBA 电子工程系自动控制领域的助教。他的学术兴趣包括自动控制、赛博物理系统、建模和仿真以及混合系统。

E. Dante Suarez 是美国三一大学商学院金融与决策科学系的副教授。他拥有美国亚利桑那州立大学的经济学博士学位和硕士学位。他的主要研究领域是国际金融,为此他研究了国际金融市场的整合,例如美国存托凭证及其与对应基础股票之间的关系。这项研究旨在了解在这个全球化时代,世界各地的市场是如何相互作用的。他的其他研究领域包括经济指标、欧洲研究和拉丁美洲商业实践。

Fabio Corona 受聘于罗马北约建模与仿真卓越中心的概念开发与实验部门(CD&E)。他在中心的主要工作是研究有关自主系统和 M&S 即服务的新兴技术和概念。他在 Politecnico di Torino 获得了电气工程博士学位,并在 Roma Tre 大学获得了电子工程硕士学位。加入意大利陆军后,他的工作范围从意大利陆军信号司令部的网络互联工作领域到意大利陆军后勤司令部的光电和通信系统的维护与采购。在他攻读博士学位期间,他的主要研究领域是在不匹配条件下光伏系统的效率和电能质量。

Fernando J. Barros 是科英布拉大学信息工程系的教授。他拥有科英布拉大学的电气工程博士学位。他的主要研究领域包括建模和仿真理论、混合系统和动态拓扑模型;他已发表了期刊论文、书籍章节和会议论文 80 多篇;他是 IEEE 的会员。

Jan Mazal 毕业于维斯科夫陆军军事学院军事系统管理学院。2003 年,他完成美国亚利桑那州瓦丘卡堡的军事情报学术课程的学习;自 2005 年以来,攻读国防管理理论领域的博士学位;自 2013 年以来,成为军事管理和 C4ISR 系统问题的副教授。他曾是布尔诺国防大学军事管理与战术学系的副主任,目前他是罗马北约建模与仿真卓越中心的条例教育与培训分部主任,专注于军事情报和侦察、C4ISR 系统和作战决策支持。他是 70 多个专业出版物的作者和合著者,完成了 10 多个科学项目,并且是许多功能样品和应用软件的作者。在他以往的军事实践中,在战术级别上他担任过指挥和参谋职务,还曾参加过国外任务,如欧盟部队(2006)和国际安全援助部队(2010)。

Jason M. Jones 是北约建模与仿真卓越中心的副主任。自 2003 年以来,他一直担任美国陆军功能 57 区模拟作战指挥官,并从事有关仿真的各个方面的工作:培训、计划、全球模拟分布、测试和实验。他的专业领域包括:在线和构造培训、导弹防御和后勤模拟、知识管理。他拥有加利福尼亚州蒙特雷海军研究生院的建模、虚拟环境和仿真硕士学位,他的硕士论文研究了商业游戏软件用于步兵小队训练的问题。

John Tufarolo 是 Research Innovations 的系统工程技术主任。他拥有美国 Drexel

大学的电气工程学士学位和 George Mason 大学的系统工程硕士学位,并且在支持系统工程项目运行、规划以及复杂的分布式系统领导方面拥有 32 年以上的经验。

Jonathan Sprinkle 是美国亚利桑那大学电气与计算机工程系利顿工业 John M. Leonis 的卓越副教授。2013 年获得 NSF CAREER 奖;2009 年获得 UA 的 Ed 和 Joan Biggers 教职员工支持补助金,支持自主系统的工作。他的工作是关注行业影响力,2014 年,他被亚利桑那州 Tech Launch 授予 UA"弹射奖";2012 年,他的团队获得 NSF I - Corps 最佳团队奖。他的研究兴趣和经验是在系统控制和工程领域,他教授的课程涉及系统建模和控制、移动应用程序开发和软件工程。

José L. Ayala 在马德里技术大学获得电子工程博士学位,目前是马德里康普顿斯大学计算机架构和自动化系的副教授。在他的职业生涯中,曾与加利福尼亚大学尔湾分校、加利福尼亚大学洛杉矶分校、EPFL 以及博洛尼亚大学合作并进行相关的研究工作。他目前是 IEEE 电子设计自动化理事会新计划副主席,是 CEDA 在 IEEE IoT 计划和 IEEE 智慧城市计划的 CEDA 代表,是多个国际会议和指导委员会(IEEE 智能城市会议、IEEE GLSVLSI、VLSI - SoC、PATMOS、IEEE ASAP 等)的委员。他的研究兴趣集中在物联网和针对个性化医学方法的边缘解决方案上,包括健康监测、无线传感器网络和疾病建模。

José L. Risco - Martín 是马德里康普顿斯大学的副教授,是计算机架构和自动化系的负责人。此前,他曾担任塞哥维亚大学的助理教授和 C. E. S. 的助理教授。Risco - Martín 博士还曾担任 SummerSim'17 的主席、SummerSim'15 的程序主席、2016 年夏季计算机仿真会议的主席和 SummerSim'16 的副主席。他在各种国际会议和期刊上合作发表了 100 多篇论文。他的研究兴趣集中在集成系统和高性能嵌入式系统的设计方法论上,包括新的建模框架,以探索用于多处理器片上系统的热管理技术、动态内存管理和嵌入式系统的内存层级优化、片上网络互连设计、嵌入式系统的低功耗设计以及更一般的复杂系统 M&S 中的计算机辅助设计,重点研究基于 DEVS 的方法和工具。

Josué Pagán 是马德里理工大学的助教。他于 2010 年获得纳瓦拉大学(University of Navarra)电信工程学士学位,于 2013 年 9 月获得马德里理工大学理学硕士学位,于 2018 年在马德里康普顿斯大学获得计算机科学博士学位。他的工作重点是为生物物理和关键场景开发可靠的信息获取方法。他致力于开发模型以对神经系统疾病快速预测和分类。在 2016 年夏季,他在华盛顿州立大学的嵌入式普适系统实验室工作了 12 周,在 Hassan Ghasemzadeh 教授的指导下开展研究工作。此前,在 2015 年秋天,他在模式识别实验室进行了为期 16 周的研究,在弗里德里希·亚历山大大学(Friedrich Alexander University)的 Bjoern Eskofier 教授的指导下工作。

Juan I. Giribet 是阿根廷材料研究所(IAM - CONICET)的研究员,还是阿根廷布宜诺斯艾利斯大学工程学院的副教授。他拥有布宜诺斯艾利斯大学的电子工程硕士学位和博士学位。他在期刊和会议论文集上发表了 70 多篇论文,这些论文涉及电子工程和应用数学。他是布宜诺斯艾利斯大学工程数学硕士课程的主任,是 IEEE 的高级会员。

Judith Dahmann 是 MITER 公司系统工程技术中心的首席高级科学家和体系(SoS)能力行动小组的组长。他于 1972 年获得宾夕法尼亚州匹兹堡查塔姆学院的学士学位,同时在 1971—1972 年期间,在达特茅斯学院作特殊学生,于 1973 年获得芝加哥大学的硕士学位,于 1984 年获得约翰·霍普金斯大学的博士学位。他是 INCOSE 的会士、INCOSE 体系工作组的联合主席,也是国防工业协会 SE 分部 SoS SE 委员会的 DOD 的联络官和联合主席。

Kevin Henares 是马德里康普顿斯大学(UCM)的博士研究生,并在此所大学获得计算机工程硕士学位(2018,西班牙),在比戈大学(2016,西班牙)获得计算机工程学士学位。他的工作专注于开发鲁棒的建模和仿真方法,研究复杂系统的行为,创建模型用以对神经系统疾病的关键事件进行分类和预测。他的邮箱地址:khenares@ucm. es。

Loren Demerath 是路易斯安那州百年学院的教授兼社会学系主任。他目前正在研究信息处理理论以及涌现性和复杂性的模型。他已出版多部著作来探讨面向秩序的审美反应如何引导意义的演进。他的著作《解释文化:主观秩序的社会追求》描述了文化的涌现本质。

Marina Zapater 自 2016 年以来一直是瑞士洛桑联邦理工大学(EPFL)嵌入式系统实验室(ESL)的博士后研究员。她曾于 2015—2016 学年间为西班牙马德里康普顿斯大学(UCM)计算机架构系的非终身助理教授。她于 2010 年在西班牙加泰罗尼亚政治大学(UPC)获得电信工程硕士学位和电子工程硕士学位,并于 2015 年在西班牙马德里理工大学获得电子工程博士学位。她主要研究异构架构的热和功率优化以及数据中心的能源效率。在这一领域,她与国际一流的会议和期刊合作发表了 50 多种出版物,并且参与了多个国际研究项目,其中包括 5 个欧洲 H2020 项目。她是 IEEE 会员,并且现任 IEEE CEDA 的新秀代表。她曾是多个会议(包括 DATE、ISLPED 和 VLSI - SoC)的技术委员会的会员。

Mamadou K. Traoré 是法国波尔多大学的教授,拥有法国克莱蒙费朗的布莱斯·帕斯卡尔大学的计算机科学硕士学位和博士学位。他的贡献包括形式化规范、符号操纵和仿真模型的自动代码合成,曾于 2011 年获得国际 DEVS M&S 奖。他是 ACM 和 SCS 的会员。

Marco Biagini 是北约建模与仿真卓越中心的概念开发与实验(CD&E)部门的负责人。他拥有数学、工程和仿真博士学位,战略研究、维和与安全研究以及新媒体和通信领域硕士学位。他在 M&S 领域拥有 15 年以上的工作经验。他曾是意大利陆军数字化实验单元(USD)大队指挥官和意大利陆军仿真与验证中心的主管。他是北约建模与仿真组(NMSG)150 的主席,并且是 NMSG 145、NMSG 136 和 NMSG 147 的成员。

Matt Bunting 是亚利桑那大学电气与计算机工程系的博士研究生。他获得了亚利桑那大学的电气工程学士学位(2010)。他主要研究用于赛博物理系统的特定领域建模语言的建模技术。他是 Safkan Health 医疗设备公司的联合创始人。

Md Ariful Haque 是奥多明尼昂大学的建模仿真和可视化工程系的博士研究生。

他目前在弗吉尼亚州建模分析与仿真中心担任研究生研究助理。他于 2018 年获得奥多明尼昂大学的建模仿真和可视化工程科学硕士学位(MS),2016 年获得达卡大学工商管理学院(IBA)的工商管理硕士学位(MBA),2006 年从孟加拉国工程技术大学获得电气和电子工程学士学位。在进入奥多明尼昂大学读研究生之前,在电信行业工作了大约 7 年。他的研究兴趣包括但不限于赛博物理系统安全性、云计算、机器学习和大数据分析。

Michele Turi 是意大利陆军上校,目前担任北约建模与仿真卓越中心的主任。他拥有热那亚大学的工程、数学和仿真博士学位,并且具有在运行环境中使用 M&S 的丰富经验。他的职业生涯始于机械化炮兵,曾担任船长等职务,具有少校军衔,还担任过旅情报部部长、安全官、培训官以及 C3I 计算机与 ICT 局的局长。他在担任陆军参谋学院 C4 军事教师期间任职 IT 部门,在指挥与控制、军事决策过程中获得了一些经验。他参加了项目管理工作组,该组致力于在线构造仿真系统的培训模拟,用以开发意大利陆军构造仿真中心以及在线 MOUT 和 CTC。他参与了研究、项目、培训计划和仿真系统评估工作组,这些工作与培训仿真、M&S、C2 系统互操作性、所使用的概念和系统以及未来发展的 VV&A 流程有关。在陆军 IT M&S 部门任职期间,他负责管理、执行和应用陆军 M&S 策略,并且管理、组装和测试了首个实验性的综合测试床单元;协调分配给国际工作组的资源,该工作组负责为意大利陆军方面的阿富汗任务网络定义可部署的功能解决方案,设计、采用和实施系统互操作性测试计划。他在 M&S 分支机构中使用项目管理方法、程序和技术来开发项目,规划并定义资源和管理 R&D 项目。他的专业领域包括信息技术、C3I、M&S、VV&A、CD&E、培训模拟和情报等。

Pieter J. Mosterman 是位于马萨诸塞州纳蒂克 MathWorks 公司的首席研究科学家兼高级研究与技术办公室主任,他致力于技术计算以及基于模型的设计工具的计算方法和技术。他在麦吉尔大学计算机科学学院担任兼职教授。在此之前,他是 Oberpfaffenhofen 德国航空航天中心(DLR)的研究助理。他在田纳西州纳什维尔的范德比尔特大学获得电气和计算机工程博士学位,并在荷兰的特温特大学获得电气工程硕士学位。他开发了电子实验室仿真器,该仿真器于 1994 年获得微软公司计算机世界的史密森尼奖提名。2003 年,他因关于混合键图建模和仿真环境的论文而获颁 IMechE Donald Julius Groen 奖{\sc HyBrSim}。2009 年,他因担任《仿真:SCS 会议文集》的总编辑而获得国际建模与仿真学会(SCS)的杰出服务奖。他曾担任客座编辑负责以下几方面的专题:计算机仿真的多自动化模型建模、《IEEE 控制系统技术会议文集》以及《ACM 建模和计算机仿真会议文集》。

Rahul Bhadani 是亚利桑那大学电气与计算机工程系的博士研究生。他获得了孟加拉工程科学大学的理学学士学位(2012 年)和亚利桑那大学的计算机工程理学硕士学位(2017 年)。他的研究兴趣包括自动驾驶汽车的建模、仿真和控制以及为交通仿真和软件工程开发新颖的统计模型。在加入亚利桑那大学之前,他曾担任 Oracle 的软件工程师。

Richard B. Harris 是 MITRE 公司国土安全中心的首席网络安全策略工程师。他在国土安全部和 MITRE 公司的网络安全领域拥有 14 年以上的专业经验,并在美国海军陆战队的 26 年职业生涯中积累了关于复杂风险环境的经验。

Roberto G. Valenti 是 MathWorks 公司高级研究与技术办公室的高级机器人研究科学家。他的研究兴趣包括机器人技术、机器人导航感应、传感器融合、自动驾驶机器人(自主驾驶汽车、无人飞行器)、惯性导航和定向估计、控制、计算机视觉和深度学习。此前,他在 Nvidia 的自动驾驶团队中担任研发工程师。他在美国的纽约城市大学获得电气工程博士学位,他的研究重点是微型飞机自动导航的状态估计和控制。他获得意大利卡塔尼亚大学电子工程硕士学位,并且是 IEEE 和机器人与自动化协会(RAS)的会员。

Rodrigo D. Castro 是阿根廷计算机科学研究院(ICC - CONICET)的研究员,并且是阿根廷布宜诺斯艾利斯大学(UBA)精确与自然科学学院计算机科学系的副教授。他拥有罗萨里奥国立大学(阿根廷罗萨里奥)的电子工程学士学位和工程博士学位。他是瑞士苏黎世(ETH Zurich)的瑞士联邦理工学院(环境系统科学与计算机科学系)的博士后研究员。他是离散事件仿真实验室的负责人,并且是国际建模与仿真学会(SCS)和 IEEE 的会员。

Ryan B. Jacobs 是 MITER 公司系统工程技术中心的小组负责人。他在系统分析、建模和仿真以及基于模型的工程方面拥有 10 多年的专业经验。他拥有 Embry - Riddle 航空大学的航空航天工程学士学位、佐治亚理工学院的航空航天工程硕士学位和博士学位。

Sachin Shetty 是弗吉尼亚奥多明尼昂大学的建模、分析和模拟中心的副教授。他在建模、仿真和可视化工程系以及赛博安全教育与研究中心承担研究工作。他于 2007 年在奥多明尼昂大学获得建模和仿真博士学位。在加入奥多明尼昂大学之前,他是田纳西州立大学电气与计算机工程系的副教授。他还是田纳西州跨学科研究生工程研究所的副主任,并指导田纳西州立大学赛博安全实验室。他还两次担任为 Crane Indiana 海军水面作战中心的工程师。他的研究兴趣主要是计算机网络、网络安全和机器学习的交叉领域。他的实验室开展云和移动安全研究,并获得美国国家科学基金会、空军科学实验室、空军研究实验室、海军研究办公室、国土安全部和波音公司提供的 1 000 万美元的资金。他是美国国防部网络安全卓越中心、国土安全部国家卓越中心、关键基础设施强韧性研究院(CIRI)和能源部网络强韧性能源交付联合会(CREDC)的具体负责人。他已在期刊、会议论文集和两本书中撰写并合作发表了 140 余篇论文。他曾在 ACM CCS、IEEE INFOCOM、IEEE ICDCN 和 IEEE ICCCN 的技术计划委员会中任职,是《国际计算机网络》杂志的副主编。

Sheila A. Cane 目前是昆尼皮亚克大学的兼职教授。她从事工业和系统工程工作超过 30 年,最近担任了 MITER 公司的项目负责人和战略技术顾问,负责美国联邦政府的国防和国土安全项目。她在大型系统的指挥与控制、战争博弈和网络安全建模与仿真、数据分析以及复杂组织体架构方面拥有丰富的专业经验。她拥有布法罗州立大学的应用数学理学学士学位、纽约州立大学布法罗分校的工业工程硕士学位以及新星东南大学的信息系统管理 DBA。

  Sebastian Castro 是 MathWorks 公司的高级机器人工程师，负责管理 MathWorks 公司的机器人学生课程组合计划，重点负责具有本科以上学历的学生竞赛。他拥有康奈尔大学的机械工程学士学位和硕士学位，主要研究动力、控制和系统。他主要研究使用线性时序逻辑对可重构模块化机器人进行高层控制。他的专业经验主要包括物理系统的建模和仿真。

  Zach Furness 目前是 Inova 健康系统的 IT 安全主任。在加入 Inova 之前，他是由 MITER 公司运营、国家网络安全卓越中心赞助、国家网络安全联邦资助的研发中心 (FFRDC)的技术主任。在担任该职位期间，他主管针对行业和政府的基于标准的赛博安全指南的开发。他还曾担任 MITRE 公司全球运营和情报部的总工程师，在此期间支持技术解决方案的开发和应用，包括赛博安全、自主系统以及建模和仿真。在此之前，Furness 在其 DoD FFRDC 中建立并领导 MITRE 公司的建模和仿真部门。他发表了大量有关赛博安全技术、建模和仿真以及系统工程的论文。

目　　录

第一部分　简　　介

1

第二部分　支持 CPS 工程的建模技术

第三部分　基于仿真的 CPS 工程

第 8 章　支持 CPS 嵌入式控制器高效开发的仿真模型连续性

第四部分　赛博元素

第 11 章　关注赛博物理系统的安全

Zach Furness

第 12 章　赛博物理系统强韧性——框架、测度、复杂性、挑战和未来方向

Md Ariful Haque, Sachin Shetty, Bheshaj Krishnappa

第五部分　发展方向

第 14 章　赛博物理系统工程建模与仿真应用复杂性的研究主题

Andreas Tolk, Saurabh Mittal ·················· 291

第一部分
简　　介

第1章 赛博物理系统工程中建模与仿真应用的复杂性

Saurabh Mittal[1] 和 Andreas Tolk[2]

1 MITRE 公司,美国俄亥俄州费尔伯恩市

2 MITRE 公司,美国弗吉尼亚州汉普顿市

1.1 概 述

根据美国国家科学基金会(NSF)给出的定义,赛博物理系统(CPS)是网络化赛博元素和工程化物理元素的混合体,通过两类元素的协同设计来创建性能强大的适应性和预测性系统。这些系统的构建源于且有赖于计算组件和物理组件的无缝集成。CPS的长足进步有望提升这类关键系统的功能性、适应性、扩充性、强韧性、安全性、保密性和易用性,进而扩展这类关键系统的应用前景。

CPS工程是一项依据运行场景来集合上述元素的活动。有时,运行场景可能跨越多个领域,例如,智能电网中包含电力关键基础架构和水力基础架构。像智能洗衣机这样的智能家居设备,就同时使用电力和供水基础架构。另一个案例是智能交通系统,其中智能交通设施与众多的智能车辆进行交互,协调大规模的交通行为。另外,在物联网(IoT)方面也存在大量的此类案例。这些复杂系统涉及不同规格层级的组件,而其中的组成元素又由多个供应商提供,因此,在缺乏正式的测试和评估基础设施的条件下构成一个解决方案,是一个真正的挑战。CPS功能的集成不是发生在部署之前,而是发生在部署之后。CPS工程需要一个一致的运行模型,该模型需得到各种CPS提供方的支持。当无法将所涉及关键基础设施的大型系统引入实验室时,CPS工程将缺少在实验室环境中开展设计和实验的工具。那么如何开发一个能够评估整体行为和涌现行为的可复用的工程方法论呢?

多个领域中的CPS功能相互重叠并不断增加,给其他工程系统带来了前所未有的复杂性。同时,跨部门的部署和使用也会带来风险,在高度的网络化环境中这些风险可能产生生级联式的影响。网络环境中远程控制系统是降低技术风险的一种可能的解决方案,但是绝对数量的变量以及各种可能的情景,也会在多个方面带来复杂性,而这种复杂性将导致有限覆盖的测试计划。与赛博物理系统相关的智能性、适应性、自主性和保密性等其他议题,也将使问题变得越加严重。这里提出的解决方案是建模与仿真(M&S)的深化应用。M&S学科自创立以来就始终支持复杂系统的开发。在2017年

春季仿真大会期间,一组受邀的专家讨论了 CPS 中 M&S 的一般性挑战。2018 年,后续的研究小组成立,工作涉及如何利用各种仿真范式和方法的组合——所谓的混合仿真,应对 CPS 的复杂性、智能性和适应性。

虽然 CPS 的重点是计算设施和物理设施,但是属于人造世界中超复杂系统的那一类别,诸如体系(亦称为系统之系统,SoS)、复杂自适应系统(CAS)和赛博 CAS (CyCAS)之类,一般可互换使用(Mittal,2014;Mittal 和 Risco - Martín,2017)。它们均为多 Agent(智能代理)系统,其中组成的 Agent 是目标导向的,但在任何给定时刻都具有不完整的信息,并且其自身与环境之间存在相互的作用。SoS 的特征是组成系统处于独立的运行和管理控制下,地理上相互分离,且各自具有独立的发展路线。CAS 也是一种 SoS,其中组成系统可理解为交互并适应动态环境的 Agent。赛博 CAS 是一种存在于以网络为中心的环境(例如 Internet)中的 CAS,它包含人的元素,通过约定的标准和协议实现系统与各种元素之间的分布式通信。CPS 同样也是一种 SoS,它通过组成的赛博组件对组成的物理和嵌入式系统进行远程控制。

复杂系统工程明确了一系列的方法,由系统工程师管控此类复杂系统并应对新的挑战,如传统系统中的涌现性或未知行为,而这些方法都源于 M&S 学科(Mittal 等, 2018)。本章将概述在开发和测试阶段中支持 CPS 工程的 M&S 方法和技术,以及在复杂赛博环境中部署 CPS 的治理方法。如何运用这种手段来充分发挥 CPS 的潜力,是当今时代面临的一大挑战。本书中,我们将论述计算基础设施的开发,并将其用于跨学科的 CPS 背景环境的建模、仿真、实验和分析。

本章组织如下:1.2 节概述 CPS 的多种模态;1.3 节描述 CPS 工程的基本问题; 1.4 节介绍当前的 M&S 技术,尤其是协同仿真的方法论,用于 CPS 工程开发虚拟的 CPS 环境;1.5 节描述 CPS 的智能性、适应性、自主性,以及 CPS 中的计算元素如何为先进的控制和接入机制提供可能性;1.6 节是本章的总结。

1.2　CPS 多模态的本质特征

也可认为 CPS 是集成物理能力和计算能力的系统,可通过多种方式与人进行交互 (Baheti 和 Gill,2011)。由于计算方式与物理世界交互的能力扩展了 CPS 使用者的能力,使得 CPS 可在团队内部进行交互,实现人—机—协作以及与环境的交互,例如提供可选择的移动方式——CPS 的运动、执行方式——子组件(例如传感器)的定位或操纵方式——与环境的交互。

如此多样的模态性,通过多种计算方式和物理方式与人、其他 CPS 以及环境进行交互的能力,正是我们应对复杂性挑战的主要来源之一。其支持 CPS 在不同的领域运作,并为许多不同的使用者提供服务。通过不同的接口来访问相同的功能,将其应用到不同领域的多个背景环境中,如果可适用,也使 CPS 的验证颇具挑战性。正如 Rajku-mar 等(2010 年,第 735 页)所观察到的,"……需要弥补形式化方法与测试之间的鸿沟,体现 CPS 模型异构特征的组合性验证和测试方法是至关重要的,V&V(验证和确认)也必须纳入认证机制"。

然而,验证并非唯一的问题。多模态导致在众多潜在 CPS、用户和环境组件之间的多重连接,从而创建一个相互关联和相互依赖的对象系统,与单一领域的 CPS 应用功能相比,此时的整体复杂性将显著提高。

另外,在无法预料的事件变化中,适应性反应的选项数量也会增加。如果众多的 CPS 在同一域中提供多种服务,那么即使在灾难性的情况下,供我们选择的适当反应也在增加。因此,多模态不仅是提高复杂性的来源,而且提供了应对复杂性的方法,因为它可实现更高的敏捷性和灵活性。如果某一模态失效或不可用,则可使用其他调用结构快速替换。通常,如果在域中应用的一项服务未能成功,则另一种服务可能产生同样预期的结果。CPS 的多模态特征带来了挑战,但同时也提供了应对挑战的方法。

1.3 为什么 CPS 工程如此复杂

当今世界,当不同的科学分支集合在一起时,工程就注入了新的含义。例如,生物医学工程中的生物学和物理学,智能系统工程中的认知心理学和系统科学,城市政策与管理以及交通运输工程中的运载工具;最复杂的应是智慧城市工程,其中包括交通运输、智能汽车、智能基础设施、人的因素、赛博安全等;多域作战也涉及空中、海上和陆地,同样也属于这一范畴;另外,IoT、工业 4.0 倡议和 CPS 也是如此。这是复杂系统工程的世界,复杂系统的特征是,总存在一些未知因素,而且变化很大。在那些基于单个学科应用的所谓蛮力(brute force)的工程方法中,人们将永远不可能掌握完整的变量集合。因此,根据必要多样性定律(译者注:也称为艾什比定律),不可能为如此复杂的系统开发一个控制器(Mittal 和 Rainey,2015)。在开发控制机制时,这种不完整的信息和不确定性会导致涌现行为,这是所有复杂系统的重要标志(Mittal,2013;Mittal 等,2018)。因此,我们需要的方法论应包容复杂系统涌现行为等各种特征。

今天的复杂系统是多学科系统,需要多个与竞争、对立或正交理论相互作用的科学分支。模型在某个科学理论中可能是有效的,而在另一种科学分支中可能完全无效,例如,在同一计算模型中的量子力学和牛顿力学的运算机理。现实中二者各自发挥作用,而在计算领域将它们代入到一起却是一个难题。因而,M&S 是我们所拥有的最好的方法,可在多学科研究的实验室环境中尝试测试任何即将发现的科学理论或开发大规模的系统(Mittal 等,2018)。

由于各种模态的出现,需要将自然科学(受物理学和数学支配)和人文科学(例如认知科学、社会学)都引入到计算环境中,针对此类 CPS 进行验证和确认(V&V)、测试和评估(T&E)以及实验。将这些基础科学整合在一起需要结合涌现行为,因为在 CPS 用例中将不同的科学理论进行交互时可能会出现这种行为。如此强大的 M&S 理论支持着系统理论的发展,通过这一基础开发 CPS 将是今后更为可取的方法(Mittal 和

Zeigler,2017)。

典型的 CPS 中包含以下组件:

- 传感器;
- 执行器(作动器);
- 硬件平台(承载传感器和执行器);
- 软件接口(可通过赛博环境直接或远程访问硬件);
- 计算软件环境(可同时充当控制器或服务提供者);
- 联网环境(允许跨地理距离进行通信);
- 终端用户的自主性(允许 CPS 用作被动系统或主动交互系统);
- 关键基础架构(供水、电力等,提供运行域和运行用例);
- 整体行为;
- 涌现行为。

图 1.1 所示为 CPS 的各个方面,分为左侧(LHS)和右侧(RHS)两部分。LHS 由用户、系统(包括硬件和软件)和设备(物理平台)组成,在 LHS 中可开发传统的系统工程实践和最终用户用例;RHS 显示了与基础架构有关的方面。从根本上讲,它们可以分为信息技术(IT)和运行技术(OT)。在 LHS 和 RHS 之间是网络/赛博环境,允许两者之间进行信息交换。随着网络跨越更大的地理距离,CPS 中存在大量的实体/Agent 以及它们之间并发的交互,这会导致整体行为和涌现行为。开箱即用的基础架构在很大程度上并不存在,但在集成仿真环境中可由各种现有领域的仿真器来充当。

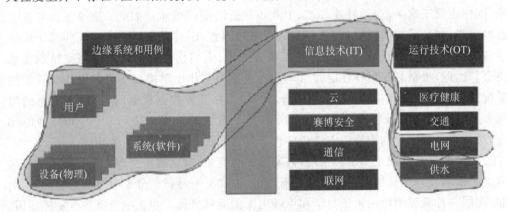

图 1.1 CPS 全景图

在 M&S 中,我们所指的模型不仅限定于计算实现的,而且还要区分:在线仿真(live simulation)——模型涉及人的互动(角色扮演、场景编排等);虚拟仿真(virtual simulation)——模型由人与计算机生成的体验环境的融合来模拟;构造仿真(constructive simulation)——模型完全在数字计算机中实现,并且可能具有更高的抽象层级。现在越来越多地将上述 3 种形式的仿真混合在一起,即通常所说的在线—虚拟—构造(LVC)仿真(Hodson 和 Hill,2014)。LVC 仿真主要用于训练,但可根据所研究的涌现行为所需的各类实验/探索进行调整(Mittal 等,2015),如图 1.2 所示(Mittal 等,2018 年)。

图 1.2　用于生成涌现行为的 LVC 实验方法

表 1.1 所列为 CPS 中每类组成元素和相关联的 M&S 范式,以及如何应用到 LVC 环境中。

表 1.1　CPS 组成元素及其相关的 M&S 范式

CPS 组成元素	M&S 范式	LVC 元素
传感器	连续的、基于物理的	LVC
执行机构	连续的、基于物理的	LVC
硬件平台	连续的和离散的	LV
软件平台	离散的	VC
网络	离散的	LV
终端用户	离散的、基于 Agent	LVC
关键基础设施	连续的和离散的(混合的)	VC
整体行为、涌现行为	离散的、基于 Agent	VC

从系统理论的角度来看,CPS 模型是由连续系统(CS)和离散系统(DDS)组成的混合系统。连续系统是在时间上连续运行的系统,其中输入、状态和输出变量均为实数值。离散(动态)系统是以分段连续发生的、基于事件的方式改变其状态的系统(也包括离散时间系统,因为它们是离散事件系统的特例)(Lee 等,2015)。混合系统的典型示例是 CPS,其中计算子系统是离散的,而物理系统是 CS。在 LVC 环境中的 CyCAS (Mittal,2014)也具有 CPS 的特质,在线系统为连续系统,构造系统为离散系统,而虚拟系统为混合系统,包含连续和离散。从根本上讲,有多种方法可以对定时和非定时离散

事件系统进行建模,所有这些方法都可以转化为形式化的离散事件系统(DEVS)理论并由其进行研究(Mittal,2013;Mittal 和 Risco - Martin,2013;Mittal 和 Martin,2016;Traor 等,2018;Vangheluwe,2000;Zeigler 等,2000)。

1.4 CPS 工程的 M&S 技术

M&S 正被当作复杂系统工程的载体,包括开展 CPS 工程。然而,建模和仿真活动具备固有的内在复杂性,因此将 M&S 用于 CPS 工程并非一蹴而就。仿真中包含建模,执行 CPS 仿真需要先建立 CPS 模型。尽管 CPS 建模不是本章的重点,但最近的一个研究团队探讨了 CPS 建模的最新技术以及 M&S 在工程智能、适应性和自主性方面的复杂性,这里简单介绍一下。Tolk 等(2018)给出的文献综述中枚举了以下活跃的研究领域以及 CPS 建模的相关技术,并得出这样的结论:在这一方面,实践者所应用的公共的形式化方法还不能满足要求。

- DEVS(离散事件系统)形式化方法:为应对涌现行为,支持多范式建模、多视角建模和复杂的适应系统建模的强大数学基础。
- 进程代数:使用多范式建模提供混合进程。模型将连续时间维度上的行为与离散状态给定时间点上的转换行为结合。
- 混合自动机:将有限状态机与常微分方程(ODE)组合,以解决不确定的有限状态。键合图用于管控更改。
- 仿真语言:将离散事件和连续系统仿真语言结合。涉及混合语言的模块化设计,结合不同形式化的多个抽象层级。
- 业务流程:使用标准化的标识法语言。例如,业务流程建模标识(BPMN),可有效确保利益相关方的投资价值。
- 协同建模的接口设计:功能样机接口(FMI)作为各种 CPS 组件的集成方式。DEVS 将以供应商中立的方式用作公共标准。
- 模型驱动方法:形成单一的形式化模型的模型转换链。开发自动化转化需要一定的治理工作。
- 基于 Agent 建模:多个具有个体行为组件模型的规模化应用范式,以研究整体效应。

上述方法和技术支持 CPS 模型的开发,尽管是以分段的方式。这些模型及其定义和规范由跨域 CPS 运行用例决定。假定现在有一个经验证的模型(即利益相关方认为有效的模型),接下来是在计算平台上执行它的任务,即仿真。由于在混合系统中连续系统和离散系统的融合,有时分段模型的组合无法直接转换到整体的仿真环境中。在文献综述(Tolk 等,2018)以及与专家的多次研讨中,大家认为协同仿真是支持 CPS 开发、测试和最终培训的首选方案。

协同仿真是指支持公共模型的多个独立仿真器的并存(Mittal 和 Zeigler,2017)。

为了理解协同仿真,现在考虑一个复杂的系统模型,该模型包括电网、数千个智能住宅和数据通信网络。这将需要对以下方面进行建模:

① 电力连续系统(使用 GridLab - D 功率流仿真器);

② 建筑仿真连续系统(使用 LabView 仿真器);

③ 智能住宅行为的离散系统(使用通用代数建模系统(GAMS)语言的模型-预测软件控制器);

④ 数据通信网络的离散系统模型(使用 OmNet++仿真器)。

上述括号中的内容表明通用电网混合系统模型,用于同时实现离散系统模型和连续系统模型的仿真器。这样的混合系统演示验证了如何尝试开展大规模混合建模,并最终产生鲁棒的仿真环境,通过功率流仿真器将智能住宅中的用户作为 Agent 与大型基础架构(例如电网)结合起来。作为第一个案例,美国 Oak Ridge 国家实验室(ORNL)开发了一个复杂系统,包含上述第①和④项,如 Nutaro 等所述(2008)。作为第二个案例,美国国家可再生能源实验室(NREL)开发了一个包含第①、②和③项的系统,这在 Pratt 等的文章中进行了描述(2015),并且在 Mittal 等的协同仿真应用中具有更强大的特性(2015)。这两个案例都集成了不同的建模范例,并在高性能计算(HPC)环境中以虚拟(尽可能快)和实际(按照时钟)时间进行仿真。NREL 的工作内容还将空调硬件与仿真结合,提供为期 7 天的情景式练习课程,Pratt 等(2017)的文献中有对此的详细介绍。ORNL 和 NREL 的工作都应用 DEVS 形式化方法来集成所构成的仿真器。该内容已由 Thule 等(2008 年)发表,其提供了包括 CPS 在内的多域协同仿真实践和应用的最新技术的论述。

可扩展的 M&S 架构具有不同的建模层和仿真层。为了在云环境中进行部署,在仿真层和建模层都需要充分的自动化,现在可通过实施 Docker 技术来实现 DevOps 最新的应用实践。DevOps 是最近流行的词汇,它为开发人员提供了自动化运行的方法论,例如通过可执行脚本进行编译、构建、发布和测试。Mittal 和 Risco - Martin(2017)将 Docker 与颗粒化的面向服务架构(SOA)的微服务范例以及最先进的建模、仿真的互操作性集成在一起。在单个管理控制下自动部署各种的" DEVS 节点"并将其定义为 DEVS 场,描述了使用容器技术结合 DevOps 方法论的架构,开发了基于云的分布式仿真场,这些仿真场用于使用 DEVS 形式化规范定义的 DDS 系统。该研究将通过 DEVS 包装器或功能样机单元(FMU)的功能样机接口(FMI)标准,扩展到其他仿真器的容器化技术中。

将高层知识结构引入现有架构时,知识工程是认知架构中尚未充分开发的一项内容,其主要集中在符号表达、记忆结构和符号运算上。同样,由于语料库较小,在这样的认知架构环境中的使用仅限于简单或适中的运行环境。此外,诸如溯因推理、获取新概念结构的动态记忆、解决问题的创造性方面、情感处理以及可能相关的元认知和目标推理概念等问题,目前很少受到关注(Langley,2017),这就需要完善现已建立的认知理论。应用如信念—愿望—意图(BDI)的认知框架的中性环节,连接着算法和启发方法以及高层知识的表达,这将为开发能够应对复杂情景的合适的代理提供充分的能力。

美国空军研究实验室(AFRL)的先前研究表明了用于构建人工系统的集成认知系统的进展(Douglass 和 Mittal,2013)。此外,针对资源受限的复杂智能动力系统(RCIDS)的注意力转移(attention - switching)的研究工作(Mittal 和 Zeigler,2014),为将控制论、系统论、认知科学和软件工程整合以开展注意力集中(attention - focusing)的基于活动的系统提供了进一步的证据。

这些最新技术的发展将云技术、协同仿真方法论和混合建模方法结合在一起,提供适用于整个 CPS 领域的 M&S 基板(如图 1.3 所示)。图 1.1 中的 LHS 采用了传统的系统工程实践,并为 CPS 应用程序提供了背景环境用例。RHS 提供了各种领域的仿真器,并利用 IT 和 OT 通过 LVC 架构提供"开箱即用的基础架构"。要架起左侧和右侧的桥梁,就需要运用新兴学科的知识,例如利用机器学习和数据科学来掌握数据驱动的方法,这些方法可以解决左侧和右侧在并行分布式离散事件协同仿真环境中交互时的涌现行为。

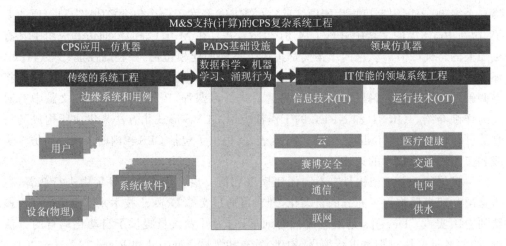

(译者注:PADS 为效能分析数据存储,Performance Analytics Data Store)

图 1.3　M&S 支持(计算)的 CPS 工程测试台透视图

1.5　智能性、适应性和自主性方面

智能、适应和自主通常用来描述 CPS 的特征。在本节中,我们将提供一些重要工作的参考,以更好地理解这些紧密联系的主题。

1.5.1　智能性

有关智能性、适应性和自主性的定义不是一件容易的事,特别是对于早期研究而言。几个世纪以来,科学家和哲学家都试图理解什么是智能。在计算智能的背景下,著名的"模仿游戏"如图灵(1950)所述,回避给出智能本身的定义,而是强调以下问题:"计算机可以通过一个行为上的智能测试吗?"对于许多应用程序来说,这样的测试是恰当的,但是并非所有形式的计算智能都能以图灵测试的形式进行检验,尤其是当这些模态给出测试系统的特征时。尽管如此,具有智能行为的智能设备还是会被当即辨识为设备,这可能会影响评估人员的认识偏差,他们原本就知道正在测试的是机器而不是人类。

然而,为了开发智能系统,系统工程和计算机科学已经合作了多年。在 Tolk 等(2011)的工作中,我们可以总结智能系统应展现的若干能力,所给出的列表反映了各种人工智能观点的公共认识,既不完整也不相互排斥,但仍然有效,也为理解 CPS 奠定了良好的基础。列表还包含适应性和自主性,也作为基于系统智能的特征,再次说明了CPS 中这些重要概念的密切联系。

- 智能系统可以解释它们的决策。重要的是,明智的决策可以做出一个适当的决定,而且它们能够解释决策背后的逻辑推理。这对人—机器—团队尤为重要,因为人必须能够理解决策流程,并在与流程的互动中,甚至于最终推翻之前的决策。此外,智能设备的系统行为可能由于学习和适应而改变,因此解释新的逻辑推理也很重要。

专家系统中用于诊断的解释组件就是一个例子,通过基本推理引擎沿着推理线索回答这一问题:为什么这个问题的答案是你推荐的?对于能够自我改善的系统,能够解释原因是确保可信度的必要条件。

此外,根据定义,计算系统的决策空间总是闭合的,因为它是所有包含的可计算功能范围的并集。如果出现的某一情况出现超出空间维度之外的特征属性,则该属性不会影响决策,则该决策可能是次优解。如果智能是基于神经网络数据驱动的机器学习的应用,那么这非常重要,因为这样的系统将始终根据所选的训练数据集合及其定义域来生成解决方案。

- 智能系统必须是鲁棒的。系统的这种特性意味着系统不仅在正常条件下,而且在偏离初始要求和推演的假设之外的异常条件下,都要表现良好且充分。换句话说,鲁棒系统不易崩溃,即使在可能导致系统失效的其他情形下,也能继续表现良好。

在最近的系统工程文献中,引入了抗脆弱性(antifragile)这个术语,不仅描述鲁棒性,而且在系统受迫条件下会变得更好(Nicholas Taleb,2012)。同样,经常也会出现循环的定义,因为这个列表中出现的许多特征也可用于解释抗脆弱性的系统(Jones,2014)。

- 另一个相关的特性是容错。即使一个或多个内部系统组件失效或损坏,智能系统也能继续表现良好并继续充分发挥其效能。容错适用于外部原因,例如其他系统的恶意行为;也包括内部原因,例如直接消耗和自然损耗。

为避免消耗而执行维护程序,具有外部损坏的即刻修复能力,可能会有所帮助,但这仅是提供容错的监护管理者的能力。适应新的能力集合以及制定对应规划的技能也有助于提高容错能力,它们将在各自的领域中被具体对待。

- 通常描述智能系统的另一个特征是自组织能力。它们可以在没有中央或外部管理的情况下,以新的结构来组织内部组件和功能。当为达到公共的目标来执行任务时,此特征也适用于若干这样的系统族。新的结构可以是时间上的或空间上的,在某些情况下,并不使用"自组织"这一术语,而使用"自优化"这个同义词。当在持续的环境中这些自组织系统交互时,例如,激发(共识主动性)系统(stigmergic system)就会出现新的宏观行为模式,由于持续和演进的结构,环境本身也成为参与其中交互的代理(Mittal,2013)。特别是当必须由众多简单的系统执行复杂的任务时,使用专门化和自组织化的协同集群系统作为分布式人工智能的一种特殊形式,可能会在集群层级中引出涌现的结构。即使在军事作战中,在复杂环境中自组织团队运用也是一种很好的做法(Alberts 等,2010)。

- 协同,通常表现为社会化能力,这也是智能行为的特征。

协同系统也使用某种沟通语言或如本章前面介绍的任何其他形式,与其他系统或者人进行交互。这种交互不仅限于纯粹的观察,而且可以交换计划、分发任务等。白板技术和直接通信一样常用。

- 智能系统还能够从观察到的结果中学习,并将其与期望的结果进行比较。使用强化学习等方法,可以确保带来正面结果的决策,而避免那些负面结果。

学习可以观察其他系统及其活动的结果,也可以观察人类并模仿他们的行为。

学习意味着演绎和归纳。系统可以从详细案例的观察中学习到一般性的原理,并且可应用一般行为样式来指导在新环境中做出决策。当从适用的模型中获取新知识时,溯因推理学习也是可能的(Håkansson 和 Hartung,2014)。

- 此列表中的最后一个特征是敏捷性。通常,敏捷系统能够有效地管理和应用知识及其能力,从而在连续且不可预测的变化环境中表现良好和充分。特别是在复杂的环境中,敏捷性对于在无法预料的情况下快速而恰当地做出反应至关重要。它常常与针对态势的智能敏锐度以及应对新出现的挑战所必需的智能能力有关。

近年来,计算优势使机器学习得以新生,特别是基于数据驱动的方法(Witten 等,2016)。许多发表的论文以及解决方案都已清晰地阐明了这类方法的实用性以及相关数据科学的成功应用,例如著名的 IBM Watson(2012 年上半年)。但是,对于 CPS,这些方法不一定是最佳的选择。如在 Steinbrecher(2016)的集中描述中,有许多的支持计算智能的可选方法,同样可从计算优势中获益,并提供可追溯和可解释的解决方案。此外,多年来,在第一波人工智能浪潮中开发的许多启发式方法得到了进一步完善,并提供了当今引人注目的解决方案。值得关注的是,研究团体对于解释性能力本身并未给出很好的定义。在紧密聚焦 CPS 时,经常将术语"保证性"和"追溯性"用作两个限制的示例,以表达所需特性背后的意图。保证性以结果为导向,要求系统能够解释谁可以确保规则的结果限定在给定的约束范围内,例如交战规则、安全考量等。最近的美国空军研究总结了学术团体使用的概念(Clark 等,2013),可追溯性关注如何将结果追溯到所有做出的各种决策和所应用的规则中。它非常接近于系统工程中要求的需求可追溯性。Karlo Došilović 等(2018)最近汇总了更广泛的相关概念。

CPS 工程师必须意识到这种可选的解决方案可能比当前主流的解决方案能更好地满足需求。

1.5.2 自主性

许多这样的特征也将用于支持适应性和自主性的实现,与智能性一样,定义这些术语也颇具挑战性。

自主系统能够执行所期望的任务且表现良好和充分,即使在复杂的环境中,在无需人的引导下亦是如此。Williams(2015)提供了相关定义的概述,重点关注各种自主性的等级。像智能性一样,自主性也是多层面的,以多种不同的模态形式加以观察。因此,通常使用不同的等级,特别是使用多维层级,针对每个维度集合使用解释性指标定义特定的自主性层面。Wiley 总结出了以下自主维度的定义(Williams,2015),即

- 目标:自主代理具有驱动其行为的目标。
- 感知:自主代理通过所获得的接收信息(例如电磁波、声波)来感知其内部状态和外部世界。
- 解释:自主代理通过将原始输入转换成可用于决策的形式来解释信息。
- 推断:自主代理使用已定义的逻辑(例如优化、随机搜索、启发式搜索),针对其当前内部状态、外部环境和目标,对信息进行合理推断并生成满足目标的行动方案。
- 决策:自主代理选择某个行动方案以达成其目标。
- 评估:自主代理根据目标和外部约束来评估其行动结果。
- 适应:自主代理会适应其内部状态以及感知、解释、推断、决策和评估的功能,以提升目标达成的可能性。

当将智能特征与自主维度进行比较时,这两个概念的相近性就更加显而易见了。关于不同程度的自主性的论文几乎都引用了 Sheridan 的学术工作以及他对自主层级的研究成果(1992),它们引入了以下 10 个连续递增的自主层级:

① 计算机不提供任何帮助,人必须做所有的一切;
② 计算机提供运行备选方法的完整集合;
③ 计算机将选择范围缩小到少数几个;
④ 计算机建议最佳的选择;
⑤ 计算机在人的许可下执行所选择的方案;
⑥ 计算机在执行前允许人在有限的时间内做出否决;
⑦ 计算机自动执行并通知到人;
⑧ 计算机在执行后通知到人;
⑨ 计算机决定是否通知到人;
⑩ 计算机完全独立运行。

美国军方使用如下分类来判定自主系统的类别(Williams,2008):

- 人运行的系统——完全由人控制,所有活动都是人工预置的结果,最终基于所提供的传感器信息。
- 辅助人的系统——与人的输入并行而执行活动,从而增强人的能力。
- 人委托的系统——执行有限的控制活动,人可以随时接管系统。
- 人监督的系统——执行特定任务所需的所有活动,但它们始终告知人,包括针对决策提供解释。
- 混合触发系统——能够组成人-机协作团队,并可独立接管给定的任务。
- 完全自主系统——不需要人的干预或存在,它们执行所有条件范围中的所有活动。

应当指出,特别是对于 CPS 这类系统,通常会集成到更大的体系中。例如:汽车防撞系统可自主地执行明确定义的功能,帮助人类的驾驶;飞机自动驾驶仪在完全和明确定义的约束等条件下自主飞行等。因此,各个层级的边界通常会有所变化。

1.5.3 适应性

从前面讨论的两个概念中都可以获知适应性的要求,它描述了系统为更好地适应不断变化的环境而变化的能力。这些变化既可以是行为上的,也可以是结构上的(Antonio Martn 等,2009)。

结构变化会改变 CPS 的物理组件。许多 CPS 具有所谓的执行器,用于将 CPS 的组件移动到新的位置,例如机械臂、传感器和天线等。此外,许多 CPS 具有模块化组件,可以在需要支持时进行切换来支持不同的环境,例如轮式或履带式运动设备。某些具有有趣特征的新功能还尚未充分研究其适用性,例如现场 3D 打印。尽管我们已经将 3D 打印机用于按需备件的生产,但将来有可能使用全新的组件来帮助系统适应新的挑战。

从计算的角度来看,行为的适应性颇具吸引力,它主要针对 CPS 的赛博组件。计算组件提供的功能由所选集合进行修正、优化或完全替代。Steinbrecher(2016)研讨的学习和方法方面的研究将应用于此。Holland(1992)介绍的构建计算适应系统的方面,主要为社会学研究的计算提供支持。Antonio Martn 等(2009)详细描述了当前使用的一些方法。

就像观察智能性和自主性一样,适应性尚未有公认的定义,适应性系统的特征列表也是开放的。然而,发表的文献在以下枚举中涉及的所有方面已达成共识。其中原因就是该领域的跨学科程度很高,许多不同用户领域都利用了计算的进步和易用的工具。

- 适应系统由彼此交互的个体代理组成,可能会竞争公共资源,并且通常遵循明确定义的决策和行动流程。
- 系统的宏观行为是由这些代理的相互交互而产生的。在复杂的自适应系统中,系统产生的行为通常无法直接从系统单个代理中完全被理解的行为中得出。

- 为了实现自适应,反馈回路是高度动态交互过程的必要元素。代理必须从反馈信息中学习。
- 文献中经常提到的代理协同和特定化也是某些特征。驱动力是在有限资源的约束下信守公共的目标,而不必将行为明确地编写到代理的进程中。

当前,CPS 群体尚未充分利用来自 M&S 学科相关方法和解决方案的丰富知识体系。如 Tolk 等所述(2018),原因可能是缺乏对可用方法的认知以及基本问题的复杂性。

而如 Mittal 等(2018)所述,使用仿真是很好的方法,即便不是最好的做法,但在应对复杂的环境时,由于环境通常不会提供行动的直接反馈,只有在初始行动的若干决策循环之后,才会暴露所发生的效应和临时出现的反馈。复杂系统中组成的子系统相互关系的高度非线性特性是另一个挑战。在复杂环境中的适应性需要 M&S 提供的功能,正如 Tolk(2015)指出的那样,CPS 与代理隐含功能之间有着密切的联系。在虚拟环境中,智能软件代理在其环境中表现出与 CPS 相同的特征。因此,对于协同仿真方法,软件代理不仅是评估控制方法扩展性的很好的备选方式,而且还可以用以帮助洞察可能出现的情况,并可以作为新规则集合和支持解决方案的试验台,或者用于优化现有的方案。显然,基于代理的仿真方法能够并且应该通过其他范式和方法增强能力,从而如 Tolk 等之前论述的那样,这就产生了混合的方法(2018)。

为了应对 CPS 的复杂性,对 M&S 方法应用的更进一步的关注还在于它们自然而然地嵌入到了现实环境中。如上所述,它们所处环境的持续反馈使其能够适应或优化决策,这也一直是 M&S 应用研究的主题。特别值得关注的是,对于动态数据驱动应用系统(Dynamic Data Driven Application Systems)的研究,在美国空军的早期研究中就很流行(Darema,2004),直到最近才被重新提及,Biswas 等(2018)做出利用计算机技术发展的主题研究。在混合仿真领域中,相同的原理被称为共生仿真(Onggoet 等,2018)。所有这些方法的共同点是将仿真解决方案(例如 CPS 网络组件)视为置于环境的嵌入的解决方案,使用控制反馈回路以及利用数据科学方法来创建可执行的观察。同样,多年来在训练研究团队中使用的多种技术,例如 LVC 范式下的捕捉技术(Hodson 和 Hill,2014),应仔细评估上述技术在整个生命周期中管理 CPS 复杂性能力的贡献。

1.6 总 结

CPS 是复杂的混合系统,在部署层面跨越社会的多个领域,当涉及包含人在内的连续物理世界和离散数字世界互动时,CPS 的运用既是离散系统也是连续系统。组成的系统在不同程度地展现智能、适应或自主代理的特征。由于 IoT 的出现并将向多样化发展,因此当 CPS 在 Internet 中部署时,将会给间接使用的关键基础设施架构(例如能源、供水、运输等)带来大量的风险。因此,未来的物联网和 CPS 面临着许多挑战,随着管理和运行关键基础设施架构的利益相关方意识到所涉及的风险,风险的增长可能会受到遏制。CPS 可能具有多种模式,将现有 CPS 置于新的运行环境中,这将使事情变得更加复杂。如果缺乏充分的 T&E(测试和评估)和 V&V(验证和确认),就无法预测 CPS 是否会威胁可靠性的行为并且对基础架构造成新的压力,从而导致级联式故障。运行着各种底层基础架构的 IT 和 OT 团体可能不了解更大的物联网环境,因为它可能超出其业务运行的范围。因此,CPS 工程师的责任就是开发具有预期模态和定义 CPS 运行的鲁棒 CPS。然而,当前还不存在与运行环境(在关键基础设施架构上)相关的 CPS 的 T&E 实验台。

在 CPS 中使用基于代理的开发和测试平台已成为众多文献的主题,在智能、适应和自主 CPS 与它们的"数字孪生"之间建立了清晰的联系,并在虚拟环境中以智能软件代理的形式复现作用于 CPS 的物理环境特征,由 Sanislav 和 Miclea(2012)给出的案例将在本书后续章节中详细介绍。尽管这种方法足以在定义明确的任务和环境中开发和测试计算功能,但是 CPS 的复杂环境通常需要人在回路的测试。另外,还必须考虑 LVC 方法领域的许多最新优势,例如 Hodson 和 Hill(2014)发表的文献中关于在军事领域中应用的介绍。

M&S 技术提供了分析和实验的可追溯方法。当面对复杂系统工程时,M&S 支持研究系统的涌现行为,但我们必须对仿真工程给予足够的重视,避免选择错误的建模方法,或者由于错误的仿真集成带来不正确时空序列而导致错误的传播,从而造成关于涌现行为的错误估算。M&S 是复杂系统工程中不可或缺的一部分,必须通过以下机制加以利用,以便其起到最大的作用:
- 在线、虚拟和构造(LVC)环境;
- 系统工程测试、评估、确认和验证;
- 运行、分布和沟通。

在 CPS 工程中应用 M&S 技术并非一件简单的事,它需要开发一种计算基础设施,在 CPS 使用背景环境的协同仿真环境中,在混合模型中整合各种领域的仿真器。协同仿真环境必须集成混合建模、云计算、DevOps、并行和分布式执行以及抽象时间实现等最新仿真技术。这将允许我们在快速模式下进行仿真实验研究,从而减少了得到所要结果的时间。数十年来,M&S 在开发智能、适应和自主系统方面一直是强有力的助手,这些领域的研究团队接受、应用并提高了 M&S 技术。本章讨论了 M&S 的最新技术,以及在更广泛的背景下,智能性、适应性和自主性方面是如何指导 CPS 的规范的。智能、自适和自主系统研究团队已开始以片段化的方式开展协同仿真,通过仿真器将两个域结合。由于我们需要具有可交换的" CPS 背景"的 M&S 环境,跨越多个关键基础设施开展各种模态的实验,因此 CPS 将极大地扩展协同仿真的概念。

本书的各个章节均由受邀的知名专家根据其研究领域的成果提供,并不限于 M&S。我们邀请了协同仿真和形式化建模的专家,以及 CPS 实践者和关注 CPS 社会学方面的专家,来共同支持我们编撰本书。根本宗旨是为我们的研究领域提供研究概念以及促进研究团队更紧密地合作,应对 CPS 领域复杂性的巨大挑战,并在此过程中呈现各个方面的研究和观点。

致　谢

　　本章的工作得到了 MITER 公司创新计划的部分支持。本章所包含的观点、见解和/或观察结论来自 MITER 公司的观点，除非另有说明，否则不应解释为官方政府的立场、策略或决定。

　　批准公开发行，不受限制发行。公开发行号 19－0424。

参考文献

[1] Alberts D S，Huber R K，Moffat J. (2010). NATO net-enabled capability command and control maturity model (N2C2M2). Technical report，Command and Control Research and Technology Program.

[2] Antonio M J，de Lope J，Maravall D. (2009). Adaptation, anticipation and rationality in natural and artificial systems：Computational paradigms mimicking nature. Natural Computing，8(4)，757.

[3] Baheti R，Gill H. (2011). Cyber-physical systems. The Impact of Control Technology，12(1)，161-166.

[4] Biswas A，Hunter M，Fujimoto R. (2018). Energy efficient middleware for dynamic data driven application systems. In M. Rabe，A. A. Juan，N. Mustafee，A. Skoogh，S. Jain，& B. Johansson (Eds.)，Winter Simulation Conference (pp. 628-639). IEEE.

[5] Clark M，Koutsoukos X，Porter J，et al. (2013). A study on run time assurance for complex cyber physical systems. Technical report. Aerospace Systems Directorate，Air Force Research Lab，Wright-Patterson Air Force Base.

[6] Darema F. (2004). Dynamic data driven applications systems：A new paradigm for application simulations and measurements. In M. Bubak，G. D. van Albada，P. M. A. Sloot，& J. Dongarra (Eds.)，Computational Science - ICCS 2004. ICCS 2004，Lecture Notes in Computer Science (Vol. 3038，pp. 662-669). Berlin，Heidelberg：Springer.

[7] Douglass S，Mittal S. (2013). A Framework for Modeling and Simulation of the Artificial. In A. Tolk (Ed.)，Ontology, Epistemology, and Teleology for Modeling and Simulation，Intelligent Systems Reference Library (Vol. 44). Berlin，Heidelberg：Springer.

[8] Håkansson A，Hartung R.（2014）．An infrastructure for individualised andintelligent decision-making and negotiation in cyber-physical systems．Procedia Computer Science，35，822-831．

[9] High R.（2012）．The Era of Cognitive Systems：An Inside Look at IBM Watson and How It Works．Armonk，NY：IBM Corporation，Redbooks．

[10] Hodson D D，Hill R R.（2014）．The art and science of live，virtual，and constructive simulation for test and analysis．Journal of Defense Modeling and Simulation，11（2），77-89．

[11] Holland J H.（1992）．Complex adaptive systems．Daedalus，121，17-30．

[12] Jones K H.（2014）．Engineering antifragile systems：A change in design philosophy．Proceedings of the 1st International Workshop：From Dependable to Resilient，from Resilient to Antifragile Ambients and Systems．

[13] Karlo Došilović F，Brč ić M，Hlupić N.（2018）．Explainable artificial intelligence：A survey．Proceedings of 2018 41st International Convention on Information and Communication Technology，Electronics and Microelectronics（MIPRO）（pp. 210-215）．IEEE．

[14] Kruse R，Borgelt C，Braune C，et al.（2016）．Computational Intelligence：A Methodological Introduction．New York：Springer．Langley，P.（2017）．Progress and challenges in research on cognitive architectures．Proceedings of Thirty-first AAAI Conference on Artificial Intelligence．

[15] Lee K H，Hong J H，Kim T G.（2015）．System of systems approach to formal modeling of CPS for simulation-based analysis．ETRI Journal，37，175-185．

[16] Mittal S.（2013）．Emergence in stigmergic and complex adaptive systems：A formal discrete event systems perspective．Journal of Cognitive Systems Research，21，22-39．

[17] Mittal S.（2014）．Model engineering for cyber complex adaptive systems．In European modeling and simulation symposium．

[18] Mittal S，Diallo S，Tolk A.（2018）．Emergent Behavior in Complex Systems Engineering：A Modeling and Simulation Approach，volume 4 of Steven Institute Series on Complex Enterprise Systems（pp. 4）．Newark：Wiley．

[19] Mittal S，Doyle M，Portrey A.（2015）．Human-in-the-loop modeling in system of systems M&S：Applications to live，virtual and constructive（LVC）distributed mission operations（DMO）training．In L. B. Rainey & A. Tolk（Eds.），Modeling and Simulation Support for System of Systems Engineering Applications．Hoboken，NJ：Wiley．

[20] Mittal S，Rainey L B.（2015）．Harnessing emergent behavior：The design and control of emergent behavior in system of systems engineering．In Proceedings

of Summer Computer Simulation Conference.

[21] Mittal S，Risco-Martin J L.（2013）. Netcentric System of Systems Engineering with DEVS Unified Process. Boca Raton，FL：CRC Press.

[22] Mittal S，Risco-Martin J L.（2016）. DEVSML Studio：A framework for integrating domain-specific languages for discrete and continuous hybrid systems into DEVS-Based M&S environment. In Proceedings of Summer Computer Simulation Conference.

[23] Mittal S，Risco-Martín J L.（2017a）. Simulation-Based Complex Adaptive Systems（pp. 127-150）. Cham：Springer International. Mittal，S.，& Risco-Martin，J. L.（2017b）. DEVSML 3.0 stack：Rapid deployment of DEVS farm in distributed cloud environments using microservices and containers. In Proceedings of the 2017 Spring Simulation Multi-Conference（SpringSim'17）.

[24] Mittal S，Ruth M，Pratt A，et al.（2015）. A system-of-systems approach for integrated energy systems modeling and simulation. In Proceedings of Summer Computer Simulation Conference. SCS.

[25] Mittal S，Zeigler BP.（2014a）. Modeling attention-switching in resource- constrained complex intelligent dynamical system（RCIDS）. In Proceedings of Symposium on Theory of Modeling and Simulation/DEVS，Spring Simulation Conference.

[26] Mittal S，Zeigler B P.（2014b）. Context and attention in activity-based intelligent systems. In Proceedings of Activity-based Modeling and Simulation（ACTIMS14），ITM Web of Conferences（vol. 3）.

[27] Mittal S，Zeigler B P.（2017）. The practice of modeling and simulation in cyber environments. In A. Tolk & T. Oren（Eds.），The Profession of Modeling and Simulation（pp. 223-264）. Hoboken，NJ：Wiley.

[28] Nicholas T N.（2012）. Antifragile：Things That Gain from Disorder（Vol. 3）. New York：Random House Incorporated.

[29] Nutaro J，Kuruganti P T，Shankar M，et al.（2008）. Integrated modeling of the electric grid，communications，and control. International Journal of Energy Sector Management，2，420-438.

[30] Onggo B S，Mustafee N，Juan A A. et al.（2018）. Symbiotic simulation system：Hybrid systems model meets big data analytics. In M. Rabe，A. A. Juan，N. Mustafee，A. Skoogh，S. Jain，& B. Johansson（Eds.），Winter Simulation Conference（pp. 1358-1369）. New York：IEEE.

[31] Pratt A，Ruth M，Krishnamurthy D，et al.（2017）. Hardware-in-the-loop simulation of a distribution system with air conditioners under model predictive control. In Power & Energy Society General Meeting（pp. 1-5）.

［32］ Pratt M R A，Lunacek M，Mittal S，et al.（2015）. Effects of home energy management systems on distribution utilities and feeders under various market structures. In Proceedings of the 23rd International Conference and Exhibition on Electricity Distribution.

［33］ Rajkumar R，Lee I，Sha L，et al.（2010）. Cyber-physical systems：The next computing revolution. In Proceedings of the 47th Design Automation Conference（DAC），2010，Anaheim，CA，（pp. 731-736）. New York：IEEE.

［34］ Sanislav T，Miclea L.（2012）. Cyber-physical systems-concept，challenges and research areas. Journal of Control Engineering and Applied Informatics，14（2），28-33.

［35］ Sheridan T B.（1992）. Telerobotics，Automation，and Human Supervisory Control. Cambridge，MA：MIT Press.

［36］ Thule C，Broman D，Larcen P G，et al.（2008）. Co-simulation：A survey. ACM Computing Surveys，51，420-438.

［37］ Tolk A.（2015）. Merging two worlds：Agent-based simulation methods for autonomous systems. In A. P. Williams & P. D. Scharre（Eds.），Autonomous Systems：Issues for Defence Policymakers（pp. 291-317）. Norfolk，VA：NATO Allied Command Transformation.

［38］ Tolk A，Adams K M，Keating C B.（2011）. Towards intelligence-based systems engineering and system of systems engineering. In A. Tolk & L. C. Jain（Eds.），Intelligence-Based Systems Engineering（pp. 1-22）. Berlin，Heidelberg：Springer-Verlag.

［39］ Tolk A，Page E，Mittal S.（2018）. Hybrid simulation for cyber physical systems：State of the art and a literature review. In Proceedings of Annual Simulation Symposium，Spring Simulation Multi-Conference（pp. 122-133）.

［40］ Traoré M K，Zacharewicz G，Duboz R，et al.（2018）. Modeling and simulation framework for value-based healthcare systems. Simulation，95（6），481-497.

［41］ Turing A M.（1950）. Computing machinery and intelligence. Mind，59（236），433-460.

［42］ Vangheluwe H.（2000）. Devs as a common denominator for multi-formalism hybrid systems modelling. In IEEE International Symposium on Computer-Aided Control System Design（pp. 129-134）.

［43］ Williams A.（2015）. Defining autonomy in systems：Challenges and solutions. In Autonomous Systems：Issues for Defence Policymakers（pp. 27-62）. Norfolk，VA：NATO Allied Command Transformation.

［44］ Williams R.（2008）. Autonomous systems overview. Technical report，BAE Systems.

［45］Witten I H，Frank E，Hall M A，et al.（2016）．Data Mining：Practical Machine Learning Tools and Techniques. Cambridge，MA：Morgan Kaufmann. Zeigler，B. P.，Praehofer，H.，& Kim，T. G.（2000）．Theory of Modeling and Simulation.

［46］Zeigler B P，Praehofer H，Kim T G.（2000）．Theory of Modeling and Simulation. Integrating Discrete Event and Continuous Complex Dynamic Systems（2nd ed.）．San Diego，San Francisco，New York，Boston，London，Sydney，Tokyo：Academic Press.

第 2 章　智能赛博物理系统运行和设计中的挑战

Sebastian Castro,Pieter J. Mosterman,

Akshay H. Rajhans 和 Roberto G. Valenti

MathWorks 公司,美国马萨诸塞州内蒂克市

2.1　概　述

赛博物理系统(CPS)是由计算机控制的物理系统,其使用计算元素,或称赛博元素,在物理环境中感知、控制和运行。鉴于计算和通信技术发展所取得的长足进步,这些系统正在变得更加智能和互联。计算技术的发展将人工智能引入此类系统中,这类系统有时不仅能够感知、理解和操纵周围的物理环境,而且也可以随着时间的推进而学习和改进,其也被称为智能赛博物理系统(Müller,2017)或简称为智能物理系统(Koditschek 等,2015)。通信的进步使得智能物理系统的分布式架构成为可能,因此多个自主系统能够以协同的方式一同运行。

可以预计,现代社会的许多行业将会受到智能 CPS 转型的影响。在公共事业、交通运输和制造行业都可看到一些显著的事例,如下:

- 在公共事业领域,安全可靠的电网是 CPS 的应用,典型的就是智能能源,可利用天气预报来集成像风能等这样间歇式的可再生能源。
- 在交通运输领域,CPS 应用的实例如智能出行,包括:在陆上,联网的自动驾驶汽车,可减少交通事故伤亡并优化交通拥堵;在水中,可优化水面运输并改善水下勘探的运载器;在空中,无人驾驶飞机(通常又称为无人机)可以改善和执行复杂的搜索和救援行动。
- 在制造行业中,工业 4.0 范式作为智能制造的一部分[①],在于提高工业生产的经济性、效率、安全性、可靠性和产能。这与数字孪生概念有关,一方面使用(通常是昂贵的)实物资产的计算仿真来预测和检测故障,另一方面在更超前的案例中使用仿真行为代替物理功能。

在全球范围 CPS 现实意义的推动中,本章针对此类系统的开发和部署,概述在设计、测试和运行方面的关键挑战。面对如此重大的主题,就需要根据日益复杂的能力层

---

① arminstitute. org。

次和维度对系统进行分类,而其中维度应与人类的认知和沟通层次相对应。

本章将按照所提出的分类方法来组织内容,如下:2.2 节介绍智能出行领域的案例,并引出有关整体性的讨论;2.3 节对比人类和工程系统的物理能力、认知能力的演变过程;2.4 节提出特征分类的基础;2.5 节聚焦通信和协作方面,概述智能 CPS 的运行挑战;2.6 节概述智能 CPS 的设计和测试方面的挑战;2.7 节概括并给出整体的结论。

2.2 联网的自动驾驶汽车

为引出本章的讨论,让我们将联网自动驾驶汽车的应用作为智能 CPS 的案例。人的驾驶效能低且容易出错,据一项估算,仅在 2018 年交通拥堵就使美国经济损失了870 亿美元[①];根据美国国家公路交通安全管理局(NHTSA)的统计数据,2017 年美国就有 37 000 多人死于交通事故[②]。人们普遍认为,在汽车中引入互联和自主技术,将会提高驾驶的安全性和效能。例如,通过感知周围环境的实时信息以做出更安全的驾驶决策,以及通过互联发挥已积累的历史交通拥堵信息的作用来提高驾驶的安全性和效能,以做出更明智的路径决策。实现这一目标的关键是能够开发基于交通态势和驾驶场景的导航,达到像人一样且要比人更理想的工程系统。

为了改善单个车辆的态势感知和自我意识,当前和未来的汽车必须安装各种模式的传感器,如摄像机、RADAR(雷达——无线电探测和测距)和 LIDAR(光探测和测距)元件、全球定位系统(GPS)和惯性测量单元(IMU)。基于丰富的传感输入、先进的软件算法(例如针对相机数据的计算机视觉算法)以及必须对原始传感器数据进行分类并为其赋予语义含义(例如道路、障碍物和环境中的其他物体),大量可用的预先录制的数据,对于深度神经网络的脱机训练非常必要,然后将其部署在硬件上以进行实时在线语义推理。来自各种传感输入的语义推断,结合传感器融合算法,消除任何一种传感机制的潜在缺点和盲点,从而提高系统的可靠性。

充分利用所处理的数据来建立精准的环境地图,使车辆可以定位并制定规划,安全有效地在可通行的区域进行导航。分层规划算法须将到达目的位置的整体目标分解为一系列的步骤,例如并道和变道,这些步骤可以通过低层级的控制任务(例如轨迹优化和路径规划)来实现。在无人值守的情况下,汽车执行任务的范畴决定着机动车工程师协会(SAE)J3016™ 标准中所定义的驾驶自动化的各个等级。[③]

车辆网络之间以及车辆与基础设施之间的连通性作为一种新的运行机制,开始进入协作和协同运行的阶段。实时共享的车辆-车辆(V2V)通信和车辆-基础设施(V2I)

---

① https://www.cnbc.com/2019/02/11/americas-87-billion-traffic-jam-ranks-boston-and-dcas-worst-in-us.html。

② www.nhtsa.gov。

③ https://www.sae.org/standards/content/j3016_201806。

通信中的信息,需使用 IEEE 802.11p 标准[①]规定的专用短距离通信(DSRC)协议(Christian,2015)。现在,原始数据、语义信息甚至学习结果都可在流动的车辆中实现共享。因此,如果车流中某辆车学习了更好的驾驶方法,那么整个交通都会由此受益。[②]

例如,智能道口装置就是协同道口防撞系统(CICAS)的一种技术变体:

- 当在乡村公路上高速穿越由停车信号控制的道口时,交通上存在一定的危险,可使用某种停车信号辅助(SSA)系统(Becic 等,2013);
- 使用某种左转信号辅助(SLTA)系统,引导面对面车辆的左转(Misener,2010)。

我们已经研究了若干种可辅助人类驾驶员瞬间做出更好决策的机制。即使这些基于基础设施的先进驾驶员辅助系统(ADAS)装置仅仅是为人类驾驶员提出建议,其在异构、架构和验证方面也都存在着重大的挑战(Rajhans,2011;Rajhans 和 Krogh,2012、2013;Rajhans,2013;Rajhans 等,2014)。

随着自主性和连接性的提高,停车信号辅助(SSA)功能从路上迁移到车载(Becic 等,2012),而左转信号辅助(SLTA)功能已由联网的车辆所取代,车辆之间通信并执行实时运行的防撞策略(Zhang 等,2018),决策的负担越来越多地从人转移到互联的自动驾驶车辆上。在此过程中,协同道口防撞系统(CICAS)给出的建议也就变成了实际结果的行动方案。实现正确的行为甚至更具挑战性,但从安全角度来看这是首要的。

从效能的角度来看,可以使用元层级(meta-level)信息(例如城市级交通模式)来设计全局最优的交通路由策略,优化燃油效率和交通流量,从而避免所谓的无政府代价(Zhang 等,2018),原因是遵循个体最优的路由策略,而造成社会全局的次优。

这种典型的挑战和机遇可以推演到 CPS 应用的其他领域。实际上,在各种智能 CPS 域中普遍需要进行感知、认知、决策、规划、控制和执行来支持环境中的有效运行。在其他 CPS 应用领域(例如搜索和救援)中,也可看到智能代理与人作为一个整体而进行的协同(Mosterman 等,2014a、2014b;Zander 等,2015)。

2.3　人类的体能和认知能力的演变

为应对复杂的挑战并在构建智能的 CPS 应用中评估所遇到的挑战,如开发互联的自动驾驶系统的挑战,有必要考虑人类如何在协同的社会中演进并成为可执行复杂任务的智能生命。虽然在某些文献中已针对特定应用领域对人与工程系统进行了比较,例如智能制造(Dias-Ferreira,2016),安全性和强韧性(Azab 和 Eltoweissy,2012)以及多目标的帕累托(Pareto)优化和权衡分析(Keller,2018),但本章的目的是为智能 CPS 创建功能分类法。具体而言,在人类的体能、认知能力进化与工程系统进化之间建立了

---

① https://standards.ieee.org/standard/802_11p-2010.html。

② https://www.recode.net/2016/9/12/12889358/tesla-autopilot-data-fleet-learning。

相似和相互区别的关系,由此建立基于某些特征的分类。

2.3.1 能量效率和身体操控

在直立人出现的进化早期阶段,身体在适应环境方面取得了显著的进步。双足行走释放了双手和臂膀,而拇指和其他手指的分开则可提高手的操控能力;脚踝和肌腱弹性为出色的支撑耐力提供了有效的能量利用效率;作为操控能力的进一步提升,智人发展出了一种与其他物种截然不同的肩关节结构(Roach 等,2013),特别是可保证投掷器物的极高精度的独特能力。

2.3.2 认　知

多模感官的处理能力有助于创建关于环境的丰富信息。在更大空间中定向和规划行动的认知能力,使人类能有效利用环境以及动植物。此外,模仿同类的认知能力有助于共享创造工具的技能,并形成使用工具的文化,正是由此逐渐演变为现代人类(Mac-Whinney,2005)。

直到进化到智人,使用工具的证据表明进化过程的不断进步,而处理能力引发了重大的变化(MacWhinney,2005;Ralph,2013)。大脑容量已达到现代人的水平,但也许更重要的是大脑架构的改变可以支持认知能力,从而使人能够从同类的角度出发,将其作为自己的合作者。此外,情景记忆的发展实现了丰富感官信息的存储并可支持精心构思的规划。

2.3.3 语言与交流

认知处理能力的后续活动是开始使用符号,这是智人具有的独特特征(Holloway,1981)。作为句法参考的符号可能与语音一同进化,首先是由各种发声必需的解剖结构保证的。结合语音构成,提供了与符号相关的观念、概念的近乎无限的词汇。精心规划的技能支持所需的语法,不仅记录语句中所表达的观念,而且涉及不同参与者的多个视角,另外还要跟踪超出当前的将来、过去的情况。

通过使用丰富的符号语言进行交流的能力,促使更大的社会结构成为可能,同时,又极大地提升了知识共享和知识传承的文化传统。

2.3.4 从自然到技术

人类进化出的那些官能,如能量利用效率、错综复杂的操控、认知以及基于符号语言的交流等,可移植到 CPS 的三个根本的支柱技术之上——控制、计算和通信(Kim 和Kumar,2012)。通过控制,可以在物理世界中高效地利用能量并进行复杂的操控,计算使机器智能可执行传统上需要人类认知的任务,机器之间的数据通信达成与人类符号沟通的等效功能。

以高效能量利用的方式进行物理对象和量值的操控,控制已开始更加充分利用不断增强的计算能力和通信的可用性。这样,控制将视为位于计算和通信层次之上的功能。因此,下面对 CPS 集合的分类考虑了两个维度,其中,第一个维度从控制功能的角度考虑计算的发展,而它与认知的进步有关;第二个维度扩展了对应于通信能力的认知阶段,并识别出通信实现的控制功能类。

2.4　智能赛博物理系统的全景

鉴于悠久的技术史,本节将介绍技术系统中引发数字革命的这一部分结构。特别是,将人的认知处理功能当作一种结构化的机制,沟通交流则是叠加在其上的一项关键技术。这一结构可以让人们展望技术的未来发展。

2.4.1　工程系统分类

在生物不断增强的认知能力的基础上,人们提出工程系统的分类方法(Minsky,2006;Samsonovich 和 De Jong,2005),表 2.1 列出了随认知水平不断提高的行为类别。最低层级的认知要求的是反射式行为,例如,瞳孔随着光的强度而伸缩以及跳动的心脏;反应式行为的本质是学习和适应的行为,例如,为使球击中目标,反复被动地练习;推理式行为涉及为达到目标而做出若干行动的规划,例如,交通导航驶入和驶离高速公路;反思式行为依赖于生物的认识,并允许根据收益评估来设定目标,例如,选择健康的生活方式。

表 2.1　各种认知层级的行为

类　型	能　　力
反思式	评估和评测行为
推理式	事先考虑和经规划的行为
反应式	学习的、适应的行为
反射式	直觉的行为,反射条件

另外,个体的行为所需要的不同层次的认知能力,关键是在直立人和后智人同类之间交流能力中进化而来(MacWhinney,2005;Tattersall,2014)。尽管原始的交流形式是基于直接的参照,但对于同类想法的假设能力是更复杂交流的基础,例如模仿行为,包括吟唱、舞蹈、重复的身体示意以及由身体的局部代表整体的分体方法。这些交流方式为直立人提供了超越当代物种的巨大优势,并使其传播到整个非洲乃至其他大陆。如果交流的力量如此强大,那么智人所实践的符号语言的价值及其包含的复杂概念,其意义怎么评价都不足为过。

在技术世界中,通信技术正迅速成为工程系统的重要标志。表 2.2 所列为工程系统的分类,该分类基于单个系统行为的日益复杂层级,系统之间的通信叠加在整体之中。其中,"个体"行描述了单个工程系统的行为。

表 2.2　工程系统的分类

构　型	行　为			
	反射式	反应式	推理式	反思式
个体	自动的	适应的	自主的	意识的
整体	分布的	连接的	协同的	联合的

- 反射式行为是预先编程的,可直接响应来自环境的激励。对比自动控制架构,物理量的测量值输入到固定的控制律中,并直接决定作动器的响应。
- 反应式行为是通过例如练习或训练进行学习,需要对环境的激励进行解释。对比适应性系统,根据观察来确定不同控制设定点或参数,例如,智能恒温器可以根据用户的历史选择来学习首选的温度。
- 推理式行为规划如何达到目标,对应于自主行为的基本组件。所做出的规划依赖于系统本身的模型,同时所观察到的周围实体也影响着规划。
- 反思式行为在设定目标的同时,评估各种优点和缺点。这就要求工程系统了解自身及其愿望、倾向等,对应于工程系统中尚有未知的行为。

至于通信方面,工程系统的整体行为特征在"整体"行中表明。自动控制的必然结果是分布式控制,其中多个自动控制回路依赖于共享的测量数据。在 2.2 节的智能交通道口中,同步交通信号灯是控制的案例,分布着多个独立的控制回路。这一分布式系统的输入是车辆的到达,如由路面的感应回路检测。

车辆-基础设施(V2I)通信的集中化智能道口是联网控制系统的一个案例,其中协调器(作为基础实施的一部分)创建了态势感知并调整了整体的设定值。例如,协调器解释(或沟通)车辆是豪华车还是牵引拖车组合,然后根据车辆的对应动态方程来计算速度的设定值。这些设定值被传送到不同的车辆,然后相应地进行调整。再如,Waze[①]是一个智能手机应用程序,允许用户共享交通数据,例如在某些地理位置可能发生的碰撞。此外,Waze 分析和解释智能手机数据以判定交通是否拥堵。如果在将来的场景下,能使车辆自动响应此类数据,则自适应的 Waze 车辆将成为联网控制的另一个案例。在这种场景下,当检测到交通拥堵并与其他位置的车辆进行共享时,这些联网的车辆可能会调整前往目的地的路径。

基于车辆-车辆(V2V)通信的非集中式智能道口是协同控制的一个案例,其中自主系统构成一个整体集合并共享丰富的信息,以支持整体规划行为,例如个体规划和规划考量。与 V2I 智能道口相比,车辆可能不依赖预定义的控制规律——由协调器决定设定值,不同的车辆将会自主采取行动,并且当它们接近道口时,必须共同对速度以及在哪个车道行驶、距道口的距离、动力特性和可能发生的紧急情况等进行推理,从而针对整体得出全局的规划。非集中控制需要编排每辆车的运动,以使在给定时间内进入段道口的所有的车辆达到最优的个体规划。再回到 Waze,协同系统的另一个场景案例,

---

① www.waze.com。

涉及各种车辆在出现新信息的情况下,调整各自的规划。这可能涉及更改整体规划的顺序、修改驶入或驶出道口的时间、速度或决定沿途的不同停靠位置,以最大程度地减少在某时间内占用同一路段的车辆。协同系统的另一个案例是智能应急响应系统(Mosterman 等,2014a、2014b;Zander 等,2015),其中,自主的地面车辆可能会规划如何到达所在仓库的选定位置,自主旋翼飞机可规划出动数量,从而尽可能减少现场搬运物资的总时间。

联盟控制(coallied control)集合中的感知系统将共享有关内部状态信息,例如意图或评估,尽管这样的整体运行案例还未找到。

2.4.2　工程系统集成体的生命周期

研究传统的基于模型的设计,遵循" V"形方法(例如 Mosterman 等,2004)。如图 2.1(a)所示,模型用于设计和测试所部署的实现。在这种传统观点下,智能 CPS 需要范式的转换。借助工业 4.0 和工业物联网等新应用,在部署系统后,还将在运行中使用建模和仿真。例如,在运行过程中模拟昂贵的有形资产的计算模型(即所谓的"数字孪生"),进行预判和预测维护。我们可以将这种新范例称为"根号"形,而不是" V"形,如图 2.1(b)所示。在构成动态可重配置集合的更复杂的智能 CPS 中,运行方面可以再连回设计和测试,进行运行时的重构配置。这种可重构配置将"根号"形变形为循环三角形如图 2.1(c)所示。

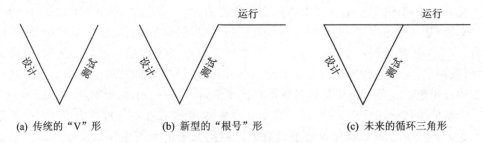

(a) 传统的"V"形　　　　(b) 新型的"根号"形　　　　(c) 未来的循环三角形

图 2.1　从传统基于模型的设计"V"形到基于模型的设计—测试—运行循环三角形的范式转移

值得注意的是,这个三角形与美国国家标准技术研究院(NIST)开发的 CPS 可信框架具有某些相似之处,该框架将概念化、实现和保证视为三角形(棱镜)表示的三个方面(CPS 公共工作组(2017)中的图 8)。尽管概念化、实现和保证这些术语与设计、运行和测试有关,但是 NIST 框架在有限的背景中,将模型当作概念化阶段的输出以及实现阶段的输入。相反,本小节认为建模和仿真在三角形的所有的三个方面都发挥着同等重要的作用。

通过将表 2.2 中各种日益复杂的行为类增加到第三个维度,可以将图 2.1(c)中的二维投射为三维,形成三个维度的棱镜,如图 2.2 所示,整体集合配置中的行为类别——分布的、连接的、协同的和联合的分别标注在每个三角形的旁边。

每一类都存在与智能 CPS 开发相关的挑战。本小节重点讨论在整体集合中与其他通信系统所面临的挑战。研究聚焦当前最受关注的系统,进一步缩小集合维度的研

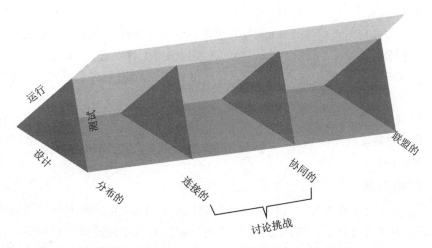

图 2.2 智能 CPS 整体的设计—测试—运行棱镜

究范围:互联系统和协同系统。集合维度中的其余类要么是需要有很好被理解的技术（分布式控制系统）;要么仍处于构想和开发起步阶段的技术（系统联盟）,尚需投入大量的研究。在以下背景环境中讨论了这些系统所面临的挑战:连接的机器,协同的机器,连接且协同的机器集合的设计,以及在组装和运行时,对此类集合进行测试和分解。首先在 2.5 节中,从系统的运行角度讨论各种挑战,然后在 2.6 节中从设计和测试的角度讨论各种挑战。相关工作（Mosterman 和 Zander,2016）详细介绍了相应的需要分析。

2.5 系统运行中的挑战

在运行过程中,智能 CPS 整体集合之间的通信为新功能开辟了机会,特别是在支持复杂的协同情况下更是如此。本节讨论连接和协同的运行中所需的未来使能技术、当前状态和面临挑战。

2.5.1 互联运行

在运行过程中,系统是整体集合的一部分并与其他系统连接,此时需要无线通信、数据共享和服务利用。

1. 无线通信

高性能无线通信将支持具有不同服务质量特征的灵活系统进行可靠的配置,这方面主要存在两类挑战,如下:

- 通信协议栈必须在物理上可察觉并可配置,同时与 Internet 协议（IP）兼容,例如 IEEE 802.15.4e（Palattella 等,2013）。这样的协议栈支持低功耗的分级质量的实时服务,并在通信数据中包含（精确的）时间和位置信息。有效的方法是对包含通信协议的构建块进行建模,以及对电子硬件目标机的性能特征进行建模。

- 在分布式和无线连接的环境中,必须支持精确的定时和同步(例如,精确时间协议 IEEE 1588,Cooklev 等,2007)。重要的两方面进展是:

① 基于物理层的定时和同步架构,这得益于对物理射频(RF)层以及天线的建模;

② 具有可靠执行时间的周期性和非周期性事件的调度(例如 Zhang 等,2010),建立在调度程序配置、具有可保证的动态调度以及支持混合的同步和异步行为的基础上。

2. 数据共享

先进的数据共享将支持有效地开发分布式的信息资源,并使本不具有先验的系统特征的共享源成为可能。在离线方法中,系统集成负责数据流的同步(Muller,2007),而对于在线连接的场景必须通过构造解决。这就存在两个特定的挑战需要应对,如下:

- 该功能必须支持多速率的架构,方法论涉及对非一致性数据源的同步。考虑的解决方案包括通信建模、双缓冲方案的系统化(和自动的)分析、软件定时特征以及时钟恢复,亟待更多地使用模型来开展系统的集成(Mosterman 等,2005)。

- 为获得系统特征的价值,必须有可能从通信数据中可靠地提取相应的(非歧义的)信息。支持此功能的方法是将信息表达为具有明确定义的元模型的高层模型、在版本控制下模型导入/导出的本体、自动生成元模型(例如,从模型库中生成)以及模型概念的共享和比较。RoboEarth 网络是一个实际应用的示例,通过互联网的连接使机器人能够生成、共享和重用数据(Waibel 等,2011)。

3. 服务利用

在部署后,动态组合的系统将针对特定的(单一的)使用要求而被赋予特定可用功能的能力。此时面临如下 3 个挑战:

- 基于服务的方法必须在物理环境中以实时嵌入的服务来运行。物理功能的实时中间件和面向服务的架构具有的优势,必须可解决关键的技术问题,如服务发现的响应时间(延迟、平均值、超时)(Douglas,2007)以及以不同模式来请求服务。具有实时功能的中间件涉及从实时版本的高层架构(HLA)、实时的公共对象请求代理架构(CORBA)到数据分发服务(DDS)以及机器人操作系统(ROS)(Krishnamurthy 等,2004;McLean 等,2004;Schmidt 等,2008;Quigley 等,2009;Pérez 和 Gutiérrez,2014)。

- 服务发现必须增加逻辑功能(是"智能的")。可能的解决方案是使用服务本体来匹配服务的提供方,而服务本体则依赖于针对相似性的分类法和可转换的匹配方式(如 Song 等,2010)。类型相似性的检查和转换以及语义定义的能力是其中的关键。

- 在异构系统集合中必须支持信息的共享。语言和本体基础结构,例如用于描述语义 Web 服务的本体 Web 语言(OWL)(Horrocks 和 Patel - Schneider,

2011),可作为实现翻译和转换的基础技术。可建立的其他技术包括生成可靠的模型及模型的(实现)代码。

2.5.2　协同运行

确保系统集合以协同方式运行的 3 个要求包括运行时系统的适应性、涌现行为的设计和功能的共享。

1.　运行时(Runtime)系统的适应性

在运行时的安全和可靠的系统适应能力,使集合中某一系统能利用其他系统实现外部功能,从而实现高效、经济和强韧的运行。

主要挑战是系统集合的推理和规划的适应性,其建立在多种技术之上:① 集合中系统的自我检查机制,确定系统的状态、配置(可能使用运行时的某变体)和可用的服务(可能基于中间件服务描述规范);② 以满足运行时需求的保真度等级来应对整体的一致性/不一致性,这可建立在表达之间可追溯性的基础上(可能是跨越多个转换的)(例如 models@run. time Bencomo 等,2014);③ 在线校准/再校准模型(例如 Huang 等,2010)以持续地确保准确性,可使用收集的数据以及统计、优化或机器学习工具来修改系统中软件制品的参数或结构。

2.　涌现行为的设计

设计涌现行为的鲁棒方法允许对作为整体集合中的系统进行系统化的设计,使整体以最佳方式实现期望的行为。

总体挑战涉及协同规划、指导和控制的方法,并以多种方法为基础:① 松耦合架构的分析方法是关键,尤其是对于嵌入式操作(例如,全局异步/本地同步(GALS)、架构(Steven,2005)),涵盖事件驱动控制、离散事件建模和分析以及不确定性建模;② 在并发资源上分布式控制功能的规划和综合是潜在的核心,涉及并行和平台建模、功能分解以及服务组合(例如,作为 CPS 的汉诺塔问题)(Mosterman 等,2013;Mesterman 和 Zander,2015);③ 形式化方法以确保一致性,并适用于具有并发语义的协同问题,使用性能模型进行特征的证明,所有方法都是以易于理解的方式来保持形式化的严谨性(例如,Conway 的生命游戏[①]中的设计细化,Sanders 和 Smith,2012)。

此外,行为可通过学习获得(Hofer,2017)。通过依据系统所作出的决策(例如,分配任务、资源或运行模式)来跟踪协同系统的性能,在线优化和强化学习(Kober 等,2013)等技术可使用历史数据自动完善复杂决策系统的策略和规则,从而产生新颖的行为模式,可更好地应对现有环境,甚至适应不断变化的环境。

3.　功能的共享

集合中系统之间的共享功能,不仅通过可用的功能,而且通过有意义地交换有关该功能的信息和元信息,将允许在部署后创建新颖的系统功能。这方面存在着两个突出

---

① 译者注:生命游戏是英国数学家约翰·何顿·康威在 1970 年发明的细胞自动机(cellular automaton)。

的挑战：

- 部署后，多个（不同的）用途功能的运用，基于许多的技术进步：① 通过特征识别（例如，基于模型切片的特征）和模型行为选择（例如，行为分析和功能挖掘，如根据其行为确定设计需求）；② 通过创建调度架构（例如实时虚拟机，Gu 和 Zhao，2012）并遵循基于平台的设计方法（Balarin 等，2009；Marco Di Natale，2012）共享硬件资源；③ 通过性能模型和度量（例如关键路径分析以及代码性能报告和建议）表征性能（例如 Liu 和 Feng Feng，2005）；④ 根据目标和性能准则进行在线校准（例如 Levinson 和 Thrun，2013），并通过自适应滤波、失真建模和自动背景校正（groundtruthing）（基线）进行支持。
- 特征之间的交互（例如 Mosterman 和 Zander，2016），在形式化假设和依赖效应分析中，利用共享功能寻求潜在的解决方案/决议。特定技术包括基于特性或假设的模型切片、行为异常根源和结果的跟踪以及公式表示的由功能到行为的映射假定。

2.6　系统设计和测试中的挑战

智能 CPS 集合运行的可能性是建立在对应的设计和测试过程上的，其中一个关键方面是设计、测试和运行阶段的循环特征，如图 2.1(a)所示。将未来所需的技术与具有挑战性的当前状态进行对比，从而得出未来状态。

2.6.1　设　计

在设计连接和协同的系统集合时，有两个主要的需要：虚拟系统集成能力和设计制品[①]共享。

1. 虚拟系统集成能力

在虚拟形式上逼真地集成系统的能力，将使系统的设计更有信心。在运行中，可靠的系统集合将对其中包含的系统进行配置。这里将详细阐述 3 种挑战，如下：

- 在设计中获取合适的模型，可在模型生成的基础上创建并提供所选定的、感兴趣的特征的必要细节。这可能涉及结构化模型的改变、运行点位的选择和线性化、模型的生成等。这里强调的许多方法就包括：根据所感兴趣的特征选择模型细节（Ferris，1995；Mosterman 和 Biswas，2000；Stein，1995）、反例导向的细化（Clarke 等，2000）以及需求导向的抽象选择（Jiang 等，2014）。
- 通过使用模型对异构集合进行系统级设计和分析，需要在以下方面取得进展：① 以不同形式表达的模型进行连接、组合和集成，可以在行为层级通过协同仿真或共享仿真 API，或在共享语义层级通过代码生成；② 跨动力学和执行语义

---

① 译者注：设计制品是指用于表达设计的模型、技术文档、图样、图标及其他。

使用的高效仿真模型,其中涉及针对连续时间、离散时间和离散事件行为的一系列潜在交互求解器的配置。这些挑战是计算机自动化多范式建模领域(Mosterman 和 Vangheluwe,2000)的研究主题,其中动态语义(Mosterman 和 Biswas,2002)与执行语义(Mosterman,2007)的结合是重要的进步。

- 对应于不同供应方和最终制造方的模型、软件和硬件之间的连通性,可通过创建具有可信接口的开放工具平台而建立,以便在同步和协调的模型、软件和硬件设备之间进行通信。一些关键的基础技术包括数据流、目标机连接性支持、标准化通信协议(例如 TCP、UDP)以及实时仿真(Popovici 和 Mosterman,2012)。

2. 设计制品共享

能够在整个系统集合设计工作中安全、可靠地共享设计制品,在设计乃至贯穿整个系统生命周期中,确保利益相关方之间进行方便、高效且一致的协同,这将呈现出两种挑战,如下:

- 鉴于始终会涉及不同的组织(供应方、最终制造方等),可通过以下方式来解决这些迥然不同的组织之间的工具耦合(例如,生命周期协同开放服务 OSLC (Seceleanu 和 Sapienza,2013)):支持跨语义和技术适应性的可追溯,例如基于带有更改通知的服务 API,在抽象、形式化和转换之间建立关系,同时遵守知识产权保护;从受保护的知识产权中提取信息(例如通过模糊或加密)和使用受信任的编译器。

- 支持设计中必不可少的各种视图和工具,尤其是对于系统集合,可以基于以下核心技术发展:特定于工具的可配置视图投影(例如 Atkinson 等,2010),并支持模型生成、模式提取或切片以及 XML 交换;通过对执行引擎(例如 Mosterman 和 Zander,2011)建模,从而跨工具使用一致的语义,这是代码库(例如数值积分、求根和代数方程求解)的组合,具有广泛的优化范围,以便对动态系统的执行引擎进行语义分析。

2.6.2 测 试

测试系统集合的行为依赖于运行时(runtime)配置的接口,关键是开发对运行时的系统适应性测试、协同功能性测试以及硬件资源共享的支持。

1. 运行时适应系统测试

正如在协同运行的背景中提到的,在运行时适应配置中的系统测试支持在整个集合中可靠地开发功能。这里讨论了测试特有的挑战。

在已部署的系统上测试复杂的功能至关重要,但对于嵌入于物理环境中的运行系统而言却是挑战。通常,在给定可用计算资源的情况下,无法获得系统与环境交互的完整模型,或者无法实现该模型。针对在线测试和设计优化环节,替身模型(Viana 等,2010)可提供足够精确且在计算上可行的实际过程的近似值。具体技术包括通过灵敏度分析和关键组件分析等方法来减少变量和降维,使用数据生成响应曲面,以及从多项式到人工神经网络的低保真模型的拟合。

2. 协同功能测试

测试协同功能的能力将确保共享资源上的协同质量,同时能够在分布式环境中识别并自动缓解失效的根源。这里阐述两个挑战,如下:

- 系统化的测试套件生成和自动测试评估,对于协同功能尤其具有挑战性。解决方案可能会建立在源于需求的基于模型的测试生成,同时保留动态集成配置的背景。特定技术(例如,Arrieta 等,2014;Zander,2009)包括基于覆盖率的自动测试生成、基于变量的测试和闭环测试。
- 在最小不确定性下的可复现的测试结果,可充分利用两个关键方面:① 设置初始条件和注入故障数据,尤其是在使用服务架构时,采用具体的技术,如系统状态回归、无状态服务和测试目标生成(例如 Leitner 等,2013);② 时间和空间划分,以隔离正在研究的特定系统架构的功能,其中包括时分测试和功能抽取。

3. 硬件资源共享

硬件资源共享的鲁棒性、安全性和可靠性的支持,将允许在集合范围内使用系统资源,并支持合理使用外部资源,以实现强韧性和运行时成本优化。这里讨论两类挑战,如下:

- 针对不同的实现来确定关键测试用例,基于计算架构的特性描述,例如,使用静态分析方法(例如抽象解释)、自动测试生成以及硬件架构,来实现行为的详细模型(例如,了解"极端情况")。
- 异构系统集合的安全性至关重要,需要在以下方面取得进展:

① 时间的语义建模(例如 Zander 等,2011),用以支持安全监视组件(例如看门狗和缓解器,Kaiser 等,2003、2010),其中包括以谐波周期表示的时间(例如整数时间)、步行为(例如单个时钟或离散时间)、同时行为(例如变更的迭代)、密集(例如合理的时基)或连续(例如可变步长的数值解)来表示时间;

② 使用动态混合安全完整性等级(SiL)以及混合 SiL 组件的认证套件来支持与硬件匹配的软件。

2.7 结 论

由于计算和通信技术的进步,赛博物理系统(CPS)的复杂度正在迅速提高。同时由于这些系统的连接和自主性,在设计、测试和运行方面的复杂性面临着若干关键挑战。为了用结构化的方式概述这些挑战,在行为和配置维度开发了分类方案,针对人类的能力和工程系统的能力提出了相似和相区别之处。从设计、测试和运行的角度讨论了这些智能系统整个生命周期内的挑战,重点是系统集合配置中的连接和系统行为。

许多研究涉及分布控制集合类的主题,并且相对容易理解。相比之下,在分类谱系的最右端(见图 2.2)是联盟系统,现在还没有关于自我感知以及由其产生自我感知系统集合运行的知识。

计算模型的使用对于解决各种设计、测试和原型的难题至关重要。模型在设计阶段的传统作用已广为人知,而且成功的实时运行也更需要模型,特别是在预测性维护、预测和健康监控中的应用。对于可能在运行时包含动态重新配置的多个实例的连接和协同集合,将需要进行多轮在线设计和测试迭代,并在需要时重新配置每个实例(以及"开发和运行"或 DevOps 范例(Jabbari 等,2016),尽管有一定的差异)。这里,模型将提供一种有效的(也许是唯一的)方式来进行必要的运行时评估,因为系统本身已经部署并投入运行。

本章的目的是提供广泛的概述,但不止于此。尽管挑战数量众多且规模巨大,但智能 CPS 从根本上改变着人类的生活且潜力巨大。不断地推动 CPS 前沿研究将需要研究领域与行业、硬件和软件供应商以及科学、工程、技术等多个学科之间的紧密协作。

参考文献

[1] Arrieta A,Sagardui G,Etxeberria L. (2014). A model-based testing methodology for the systematic validation of highly configurable cyber-physical systems. In The Sixth International Conference on Advances in System Testing and Validation Lifecycle (pp. 66-72). IARIA XPS Press.

[2] Atkinson C,Stoll D,Bostan P. (2010). Orthographic software modeling:A practical approach to view-based development. In L. A. Maciaszek,C. González-Pérez,& S. Jablonski (Eds.),Evaluation of Novel Approaches to Software Engineering,volume 69 of Communications in Computer and Information Science (pp. 206-219). Berlin,Heidelberg:Springer.

[3] Azab M,Eltoweissy M. (2012,November). Bio-inspired evolutionary sensory system for cyber-physical system defense. In 2012 IEEE Conference on Technologies for Homeland Security (HST) (pp. 79-86).

[4] Balarin F,DAngelo M,Davare A,et al. (2009). Platform-based design and frameworks:Metropolis and metro ii. In G. Nicolescu & P. J. Mosterman (Eds.),Model-Based Design for Embedded Systems,Computational Analysis,Synthesis,and Design of Dynamic Systems (pp. 259-322). Boca Raton,FL:CRC Press. ISBN:9781420067842.

[5] Becic E,Manser M. (2013). Cooperative intersection collision avoidance system stop sign assist traffic-based FOT:MNDOT contract number 98691 deliverable for task 4. 1 final report. Technical report,Minnesota Department of Transporta-

tion.

[6] Becic E, Manser M P, Creaser J I, et al. (2012). Intersection crossing assist system: Transition from a road-side to an in-vehicle system. Transportation Research Part F: Traffic Psychology and Behaviour, 15(5), 544-555.

[7] Bencomo N, France R B, Cheng B H, et al. (Eds.) (2014). Models@run. time, volume 8378 of Lecture Notes in Computer Science (LNCS). Berlin, Germany: Springer.

[8] Clarke E M, Grumberg O, Jha S, et al. (2000, July 15-19). Counterexample-guided abstraction refinement. In Proceedings of the 12th International Conference on Computer Aided Verification, CAV 2000 (pp. 154-169). Chicago, IL, USA.

[9] Cooklev T, Eidson J C, Pakdaman, A. (2007). An implementation of IEEE 1588 over IEEE 802. 11b for synchronization of wireless local area network nodes. IEEE Transactions on Instrumentation and Measurement, 56(5), 1632-1639.

[10] CPS Public Working Group. (2017, June). Framework for cyber-physical systems: Volume 1, overview. Technical report, National Institute of Standards and Technology. NIST Special Publication 1500-201.

[11] Di Natale M. (2012). Specification and simulation of automotive functionality using AUTOSAR. In K. Popovici & P. J. Mosterman (Eds.), Real-time Simulation Technologies: Principles, Methodologies, and Applications, Computational Analysis, Synthesis, and Design of Dynamic Systems (pp. 523-548). Boca Raton, FL: CRC Press. ISBN: 9781439846650.

[12] Dias-Ferreira J. (2016). Bio-inspired self-organising architecture for cyber-physical manufacturing systems (PhD thesis), The Royal Institute of Technology (KTH), Stockholm, Sweden.

[13] Ferris J B, Stein J L. (1995, January). Development of proper models of hybrid systems: A bond graph formulation. In F. E. Cellier & J. J. Granda (Eds.), 1995 International Conference on Bond Graph Modeling and Simulation (ICBGM'95), Number 1 in Simulation (pp. 43-48). Las Vegas: Society for Computer Simulation, Simulation Councils, Inc. Volume 27.

[14] Gu Z, Zhao Q. (2012). A state-of-the-art survey on real-time issues in embedded systems virtualization. Journal of Software Engineering and Applications, 5 (4), 277-290.

[15] Hofer L. (2017). Decision-making algorithms for autonomous robots (PhD thesis), Université de Bordeaux.

[16] Hoffert J, Jiang S, Schmidt D C. (2007). A taxonomy of discovery services and gap analysis for ultra-large scale systems. In Proceedings of the 45th Annual

Southeast Regional Conference, ACM-SE 45 (pp. 355-361). New York, NY, USA: ACM.

[17] Holloway R L. (1981). Culture, symbols, and human brain evolution: A synthesis. Dialectical Anthropology, 5, 287-303.

[18] Holloway R L. (2013). The evolution of the hominid brain. In W. Henke & I. Tattersall (Eds.), Handbook of Paleoanthropology (pp. 1-23). Berlin, Heidelberg: Springer.

[19] Horrocks I, Patel-Schneider P F. (2011). Knowledge representation and reasoning on the semantic web: Owl. In J. Domingue, D. Fensel, & J. A. Hendler (Eds.), Handbook of Semantic Web Technologies (pp. 365-398). Berlin, Germany: Springer.

[20] Huang Y, Seck M D, Verbraeck A. (2010). Towards automated model calibration and validation in rail transit simulation. In P. M. A. Sloot, G. D. van Albada, & J. Dongarra (Eds.), Proceedings of the International Conference on Computational Science, ICCS, Amsterdam, the Netherlands (pp. 1253-1259). Elsevier.

[21] Jabbari R, Ali N, Petersen K, et al. (2016, April). What is devops? A systematic mapping study on definitions and practices. In Proceedings of the Scientific Workshop of XP 2016 (pp. 1-11).

[22] Jiang Z, Mosterman P J, Mangharam R. (2014, December). Requirement-guided model refinement. Technical Report MLAB-70, University of Pennsylvania.

[23] Kaiser B, Klaas V, Schulz S, et al. (2010, September). Integrating system modelling with safety activities. In Proceedings of the 29th International Conference on Computer Safety, Reliability, and Security, SAFECOMP 2010 (pp. 452-465). Vienna, Austria.

[24] Kaiser B, Liggesmeyer P, Mäckel O. (2003). A new component concept for fault trees. In Proceedings of the 8th Australian Workshop on Safety Critical Systems and Software: Volume 33, SCS'03, Darlinghurst, Australia, 37-46. Australian Computer Society, Inc.

[25] Keller K L. (2018). Leveraging biologically inspired models for cyberphysical systems analysis. IEEE Systems Journal, 12(4), 3597-3607.

[26] Kim K, Kumar P R. (2012). Cyberphysical systems: A perspective at the centennial. Proceedings of the IEEE, 100(Special Centennial Issue), 1287-1308.

[27] Kober J, Bagnell J A, Peters J. (2013). Reinforcement learning in robotics: A survey. The International Journal of Robotics Research, 32(11), 1238-1274.

[28] Koditschek D E, Kumar V, Lee D D. (2015). Future directions of intelligent

physical systems: A workshop on the foundations of intelligent sensing, action and learning (FISAL). Available at: https://basicresearch. defense. gov/Portals/61/Documents/future-directions/4_FISAL. pdf.

[29] Krishnamurthy Y, Gill C, Schmidt D C, et al. (2004, May 25-28). The design and implementation of real-time CORBA 2. 0: Dynamic scheduling in TAO. In Proceedings of the 10th IEEE Real-time Technology and Application Symposium (RTAS'04) (pp. 121-129). Toronto, Ontario, Canada.

[30] Leitner P, Schulte S, Dustdar S, et al. (2013, May 26). The dark side of SOA testing: Towards testing contemporary soas based on criticality metrics. In Proceedings of the 5th International ICSE Workshop onPrinciples of Engineering Service-Oriented Systems, PESOS 2013 (pp. 45-53). San Francisco, CA, USA.

[31] Levinson J, Thrun S. (2013, June). Automatic online calibration of cameras and lasers. In Proceedings of Robotics: Science and Systems, Berlin, Germany.

[32] Liu J, Zhao F. (2005, February). Towards service-oriented networked embedded computing. Technical Report MSR-TR-2005-28, Microsoft Research.

[33] MacWhinney B. (2005). Language evolution and human development. In B. J. Ellis & D. F. Bjorklund (Eds.), Origins of the Social Mind: Evolutionary Psychology and Child Development (pp. 383-410). New York, NY: Guilford Press.

[34] McLean T, Fujimoto R M, Brad Fitzgibbons J. (2004). Middleware for real-time distributed simulations. Concurrency and Computation: Practice and Experience, 16(15), 1483-1501.

[35] Miller S P, Whalen M W, OBrien D, et al. (2005, September). A methodology for the design and verification of globally asynchronous/locally synchronous architectures. Technical Report NASA/CR-2005-213912, National Aeronautics and Space Administration (NASA), Langley Research Center.

[36] Minsky M. (2006). The Emotion Machine: Commonsense Thinking, Artificial Intelligence, and the Future of the Human Mind. New York, NY: Simon & Schuster.

[37] Misener J A. (2010). Cooperative intersection collision avoidance system (cicas): Signalized left turn assist and traffic signal adaptation. Technical report, University of California, Berkeley.

[38] Mosterman P J, Biswas G. (2000, March 23-25). Towards procedures for systematically deriving hybrid models of complex systems. In Proceedings of the Third International Workshop on Hybrid Systems: Computation and Control, HSCC 2000 (pp. 324-337). Pittsburgh, PA, USA.

[39] Mosterman P J, Ghidella J, Friedman J. (2005, July). Model-based design for system integration. InProceedings of the Second CDEN International Conference on Design Education, Innovation, and Practice (pp. CD-ROM: TB-3-1 through TB-3-10). Kananaskis, Alberta.

[40] Mosterman P J, Prabhu S, Erkkinen T. (2004, July). An industrial embedded control system design process. In Proceedings of the Inaugural CDEN Design Conference (CDEN'04), Montreal, Canada. CD-ROM: 02B6.

[41] Mosterman P J, Vangheluwe H. (2000, September). Computer automated multi- paradigm modeling in control system design. In Proceedings of the IEEE International Symposium on Computer-Aided Control System Design (pp. 65-70). Anchorage, Alaska.

[42] Mosterman P J, Zander J. (2011, September). Advancing model-based design by modeling approximations of computational semantics. In Proceedings of the 4th International Workshop on Equation-Based Object-Oriented Modeling Languages and Tools (pp. 3-7). Zürich, Switzerland. keynote paper.

[43] Mosterman P J, Zander J. (2015, January). GitHub Repository: Towers of Hanoi in MATLAB/Simulink for Industry 4. 0. doi: 10.5281/zenodo.13977.

[44] Mosterman P J, Zander J, Han Z. (2013, April). The towers of Hanoi as a cyber- physical system education case study. In Proceedings of the First Workshop on Cyber-Physical Systems Education, Philadelphia, PA.

[45] Mosterman P J. (2007). Hybrid dynamic systems: Modeling and execution. In P. A. Fishwick (Ed.), Handbook of Dynamic System Modeling (pp. 15-1-15-26). Boca Raton, FL: CRC Press.

[46] Mosterman P J, Biswas G. (2002). A hybrid modeling and simulation methodology for dynamic physical systems. Simulation, 78(1), 5-17.

[47] Mosterman P J, Escobar Sanabria D, Bilgin E, et al. (2014b). Automating humanitarian missions with a heterogeneous fleet of vehicles. Annual Reviews in Control, 38(2), 259-270.

[48] Mosterman P J, Sanabria D E, Bilgin E, et al. (2014a). A heterogeneous flect of vehicles for automated humanitarian missions. Computing in Science and Engineering, 12, 90-95.

[49] Mosterman P J, Zander J. (2016). Cyber-physical systems challenges: A needs analysis for collaborating embedded software systems. Software and Systems Modeling, 15(1), 5-16.

[50] Mosterman P J, Zander J. (2016). Industry 4. 0 as a cyber-physical system study. Software and Systems Modeling, 15(1), 17-29.

[51] Muller G. (2007, June). Coping with system integration challenges in large

complex environments. In The Seventeenth International Symposium of the International Council on Systems Engineering INCOSE paper ID: 7. 1. 4.

[52] Müller H A. (2017). The rise of intelligent cyber-physical systems. Computer, 50(12), 7-9.

[53] Palattella M R, Accettura N, Vilajosana X, et al. (2013). Standardized protocol stack for the internet of (important) things. IEEE Communications Surveys and Tutorials, 15(3), 1389-1406.

[54] Pérez H, Gutiérrez J J. (2014). A survey on standards for real-time distribution middleware. ACM Computing Surveys, 46(4), 49:1-49:39.

[55] Popovici K, Mosterman P J. (Eds.) (2012). Real-time Simulation Technologies: Principles, Methodologies, and Applications. Computational Analysis, Synthesis, and Design of Dynamic Systems. Boca Raton, FL: CRC Press.

[56] Quigley M, Conley K, Gerkey B P, et al. (2009). ROS: An open source robot operating system. In ICRA Workshop on Open Source Software.

[57] Rajhans A, Bhave A, Loos S, et al. (2011, December). Using parameters in architectural views to support heterogeneous design and verification. In 2011 50th IEEE Conference on Decision and Control and European Control Conference (pp. 2705-2710).

[58] Rajhans A, Krogh B H. (2012). Heterogeneous verification of cyber-physical systems using behavior relations. In Proceedings of the 15th ACM International Conference on Hybrid Systems: Computation and Control, HSCC'12 (pp. 35-44). New York, NY, USA: ACM.

[59] Rajhans A, Krogh B H. (2013). Compositional heterogeneous abstraction. In Proceedings of the 16th International Conference on Hybrid Systems: Computation and Control, HSCC'13 (pp. 253-262). New York, NY, USA: 253-262 ACM.

[60] Rajhans A H. (2013). Multi-model heterogeneous verification of cyber-physical systems (PhD thesis). Carnegie Mellon University.

[61] Rajhans A, Bhave A, Ruchkin I, et al. (2014). Supporting heterogeneity in cyber-physical systems architectures. IEEE Transactions on Automatic Control, 59(12), 3178-3193.

[62] Richard C M, Morgan J F, Bacon L P, et al. (2015) Multiple sources of safety information from v2v and v2i: Redundancy, decision making, and trustsafety message design report. Technical report, Office of Safety Research and Development, Federal Highway Administration. Available at https://www. fhwa. dot. gov/publications/research/safety/15007/15007. pdf.

[63] Roach N T, Venkadesan M, Rainbow M J, et al. (2013). Elastic energy stor-

age in the shoulder and the evolution of highspeed throwing in Homo. Nature, 498(7455), 483-486.

[64] Samsonovich A V, De Jong K A. (2005). Designing a self-aware neuromorphic hybrid. In K. R. Thórisson, H. H. Vilhjálmsson, & S. Marsella (Eds.), AAAI-05 Workshop on Modular Construction of Human-Like Intelligence (pp. 71-78). Menlo Park, CA: AAAI Press.

[65] Sanders J W, Smith G. (2012). Emergence and refinement. Formal Aspects of Computing, 24(1), 45-65.

[66] Schmidt D C, Corsaro A, Hag, H. (2008, May). Addressing the challenges of tactical information management in net-centric systems with DDS. CrossTalk special issue on Distributed Software Development.

[67] Seceleanu T, Sapienza G. (2013). A tool integration framework for sustainable embedded systems development. IEEE Computer, 46(11), 68-71.

[68] Song Z, Cárdenas A A, Masuoka R. (2010). Semantic middleware for the internet of things. In F. Michahelles, & J. Mitsugi (Eds), Proceedings of the 2010 Internet of Things (IOT), Tokyo, Japan: IEEE. doi: 10. 1109/IOT. 2010. 5678448.

[69] Stein J L, Louca L S. (1995, January). A component-based modeling approach for system design: Theory and implementation. In F. E. Cellier & J. J. Granda (Eds.), 1995 International Conference on Bond Graph Modeling and Simulation (ICBGM'95), Number 1 in Simulation, Las Vegas (Vol. 27, pp. 109-115). Society forComputer Simulation, Simulation Councils, Inc.

[70] Tattersall I. (2014). An evolutionary context for the emergence of language. Language Science, 46(Part B), 199-206.

[71] Viana F A C, Gogu C, Haftka R. (2010). Making the most out of surrogate models: Tricks of the trade. Proceedings of the ASME Design Engineering Technical Conference, 1, 587-598.

[72] Waibel M, Beetz M, D'Andrea R, et al. (2011). RoboEarth: A World Wide Web for robots. Robotics and Automation Magazine, 18(2), 69-82.

[73] Zander J. (2009). Model-based testing of real-time embedded systems in the automotive domain (PhD Thesis). Technical University Berlin.

[74] Zander J, Mosterman P J, Hamon G, et al. (2011, September). On the structure of time in computational semantics of a variable-step solver for hybrid behavior analysis. In Proceedings of the 18th IFAC World Congress, Milan, Italy.

[75] Zander J, Mosterman P J, Padir T, et al. (2015). Cyber-physical systems can make emergency response smart. Procedia Engineering, 107, 312-318.

[76] Zhang J, Pourazarm S, Cassandras C G, et al. (2018). The price of anarchy in

transportation networks: Data-driven evaluation and reduction strategies. Proceedings of the IEEE, 106(4), 538-553.

[77] Zhang Y, Cassandras C G, Li W, et al (2018). A discrete-event and hybrid simulation framework based on simevents for intelligent transportation system analysis. In 14th IFAC Workshop on Discrete Event Systems (WODES) (pp. 323-328).

[78] Zhang Y, Gill C D, Lu C. (2010). Configurable middleware for distributed real-time systems with aperiodic and periodic tasks. IEEE Transactions on Parallel Distributed Systems, 21(3), 393-404.

第3章 北约应用建模和仿真
支持自主系统的演进

Jan Mazal[1],Agostino G. Bruzzone[2],Michele Turi[1],Marco Biagini[1],
Fabio Corona[1] 和 Jason Jones[1]
1 北约卓越建模与仿真中心(M&S COE)(意大利)
2 意大利热那亚大学

3.1 概　述

　　自古以来人类就有这样的想法,通过人工合成方式来创造与人类自身具备相同能力并可执行相同任务的自主生物,有多个这样的传说,例如 Golem[①](意为有生命的假人,一个起源于古埃及的故事,在其之后的多个世纪中激发了民族的传奇精神)。大概一个世纪前,军事领域开始更加审慎地思考这一问题,但当时的技术仅限于远程操作功能的基本尝试。尼古拉・特斯拉是率先取得此方面重大成就的人之一,他推出了首个功能性的演示[②],可在多种系统中安装"无线电控制"装置。第二次世界大战期间,我们看到了例行流程自动化的重大进步,而且其还成为进入太空领域的关键因素。但即使到了 20 世纪 80 年代,最先进的技术更多的还是先进的自动化,而在自主系统领域还远未达到所需的高层推理的程度。

　　该领域的几个关键里程碑出现在 20 世纪 90 年代中期,当时在"世界级"国际象棋比赛中机器性能展示出了复杂推理的技术潜力(IBM 深蓝与加里・卡斯帕罗夫的对阵,1997)[③]。这一实验引发了更多的期望,随后的结果是严肃的,它激发了人们对人工智能(AI)研究的热情和投入,AI 成为自主系统领域的主线。

　　当今最前沿的技术正在机器人系统中引入新的计算和运行功能,从而扩展了"自主"一词的价值并提出了具有决定意义的要素。即使在最近的几十年里,也有许多事情看起来充满希望,但仍达不到预期的功能,如最初计划用于作战 ROV(遥控飞机)的 BQM‐34 火蜂无人机(Bruzzone 等,2018;Williams 和 Scharre,2014)。应该说,某些成就可与当今技术所产生的成果相提并论:在 20 世纪 90 年代,一些测试演示了 RPV

---

① https://en. wikipedia. org/wiki/Golem。

② https://en. wikipedia. org/wiki/Radio_control。

③ https://en. wikipedia. org/wiki/Deep_Blue_versus_Garry_Kasparov。

（遥控驾驶飞机）截击机的显著能力，与由经验丰富的飞行员驾驶的 F‒14 相当（Larm，1996）。这些实验引起人们对人类飞行员未来的一些严重质疑。这些和其他实验表明，在决策领域机器的性能可能优于人类，而这个未来即将来临。

自从现代的 UAV（无人飞行器）先驱首次飞行以来，过了 10 年才出现首例自主飞机运用致命武器的案例。而又过了 20 年，人们才看到两架"全球鹰"无人机首次进行 UAV‒UAV 的空中加油（Quick，2012）。这清楚地表明了这样一个事实，经过过数十年的发展，自主系统的早期尝试已演变为可运行的系统，针对某些用途（如支援、空中早期预警等）的潜力开展了有限的实验。仿真创建了虚拟的世界，在此可研究这些元素以及评估替代方案和潜在的解决方案（Bruzzone，2016；Bruzzone 等，2016）。

自主系统在运行使用中另外考虑的因素，不仅是理论和技术解决方案方面的问题，而且涉及与致命武力有关的法律、道德和实践问题（Bruzzone 等，2018）。这些考虑内容在致命性自主武器系统（Lethal Autonomous Weapon System，LAWS）中进行了概括，并提出了跨越不同领域运行的新一代系统的严峻挑战，其中包括 UAV、UGV、USV（无人水面运载器）、UUV（无人水下运载器）和 AUV（自主水下运载器）。

我们还必须认识到，在某些方面技术的快速进步，尤其在防务领域①，引发了某些团体的反对，特别是针对与全自动武器系统相关的自主技术运用背景。近年来，这些已成为重要国际事件中的几个主题。"抵制机器杀手运动"就是广为人知的禁止自主武器的行动之一，其是由多个非政府组织构成的国际联盟倡导的。

充分认识该领域的差距，协助北约以及国家研究机构发挥 M&S 的潜力，从而把握这些重要自主系统的各个方面，北约建模与仿真优异中心（M&S COE）和其他北约合作伙伴正在利用 M&S 进行自主系统的研究和实验。北约建模与仿真优异中心致力于教育和信息共享，特别是与自主系统建模和仿真（MESAS）以及机器人概念和能力开发（R2CD2）这两个项目合作，共同开展研究和实验活动，这将在本章中有所描述。同样，北约建模与仿真优异中心的合作伙伴——热那亚大学也在使用 M&S 环境研究自主系统，开展具有军事和民用双重用途的系统实验。

3.2 北约的自主系统

自 20 世纪 90 年代以来，在每个北约国家中，自主系统领域的发展和观念都大不相同。直至近十年来相对较晚时，北约层面才认真地将自主系统纳入政治和战略层面的考虑和研究之中。随后几节将讨论北约从那一时期以来的两个重要行动。

---

① 在今天，在近距离作战行动中有一系列显著优于人类的适用（作战）技术，这主要是指"实时问题"（即谁先开火并取胜）。在经济方面也有同样重要的问题：理论上自主系统像其他工业产品一样，可以很快地制造出来（就在几分钟或几秒钟之内）。这比人类士兵的投资要低得多，不仅包括训练，还包括几十年的"社会性"投资。这就导致了这样一个事实：自主系统在未来战场上的主导地位是不可避免的，只是时间的问题。

3.2.1　北约 RTO/SAS - 097:支持未来北约作战的机器人计划

2012年1月至2015年1月,北约系统分析和研究(SAS)- 097[1]研究任务组(RTO)的工作由包括来自10个北约国家的成员承担[2]。在 SAS - 097 的最终报告中,将机器人定义为具有物理形式的、人工智能的自主设备,可感知其环境并由此达成某些目标。他们在研究中强调,机器人技术是创建自主机器的学科并作为一个多学科领域,融合了多个科学和技术领域的成果。该小组的工作重点是运用机器人并将其集成到军事环境中,同时阐明了机器人技术与其所处操作环境之间的差距。

该工作组专注于为机器人开辟新前景的最重要概念:自主性。在报告中提到,过去十年来,建造自动驾驶汽车的尝试推动了自主机器领域的迅猛发展。该工作报告指出,主要的汽车制造商以及诸如 Apple 和 Google 这样的信息产业巨头都在自动驾驶汽车上投入了大量资金,大学也紧随这些挑战。这一领域的进展是高度动态的,即使在 SAS - 097 短暂的生命周期内也发生了根本性的变化。无论如何,从这一努力中得出的基本事实是:

- 防务部门将受益于自动驾驶汽车的成果。
- 机器人已成为防务领域的现实,地面、空中、水中和太空,无处不在;机器人可能会构成未来战争的关键变化因素之一。特别是,相关技术就涉及安全和可靠的远程控制。
- 在研究和技术领域,人们很好地筹划/建立机器人学科。
- 目前,虽然有了一大批机器人专家,但未来仍需要提高该专业人员的比例。
- 存在吸引、教育和培训新一代机器人专家的巨大潜力。
- 大多数行业的制造流程已高度自动化,但军事部门却落后了一步,其在机器人研究/开发、应用和运行收益方面的投入不足。

最终结果和研究目的/成果:

- 分析了运行要求和技术可能性之间的差距(北约长期能力要求与局部目标域的关系)。研究工作组在控制、传感器和平台领域对自主系统(AxS)进行了趋势分析,完成了对运行要求的分析,分析了欧盟的观点以及针对人-机协同的研究。
- 提供机器人概念开发和测试的实验支持。捷克国防大学和美国陆军坦克机动车辆研究、开发与工程中心(TARDEC)开展联合实验,致力于多功能平台开发——TAROS 项目,并支持实际的任务部署和多国家体的联合演习,学生团体工作通过参加众多学术会议并发表期刊文章来开展。
- 在军民两用机器人研发(R&D)活动方面,与欧盟委员会建立并监管双向工作的链接。捷克技术大学(CTU)是 SAS - 097 的主要成员,是 euRobotics 非营利

---

[1] 最终报告 - https://www.sto.nato.int/publications/Pages/default.aspx(使用 SAS - 097 检索)。

[2] 2014年,RTO(研究与技术组织)更多为北约 STO(科学技术组织)。

工作组的成员,并参加了 2014 年在意大利罗韦雷托和 2015 年在奥地利维也纳举行的 euRobotics 论坛;在多年路线图(MAR)文档、搜寻和救援领域所开发的机器人两用潜力、人机交互以及软质材料机器人操纵领域做出了贡献。

- 为由军事需求推动并由第三方资助的新型机器人研究提供了可能性。2012 年成立了先进的现场机器人技术中心(CAFR),该机构由四所捷克大学和一家行业合作伙伴共同创立。CAFR 的目的是将捷克共和国从事高级机器人和自主系统领域研究与开发的组织聚集在一起。CAFR 专注于应用研究,主要是在安全、工业和军事领域。

3.2.2　MCDC:自主系统(2013—2014 年)

MCDC[①] 在公共主题下有许多需要设计和协调的重点。MCDC(2013—2014 年)的主题是"联合作战接入"(七个重点领域之一),专注于研究在军事系统中引入自主之后的人员、运行、法律和技术的含义。自主系统的重点领域(即 AxS 重点领域,其中 x 代表"空中""地面""水面"等变量)由北约联合指挥部(ACT)总部提出并领导,该总部位于弗吉尼亚州诺福克。

在确定北约和一些盟国已成功测试自主能力的原型系统之后,北约联合指挥部做出有关 MCDC AxS 重点领域(FA)的决定,但他们针对这种新技术还没有正式的指南或诠释,甚至以英语为母语的科学家也混淆了术语 autonomous、autonomic、autonomical、automated、automatic 或者 unmanned 和 remotely controlled("自主的""自发的""自治的""自动的""自动化的"或"无人的"和"远程控制")。再者,使用前缀"半",会使得问题变得更加复杂。

从北约的角度来看,AxS 是一个非常重要的方面,事实上某些自主平台可能很快就会具备可挑战现有军事系统的装备和能力(如敏捷、隐身、耐久、精确、共享态势和集群战力)。因此,北约亟待提高对自主系统的理解,并要开始准备在不久的将来面对对此类系统对抗的挑战。

MCDC AxS FA 工作组意在提高对这种迅速发展新技术的军事影响的认识和理解,并为 AxS 能力和条例的开发奠定共识和基础。这项工作的最终成果是向 MCDC 和北约高层领导提供技术报告,帮助能力规划者、指挥官、工业界或学术界,理解在未来武装冲突、人道主义援助和救灾行动中军队能够或必须有效地运用系统中的自主能力——为何、何地、何时以及如何。

最后,MCDC AxS FA 的主要成就和"输出"是两份文件,一份是政策指南,另一份是关于国防政策问题的报告:

- 政策指南——防务系统中的自主性/获得作战许可的自主系统的角色,针对政

---

① 多国能力发展行动(MCDC)是由美国联合参谋部 J7 协调的一系列行动,为期两年。该项目是 2001 年前美国联合司令部发起的多国实验(MNE)系列的后续项目。MCDC 行动旨在通过开展致力于多国开发新军事能力的项目,提高部队在联合、跨机构、多国和联盟作战中的效能。

策制定者的一项研究,涉及五项内容:

- 专注于自主含义的定义(由 ACT 总部领导[①]);
- 法律研究(由瑞士领导),主要研究涉及具有自主能力的武器系统法律问题;
- 人为因素和道德研究(由美国和 ACT 总部领导),探究未来的道德、组织和心理影响;
- 军事行动研究(由 ACT 总部领导),描述了行动的优势和挑战;
- 技术研究(由捷克共和国领导),概述了关键技术的发展和挑战。

这些完整的研究成果以及各种工作讨论会和研讨会的报告,在 MCDC 自主系统会议报告中单独发布,可从 MCDC 秘书处获得。如前所述,这份约 30 页的政策指南文档主要针对高层政府和军事当局,提高人们对自主系统在未来防务能力中的重要性以及对手潜在快速发展的意识。

- 自主系统——《防务政策制定者面临的问题》一书,是联盟指挥转型中能力发展创新丛书的第二卷,扩展了以前的文档,涉及 4 个主题和 13 个章节,深入讨论了运行环境中部署的与自主系统相关的术语、自主等级、法律、政策、道德、运行和技术等方面的问题。

从基本的角度来看,MCDC AxS 提出了一些重要声明,可能会影响北约内部自主系统的发展:

- 从法律的角度来看:国际法并不禁止或限制自主系统承担军事功能,只要这些系统完全符合适用的国际法来使用即可。国际法中管控国家责任和个人刑事责任的原则,似乎已充分规范了由于使用自主系统造成危害行为的责任和后果。
- 从伦理的角度来看:通常应鼓励就自主技术的发展、扩散和运行的伦理方面进行公开讨论,自主技术的伦理利益和关注点应是透明的。从道德的角度来看,应该存在一种解释,即自主技术与其他技术进步之间的差异。这包括考虑以人类为杀伤目标的自主系统的伦理许可方式,并确定对自主系统执行任务的预期和非预期后果的责任等级。当然,它不应忽略自主系统执行的非致命任务。
- 从运行的角度来看:确保增加自主的任何利益诉求必须与权衡和风险分析相适应。应强调自主是一般性的系统能力,而不是主导无人平台的重要特性。保证一般性的利益,没有充分的证据表明可节约成本;每个系统都必须依据整个生命周期的成本进行评估,并与多个基准进行比较。

北约/ACT 自主计划是北约在这一领域的最新努力,始于 2018 年初期,表明北约对未来战争挑战的观点。有必要了解的是,鉴于北约的考虑,自主系统相关的道德、法律、政治等因素,使自主系统的作战部署变得特别复杂。另外,第二位的影响是限制技术投资,从而滞缓了研究、开发和实验的进程。

---

① 北约总部盟军指挥官转型。

3.2.3　北约 M&S 优异中心(COE)在自主系统和赛博领域的努力

自主系统依赖于赛博空间并创建了一个叠加的域,北约 M&S COE 提供了两个域的并行关注。2016 年,北约认为赛博空间是一个独立的运行域。[①] 赛博训练和演习正迅速发展,北约对赛博研究感兴趣的团体也在不断壮大,有了更多的研究团体的互动。本小节针对 UAxS(无人自主多域系统)之类的特殊机器人系统,阐明与赛博物理系统建模和仿真学科相关的创新和集成方面的探索。随着它们的不断发展,在战术场景运用使其可能受到赛博方面的威胁,特别是来自用于系统信息交换的通信基础设施。需采用整体的方法来保护基础设施,从而识别 UAxS 中的软件和硬件组件(Madan 等,2016)。此外,应使用赛博风险分析对已识别的威胁进行优先级排序,并对赛博运行进行建模和仿真,且为风险分析活动提供支持。

R2CD2 项目[②]是北约 M&S COE 在自主系统方面最重要的研发工作之一,其目的是创建一个专用于实施 UAxS 通信基础设施的仿真环境,以及与赛博相关的反制措施。该环境称为 UAxS 赛博空间竞技场(UCA)(Biagini 和 Corona,2016),其基于一个集成的仿真环境,能提供支持 UAxS 战术通信网络的评估和实验功能。R2CD2 项目实现了 UCA 架构的首个雏形,该架构和仿真环境可用于开发相关的赛博服务(Biagini 等,2017)。

R2CD2 项目支持创新的无人自主多域系统功能的开发,尤其是已在应用的,如下:

- 北约关于自主的联合指挥转型(ACT)任务,为多个 ACT 项目的概念验证实验提供平台,并复用 ACT 在反自主系统项目中开发的概念。
- 北约科学技术组织(STO)研究工作组"标准化 C2 仿真互操作的运行",研究 C2SIM 互操作语言以及 UAxS 的 C2SIM 扩展的开发和实现的标准化工作。
- 北约关于互操作性的实验,使用 R2CD2 平台,测试涉及 UAxS 仿真、指挥与控制系统的 C2SIM 互操作性。

R2CD2 项目回应了新型军事能力的开发需求,既包括机器人系统的运用需求,又有反制需求(Biagini 等,2017)。该项目利用 M&S 以高效费比的方式,展开新系统、武器、条例、训练和后勤保障的实验验证。北约 M&S COE 主要关注以下 5 个研究领域,并兼顾近期、中期和未来长期的城市运行环境:

- 部队与自主系统间的交互;
- 机器人单元的军事指挥与控制(C2);
- UAxS 的技术和战术程序;
- 开发新机器人平台的功能需求;
- 反制 UAxS。

在此类领域中,北约 M&S COE 与工业界和学术界合作,在开放的标准架构上构

[①] https://www.nato.int/cps/en/natohq/topics_78170.htm.

[②] 机器人概念与能力开发研究(R2CD2)。

建了基于 M&S 的、可扩展的模块化平台。该平台基于选定的构造型仿真器来执行自主系统军事运用场景,并成为支持北约机器人能力概念验证活动的创新工具。M&S 技术允许复用不同项目开发的模型、原型、系统以及研究成果,节约了宝贵的资源。当前,R2CD2 项目平台正在进一步扩展,包括新的 UAxS 模型、行为和反制措施,是为了能够应对和解决以下问题:

- 利用 UAxS 和传感器探测和识别敌军;
- 通过人工智能(AI)决策支持增强了态势感知;
- 防御新功能和相关 TTP(战术、技术和程序)UAxS 的运用。

R2CD2 项目中开发的 M&S 平台,使用北约 ACT 相关的行为以及人-机交互方面的自主等级(LOA),该工作是在自主系统反制项目(C - UAxS)中开发的。在该项目中,北约 M&S COE 建立了一个大型城市的地形模型,用于北约 ACT 的城市项目(UP)。平台架构中包含了新的 C2SIM 互操作语言标准,提供了 C2 系统与仿真机器人实体之间的互操作性(Biagini 等,2018)。

UAxS 的 C2SIM 扩展需要不断丰富,并与 SISO[①] 的 C2SIM 产品开发工作组的最新工作保持一致。因此,R2CD2 平台准备参与分布式仿真环境中 C2SIM 可用性的进一步实验,这将有助于机器人资产管理领域的 C2SIM 标准化。根据 TTP 的指令,R2CD2 平台的目标是提供一个空中和地面无人自主平台的核心数据库,能够执行具有不同自主等级的任务(Biagini 等,2017)。

UAxS 基于传感器可将战场的信息送出,依赖于此能力可为整体的公共作战图像(COP)做出贡献。R2CD2 平台将采取一系列运动和非运动反制措施,证明其可作为开发新的反制 UAxS 功能需求工具的潜力。该平台还将为 UAxS 共享的分离模块以及每个模拟器中具有 UAxS 行为的人工智能(AI)算法编码提供决策支持。

另一个内容是根据北约的"建模和仿真即服务(MSaaS)"范式,在云环境中部署 UAxS 仿真环境及其相关服务。北约 M&S COE 使用 R2CD2 原型,用以开发 C2SIM 互操作性语言、C2SIM 标准化以及制定北约 STANAG(标准协议)提案。特别是,对于指挥和控制机器人单元,还将提供测试 C2SIM、UAxS 扩展的机会。最终,更进一步的工作是使用 C2SIM 接口来集成实际的军用 C2 系统。

北约 M&S COE 正在规划赛博物理系统领域的深入研究,包括自主系统的赛博反制措施(Biagini 和 Corona,2018)。在 R2CD2 项目的架构中还包括另外的通信和网络仿真工作,计划开展通信流量生成以及通信协议、程序、赛博效应的实验和电磁频谱对抗。

3.3 自主系统的建模与仿真会议(MESAS)

MESAS 是针对 M&S 和自主系统领域,汇集了政府、行业和学术等方面专家的科

---

① 仿真互操作标准组织。

学会议,由北约发起,北约 M&S COE 负责制定会议日程、具体执行以及发行论文集等。2012 年初,北约联盟指挥转型邀请所有相关的优异中心(主题专家的组织),确定可能涉及将自主系统集成到作战活动中的专业知识。为响应此请求,北约 M&S COE 的研究小组 SAS 097 支持未来北约作战的机器人技术,并且积极参与这项工作,正如本章前面所提到的。

这项工作以及随后参加的多国能力开发运动,如 3.2.2 小节中提到的,出现了建立专门针对自主系统科学研讨会的想法,并且通过投票进一步扩展了该想法,同时决定聚焦在自主系统的建模和仿真方面。之后,在北约建模与仿真优异中心的领导下启动了 MESAS(自主系统建模与仿真)会议。

这个想法是将涉及建模和仿真、数学、人工智能、机器人技术、机械工程、电子学等领域的社团聚集在一起,目的是收集这些领域概念开发和实验的新思想。MESAS 会议自成立以来,汇集了来自世界各地不同科学领域的知名专家,使得行业、学术机构和军方之间可有效地进行信息交换与协作。

这项活动将改善军方与科学界潜在的鸿沟,并迅速将学术界的注意力集中到与作战环境中自主系统相关的军事应用上。北约 MESAS 会议和 M&S COE 的主要优势之一,就是能保证跟上自主系统领域最新技术的发展,避免额外或重复的分析工作。

在 MESAS 会议中,已经出版和发表了数千页与 M&S 和 AS 领域相关的科学和工程论文。MESAS 每个版本的会议文集都经过同行评审,其收录的论文都可在科学数据库中检索到。MESAS 会议得到了科学和工业协会众多赞助商的支持,其中包括 IEEE、MIMOS、Afcea、IEEE-RAS、仿真团队、ONRG、意大利的芬梅卡尼卡集团(现位于莱昂纳多)、Selex、捷克布拉格技术大学、巴勒莫大学以及未来军队论坛等。

本节重点介绍以往 MESAS 会议的部分关键成果。

3.3.1 2014 年 MESAS

作为 MCDC AxS 的支持活动,第一次 MESAS 会议在意大利罗马举行,得到了军事、工业和学术界的广泛关注。第一次 MESAS 会议包括一个由 17 名国际专家组成的技术委员会、32 篇精选的论文集(MESAS 2014)。

这次会议分为 8 个主题领域,并且在多个分会议中同时出现,特别是:

- 无人机:本主题包括无人机导航的计算机视觉方法、仿真方法以及无人机任务规划服务。
- 分布式仿真:致力于 HLA 标准、互操作和实验问题以及赛博领域。
- 机器人系统:机器人仿真和自主功能验证、运动规划和架构开发中的 M&S 技术和方法。
- 军事应用:不同作战领域中的几个主题,包括海上作战中的自主集群、地形对 AS 地面机动的影响以及作战能力开发的问题。
- M&S 验证:专注于用于算法开发、验证、传感器和特定系统建模的仿真工具。
- 人-机通信:致力于自主系统环境下的机器学习和人机界面的问题。

● 仿真和算法：反映 M&S 工具的增强功能、即时定位与地图构建（SLAM）算法以及"旅行商问题"的解决方案。

如上所述，MESAS 2014 的主要成果之一是成功举办了首次活动，将军事、学术和工业界聚集在一起，交流信息并讨论自主系统领域的重要主题。从科学的角度来看，MESAS 2014 从应用研究领域和运行主题中获得了许多成果。

MESAS 的第一版本的会议论文集得到了国际和意大利组织（公共机构和私人公司）中许多专家的大力支持。来自加拿大、哥伦比亚、捷克共和国、德国、意大利、西班牙和英国等多国的与会者（MESAS 2014）众多。MESAS 会议上提出的主题包括与智慧城市相关的监视的研究工作，以及与赛博物理系统潜在攻击有关的威胁。有几篇论文讨论了与模块化机器人技术相关的问题，涵盖了从固定工程解决方案到蛇形配置的多种选择。有些提交的论文涉及空中、地面和海洋环境的多领域案例，在一个小型但极具互动的展览区域进行了创新系统的演示。该演示中的运行系统展示了先进的解决方案，包括由交互系统和传统系统开展的海上平台保护的交互式虚拟仿真，以及使用小型 UGV 协同的案例。

人–机通信的关键主题是，针对分布式 M&S 使用的高层架构标准，以及基于 AI 解决方案和集群智能的自主系统路径规划的创新优化技术（Stodola 等，2014）。其中一个有趣的自主系统协同的应用涉及了监视和气味羽流跟踪。

3.3.2　2015 年 MESAS

2015 年的 MESAS 会议与欧洲首屈一指的 M&S 会议 ITEC（行业、训练和教育会议）联合在布拉格举行。第二次会议的目的是，探讨建模和仿真在开发自主功能的系统以及支持多国互操作性的运行中的应用。全体会议和前瞻讨论工作组包括 6 位受邀的专家和主要演讲者。MESAS 2015 技术委员会由 14 位国际知名专家组成，会议论文集（MESAS 2015）包括 18 篇精选论文。

MESAS 2015 会议论文集的内容可分为 3 个主题：

● AS 的最新技术和未来（5 篇论文）：面向 AxS 开发的本体背景的 M&S，提升 AxS 的互操作性和 UAS 的集成。

● AS 的实验性的 M&S 框架（3 篇论文）：多机器人系统的互操作问题，AxS 平台的应用和实验，以及数据分析和报告。

● 自主系统的方法和算法（10 篇论文）：一系列论文讨论了许多主题，包括：针对多平台、不同环境和条件的路径规划；人–机界面的虚拟或增强现实解决方案的下一个发展阶段；机器人系统开发的更进一步的仿真方法和框架；性能测试；校准和验证。

MESAS 2015 延续了之前会议的成功，也受益于与 ITEC 的联合举办。MESAS 在国际合作方面以及仿真团体对于自主系统高度相关的主题也在不断发展。本次会议研讨了系统间的互操作性和基于自主系统的现代解决方案的关键方面。几位与会者在提及提高功能，尤其是自主性的同时，还讨论了在虚拟框架中测试系统和集成实际组件

（如软件在环）的算法。

3.3.3　2016 年 MESAS

2016 年的会议又返回了罗马，并聚焦于以下主题：

- 人-机集成、交互和界面：人-机器人团队、伦理和哲学方面、人-机界面、机器学习和可视通信建模的挑战。
- 自主系统以及 M&S 框架和架构：自主系统的安保性、UxS 反制的 M&S、互操作性、运行环境的 M&S 以及赛博域的 M&S。
- 自主系统的原理和算法：人体/物理建模、图像识别、多代理监视、数据和算法、决策、路径规划以及即时定位与地图构建（SLAM）。
- 无人机和遥控飞机系统：灾难/应急管理、通信、仿真环境、M&S 性能测量。
- 建模和仿真应用：路径规划、机器人导航和地图构建、对象操纵以及决策支持的 M&S。

MESAS 2016 技术委员会由 27 名国际专家组成，出版的会议集（MESAS 2016）包括 32 篇精选论文。MESAS 2016 延续了之前会议的成功，并受益于北约建模与仿真工作组业务会议，后者是北约与国家 M&S 专家和政策制定者每两年的一次聚会。从科学的角度来看，此次会议还讨论了有关 AxS 运行效能的哲学和道德问题。

Curtis Blais 讨论了完全自主系统的任务效能，警告人们不要过早地乐观，同时指出在战斗仿真中开发改进人类系统、机器人系统和人-机器人团队模型所面临的挑战。他介绍了在"二十一世纪联合武器分析工具"（COMBATXXI）中提出的案例，他说："我们在战斗建模中步入了一个重要的节点，再也无法满足于简单的人的效能模型。我们必须能够研究人类和无人系统之间将发生的复杂的相互作用。"

Mark Coeckelbergh 和 Michael Funk 提出了更多的伦理和哲学问题，这些问题涉及人-机协同问题，例如数据流的安保性、速度/距离以及协同的人与自主系统配置的知识。他们确定了与安保、速度和协同有关的道德问题和冲突，并指出了有关道德知识和相关军事技术的文化差异。在系统开发的早期阶段考虑这些问题至关重要。

有几篇论文专门针对人-机交互以及在此过程中 M&S 的应用。Miroslav Kulich 和他的团队致力于研究机器学习人类行为的有趣问题，以最大限度地发挥探索能力。德国联邦大学展示了一种相对创新的 HMI 概念，它使用计算机视觉方法通过人的手势与无人机进行通信，并具有可喜的应用效果。

MESAS 2016 中的论文从多个角度探讨了 AxS 的架构概念：安保组件、软件和硬件设计、反制 AxS、控制系统等，以及各种 M&S 工具、标准化和互操作性问题。

关于算法的演讲也非常精彩，介绍了针对自主导航和对象识别中使用的各种方法的一系列改进。Libor Preucil 的 Martin Dorfler 介绍了在地形图像上使用组合图像描述符开展鲁棒性识别的研究。Gonzalo Perez - Paina 和他的团队介绍了 3D 无人机姿态估计，使机载摄像机图像流的计算机视觉处理得以实现。

此外，还有介绍有关路径规划问题的论文。例如，Mateo Ragaglia 的团队提出了一种基于快速探索随机树(RRT)的多协同代理的解决方案;Basak Sakcak 和他的同事也将 RRT 用于特定目的的与人相似的路径规划中;Jan Mazal 和他的同事提出了一种用于在复杂作战条件下进行 3D 路径规划的算法;Ove Kreison 和 Toomas Ruuben 也在处理作战条件下的路径规划,并且论证了如何将狙击手威胁因素纳入机动规划优化中。

论文集中还包括涉及应用问题的论文,例如,在选定场景下的 M&S 环境中实施 AS 的应用(Agostino G. Bruzzone)、战术决策支持(P. Stodola)、卫星通信与导航(Giancarlo Cosenza 及其同事)和 UAS 即服务,处理用于协调商用无人机运行应用的云框架。

3.3.4　2017 年 MESAS

2017 年 MESAS 大会再次在罗马举行,重点是:
- 智能系统的 M&S——AI、R&D 和程序;
- 未来战争与安保环境下的自主系统;
- 先进的 M&S 技术的未来挑战和机遇。

MESAS 2017 技术委员会由 50 多名国际专家组成,出版的会议论文集(MESAS 2017)包括 32 篇精选论文。

该会议带来了许多重要的主题和相关问题的解决方案,尤其是在 3D 探索和自我定位方面,介绍了几种方法和实验结果。特别是 Anna Mannucci 和她的团队在演示"大面积自主 3D 探测"时,展示了由具有载荷约束的无人机团队对大面积简单区域进行 3D 探测的创新、协调的方法。他们在 3D 探测策略上结合 4D 中的本地和全局信息的工作表明,有效的协调对于在可行的时间、限定的计算能力的情况下进行探测至关重要。另外,还介绍了导航和定位系统的一些改进,例如 Simone Nardi 针对未知环境的机器人导航系统,给出了一种新颖的自主导航平台,使用设计为开放框架的系统,该系统适用于不同领域机器人平台互连模块的集合。

Viktor Walter 和他的团队在机载自定位处理和分析来自底部摄像头的光流方面,以及 Miroslav Kulich 在编写的自主环境建模集成方法方面,提出了一些有趣的成果。Filippo Arrichiello 和他的团队在一篇关注 AUV 曳引水听器拖缆动态建模的论文中提出了水下维度的概念。

与以往一样,在 MESAS 2017 中,针对路径优化问题做出了许多重大努力。Estefanía Pereyra 的移动机器人编队路径规划基于标准 Dijkstra 的算法,该算法为机器人编队寻找最佳路径,同时允许拆分和合并。该算法探索环境的图形表示,为每个节点计算移动多个机器人及其相应路径的成本。Petr Stodol 撰写的论文——协同式空中侦察的路径优化,描述了一种用于无人机集群的高层路线规划器,执行最佳且可行的侦察操作。Basak Sakcak、Luca Bascetta 和 Gianni Ferretti 发表了一篇题为"基于同伦类约束的精确最优运动规划器"的论文,提出了一种在执行器限定内的自动运载器运动规划算法。所描述的方法基于对同伦类的识别,将全局障碍规避问题分解为几个简单的子问题。最后,Davide Vignotto、Federico Morelli 和 Daniele Fontanelli 发表了一篇非常有趣的论文,重点介绍了无人机监控的一组社会代理的建模。在本论文中,无人机团队必须控制一组具有内部行为逻辑的代理轨迹,例如一群人在共享环境中运动或一群动物的运动。他们的论文提出了一个代理群组的有效模型:受社会力模型、用于控制无人机的分布式估计和控制算法的激发。

其他论文聚焦于包括效能评估、可靠性、维护和数据融合的 M&S,以及在标准化、数据融合、故障检测和体系框架开发中发现的有趣结果。针对具有不同推进系统配置的 AUV 性能预测的仿真程序引起了众多关注,程序中涉及水下运载器的一系列主要的机动标准并检查不同的推进系统配置。MESAS 2017 中的其余研究主要专注于运行 M&S 的应用,在机器人控制和场景建模方面,其中一个主题专门针对运行中的自主系统;另一个涉及自主系统应用与协同背景下的教育和训练,而这一方面还未得到充分的重视。

MESAS 2017 清楚地表明,自主系统的应用组合正在增长,因此需要合适的 M&S 实施工具、方法和标准。MESAS 2017 逐步丰富了 M&S 科学知识的组合,并成为全球"多域"团体的良好集成平台。

3.4 自主系统:未来的挑战和机遇

如今,可使用仿真和 AI 来评估复杂场景下自主系统的先进和协同的应用方式(Bruzzone 等,2016)。同时,由于未来自主系统的潜在高密集性及其面对多种威胁的脆弱性,新的挑战不断涌现(Haas 和 Fischer,2017)。自主系统应不仅适用于军事系统,而且也适用于民用无人机,对于研究机构、业务和私人运营商而言,都具有巨大的发展潜力(Luppicini&So,2016;Yayla 和 Speckhard,2017;Bruzzone 等,2018;Zwickle 等,2018)。在这样的未来状态下,自主系统应具备高度的可靠性,北约会将其用于城市和其他复杂环境中。为了获得这样的结果,有必要超越传统军事系统所能达成的能力,积累经验并扩大其作战范围(Box,1979)。解决这一挑战的方法之一是从两用的自主系统中受益,并在建模和仿真框架中进行训练和练习。最近,北约开发了机器人系统的两用功能,理论上能够支持国家和国际机构(如民防、人道主义组织、消防服务、执法机构、海岸警卫队等)。未来,情况将变得更加严峻,其结构复杂且涉及许多自主系统,包括隶属私人或组织的系统。建模和仿真的应用对于增强当前功能至关重要,而进一步发展以面对未来的挑战和威胁也至关重要。

同样重要的是一个潜在风险,却有可能被低估:复杂任务环境中,由 AI 控制的自主系统导致的意外反应和可能令人不快的涌现行为(Bruzzone 等,2018)。确实,令人惊奇的是,虽然半个世纪前的艾萨克・阿西莫夫(Isaac Asimov)认为 AI 控制复杂的机器人系统对人类有潜在危险,但在过去的 20 年中,在致命系统这些方面的开发中几乎完全忽略了在高密度民用地区作业的严格限制(Asimov,1950;Cellan - Jones,2014;Stewart,2016)。从这个角度来看,将来不同的自主系统之间必要和"自然"发展而来的更为复杂的协同任务,将人排除在环路之外,甚至更准确地说,人在回路之上(Magrassi,2013)。

因此,显而易见的是,机器人系统中越来越多的自主可能导致多种可能的行为,而对于安全和国家的利益,人们并不总是会积极地应对。实际上,AI很明显以不同于人类的方式来感知现实,因此它们以不可预测或激进的方式对现实做出反应。我们甚至可预见 AI 正逐渐发展成为"好牧人"(关于耶稣的故事,好牧人为羊而舍命),并基于超越个人能力的综合观点做出决策,使自主的赛博物理系统作为人们的"左膀右臂"。人们还考虑发展 AI 驱动阴谋的可能性,这是某种友好或敌对行为"装备"的超级人工智能的发展。直到几年前,这主要还是科幻小说,但我们应该意识到,自主可能会在微观层面或其他负面事件上产生危险和威胁,只是由于混淆优先级、不当的传感器处理或未能正确完成态势感知(Levin,2018)。科学文献考虑了其中的一些元素,并确保以某种方式应对新的预测和反应能力,而又不失务实的观点(Duderstadt,2005;Blackmore,2006 年;Barrat,2013)。

基于这些考虑,很明显越来越需要在仿真上进行深度测试,并且在复杂情况下,新的解决方案通常涉及多个不同系统中多元素的互操作性。面对这些挑战,最近人们观察到并不断尝试针对机器人认知过程而定义所采用的规则,例如在英国工程与物理研究委员会、艺术与人文研究委员会(epsrc. ukri. org)和相关的学科论文(Vincent,2016)给出的案例中。显然,评估风险并对相关威胁进行定量评估的关键技术是基于建模和仿真(Bruzzone,2018)。

3.4.1　两用技术是可靠和可持续的关键

正如预期的那样,就未来的任务环境和威胁而言,自主系统的可持续性需要开发特别可靠和灵活的解决方案。当前,技术正向这个趋势发展,其提供的强大支持带来了系统规模的精简和成本的降低。可以证明,这与新的功能密切相关,并允许将自主系统扩展到广泛的应用中。从这个意义上说,军事应用与民用相比,解决方案的发展相对迟缓。鉴于此,将在军事和民用方面的两用自主系统模式作为成功的关键是极其合理的(Sandvik 和 Lohne,2014;Bruzzone 和 Massei,2017)。

从这个意义上讲,仅是民用无人机系统的可靠性就能表明这样的低成本系统在增加,特别是与军事专用解决方案相比,尤其是在小型和微型种类上。我们可能很快就要拥有一种民用设备,该设备具有扩展到军事和国土安全部门的巨大潜力,从而针对专用系统带来了竞争。还有小型设备,它们也可能属于小型或中型系统,在不断发展,我们希望很快观察到涵盖不同应用领域(例如精准农业、媒体报道、物流、检查和控制)的新系统的扩散。

这些现象在所有领域都在不断发展,包括海上的和陆上的,因此,由于未来环境的高密集性和复杂性,我们希望看到基于前沿技术的新一代高性能解决方案,能够大大超越现有的专用军事系统的能力。基于这些考虑,很明显未来的北约自主系统将从融合新的民用涌现能力和开发民用运行挑战中受益。在这种情况下,使用两用自主系统将提供系统的更可持续的开发和维护,否则这些系统在未来的环境中可能会变得过于昂贵或过于受限。要注意,在民用领域的行动将需要很高的可靠性,以避免事故并消除风险。

显然,两用技术是北约的主要机遇和优势,可提高跨多个域的密集型活动的可靠性和互操作性。考虑到自主系统在特定赛博空间中对新威胁的潜在脆弱性,这些方面甚至更为关键(Javaid 等,2012;Bruzzone 等,2013;Hartmann 和 Steup,2013;Kwon 等,2013;Hartmann 和 Giles,2016)。预计未来可看到的场景是,自主和智能系统在运行支持中将与所有域中其他传统的资产进行强力的交互。在这种情况下,建模和仿真的使用在未来系统的设计、开发、测试和评估中起着至关重要的作用。仿真支持评估不同的替代方案,并支持选择最有效的解决方案来解决通常远远超出传统军事行动局限性的问题(Bruzzone,2018;Bruzzone 和 Di Bella,2018),目前的大多数任务都与搜索与救援、情报、侦察和拦截有关,几乎都是在本国内的城市地区开展的。

图 3.1 所示为最初 MESAS 图标。

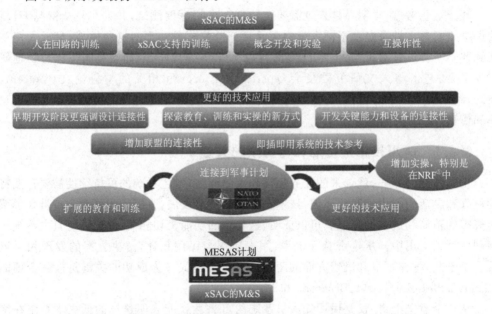

图 3.1　最初 MESAS 目标始于 2014 年,自主能力的系统简称 xSAC,
其中 x 表明运行域,如陆地、空中、空间和赛博

3.4.2　新方案中的两用功能

实际上,北约针对新的场景面临着一些新的挑战。其中众所周知的,混合场景以及保护关键基础设施的案例都是自主系统应用的典型因素。未来,有必要开发大型和复

---

① NRF:北约快速反应部队。

杂案例的功能,在两个方面的自主系统运用中都会发挥积极作用,并与城市广泛使用的民用系统有所重叠。这些任务环境将需要高度的可靠性和有效的解决方案,并表征为灵活性和多样性。两用系统的广泛运行应用就需要开发出多个新的功能和涌现功能,并在高密集的城市区域进行深度的评估,而该区域嫌疑分子时有出现。跨军事和社会领域的防御和进攻资产在运行中,其中包括赛博和社交媒体平台(Bruzzone 等,2016、2017)。从这个角度来看,北约通过 T-REX(Threat network simulation for REactive eXperience,反应式体验的威胁网络仿真)演示验证了一个有趣的案例。在此情景中,在一个范围不大的沙漠地区,场景中涉及几个小镇和一个城市,其中能源、水、通信和石油是主要战略资产和相关的关键基础设施,对维持居民生活至关重要。T-REX 支撑评估各种威胁和潜在攻击、针对关键基础设施的破坏,其中基础设施会涉及媒体、赛博、固定资产以及自主系统。在混合战的案例中,这些行动通常在常规的城市生活和运行中隐蔽地开展。此案例中,自主系统对于保护、预防和减小关键资源的攻击影响至关重要。实际上,通过双方的多域自主系统以及针对关键基础设施的赛博战和混合战,T-REX 精确地提出这方面的问题。例如,仿真可支持设置不同层级的参数,如图 3.2 所示的赛博层,用以评估针对联合攻击的脆弱性。在这一案例中,联合攻击包括微型UAV,集群以及中型 UAV、UGV 支持联合的情报、监视和侦察(JISR),并识别物理威胁以及赛博空间的威胁(Bruzzone 等,2016)。

图 3.2　T-Rex 仿真器再现针对关键基础设施的赛博和无人机联合攻击

3.4.3　应急管理中的自主系统支持北约实现新的能力

另一个关键领域是灾难救助和应急管理的复杂场景,关注开发创新的集成解决方案以增强北约能力,这一问题在北约 M&S COE 的 MESAS 会议中得到了广泛讨论(Bruzzone 等,2016、2018)。

实际上,在应急管理情景中的运行也需要类似于作战任务环境中的能力,仿真同样有机会支持新的技术、策略、学说和功能的测试。在此框架中,互操作模型的使用是至关重要(Bruzzone 和 Massei,2017)的。在图 3.3 中给出了一个很好的例子,其中先进的仿真器——沉浸式灾难救援和自主系统仿真(IDRASS),运行在沉浸式、交互式、互操作的环境中——在 Simulation Team 实验室中称为 SPIDER(支持再工程的仿真实用化沉浸式动态环境),Simulation Team 的科学家们具有丰富的经验,将自主系统和创新仿真用于救灾行动和应急管理(Bruzzone 等,1996、2016)。

图 3.3 SPIDER 虚拟环境中的 IDRASS 仿真解决方案
在 CBRN 情况下,用于测试不同领域自主系统之间的协同程序

这项研究审查并评估了在化学、生物、放射性和核能(CBRN)场景下不同类型无人机和 UGV(无人地面车辆)的运行。由此,针对 MoM(绩效指标)和风险,评估关于策略和交战规则(ROE)的不同假设(Bruzzone 等,2016)。

Simulation Team 开发并使用了先进的仿真标准,解决针对不同应用的特定仿真解决方案,包括训练、军事行动相关事故的策略定义和能力评估、CBRN 以及国土安全与工业场景。

如本节前面提到的,2016 年在 MESAS 上提出了沉浸式灾难救援和自主系统模拟器,其中包括在各种 CBRN 场景中广泛使用自主系统开展探测、评估、封锁、分诊和恢复。该系统已应用于工业、城市和核电场景,并支持测试自动系统在室外和室内运行角色的优势(Bruzzone 和 Massei,2017)。MESAS 演示了这种创新的 MS2G(建模、互操作性仿真和严肃游戏[①]),从而验证了两用的任务环境中与应急管理相关的仿真潜力(Bruzzone,2016)。特别是,沉浸式灾难救援和自主系统仿真器在涉及危险物质泄漏的场景中得到了验证,可支持教育和训练应用。实际上,它采用 MS2G 定义的创新范式,将仿真高层架构(HLA)概念与严肃游戏的有趣方法相结合(Bruzzone,2018)。正是得益于 MS2G 方法,沉浸式灾难救援和自主系统仿真器可以确保灵活性并支持多种运行模式,例如独立系统运行、通过 HLA 协议与其他模型或系统联邦运行,并与 IOT 集成(物联网)进行实时仿真。

---

① 译者注:严肃游戏是电子游戏的一种,是以应用为目的的游戏,以讲授知识、提供专业训练和模拟等为主要内容的游戏。

3.5 结 论

建模和仿真、人工智能、机器人技术和先进武器系统快速技术的发展,为广泛的作战和工业应用带来了新的方法、机遇和威胁,并针对人们关于未来社会和作战环境的看法以及如何衡量人的效能方式,将带来重大变化。现在更加清楚的是,作战能力、机会和任务需求的进步将在未来发生巨大变化。对技术革命的理解、期望和担忧混杂在一起,特别是在 AI 进步的背景下,一些技术专家担忧 AI 领域可能会超出我们的控制范畴。

另外,自主系统(AI /机器人)领域的技术进步,很有可能会在未来军事冲突中选出胜利者。因此,合乎逻辑的是,北约及其各个国家不能无视自主系统的发展,因为在高度关键领域中的缓慢发展将给安全带来风险。

北约 M&S COE 力图在自主系统 M&S 和赛博物理系统 M&S 领域寻求最佳方法,研究如何应用 M&S 来改善 AxS 与运行环境的集成。MESAS 的实践方式是,创建了一个关注 M&S 的兴趣社区来支持自主系统开发。正如本章或随后章节所提及的,MESAS 会议是自主系统领域针对关键主题及其他尚未确定的主题开展高层研讨和辩论的重要机会。

当考虑到对社会、教育与训练、指挥与控制、作战效能以及未来作战概念的影响时,将进一步扩大这一愿景。未来的集成和互操作性取决于所有利益相关方之间的理念、愿景、新的视角、经验、知识的交流以及开诚布公的对话。MESAS 非常适合 M&S COE 的任务内容,通过与军事、工业、学术以及其他机构的协同,为北约及其各个国家提供 M&S 工具和概念。MESAS 和北约及其各国的各种努力,为围绕 M&S 和 AS 建立利益共同体提供了机会,并将继续促进其未来的发展。

参考文献

[1] Asimov I. (1950). I, Robot. New York: Gnome Press.

[2] Barrat J. (2013). Our Final Invention: Artificial Intelligence and the End of the Human Era. New York: Thomas Dunne Book, Macmillam.

[3] Biagini M, Corona F. (2016). Modelling & Simulation Architecture Supporting NATO Counter Unmanned Autonomous System Concept Development. In J. Hodicky (Ed.), MESAS 2016, LNCS (Vol. 9991, pp. 118-127). Rome, Italy: Springer.

[4] Biagini M, Corona F. (2018). M&S-Based Robot Swarms Prototype. In J. Mazal (Ed.), M&S for Autonomous Systems (MESAS 2018) Conference. Brno:

Springer. Biagini，M.，Corona，F.，& Casar，J.（2017a）. Operational Scenario Modelling Supporting Unmanned Autonomous System Concept Development. In J. Mazal（Ed.），MESAS 2017，LNCS（Vol. 10756，pp. 253-267）. Rome，Italy：Springer.

［5］ Biagini M，Corona F，Innocenti F，et al.（2018）. C2SIM Extension to Unmanned Autonomous Systems（UAXS）：Process for Requirements and Implementation. Roma：NATO Modelling and Simulation Centre of Excellence.

［6］ Biagini M，Corona F，Wolski M，et al.（2017b，November 6-8）. Conceptual Scenario Supporting Extension of C2SIM to Autonomous Systems. In 22nd International Command and Control Research and Technology Symposium（ICCRTS），Los Angeles，CA，USA.

［7］ Biagini M，Scaccianoce A，Corona F，et al.（2017c，April 9-13）. Modelling and Simulation Supporting Unmanned Autonomous Systems（UAxS）Concept Development and Experimentation. In Proceedings of SPIE，Disruptive Technologies in Sensors and Sensor Systems，102060N，Anaheim，CA，USA.

［8］ Blackmore S.（2006）. Conversations on Consciousness. Oxford，UK：Oxford University Press.

［9］ Box G E P.（1979）. Robustness in the Strategy of Scientific Model Building. In R. L. Launer & G. N. Wilkinson（Eds.），Robustness in Statistics. New York：Academic Press.

［10］ Bruzzone A G.（2016）. New Challenges & Missions for Autonomous Systems operating in Multiple Domains within Cyber and Hybrid Warfare Scenarios. Invited Speech at Future Forces，Prague，Czech Rep.

［11］ Bruzzone A G.（2018a，September）. MS2G as Pillar for Developing Strategic Engineering as a New Discipline for Complex Problem Solving. Keynote Speech，Proceeding I3M，Budapest.

［12］ Bruzzone A G.（2018b，September）. Strategic Engineering：How Simulation could Educate and Train the Strategists of Third Millennium. In Proceedings of CAX Forum，Sofia.

［13］ Bruzzone A G，Di Bella P.（2018）. Tempus Fugit：Time as the Main Parameter for the Strategic Engineering of MOOTW. In Proceedings of WAMS，Praha，CZ，October.

［14］ Bruzzone A G，Franzinetti G，Massei M，et al.（2018）. LAWS：Latent Demand for Simulation of Lethal Autonomous Weapon Systems. In Proceedings of MESAS，Praha，CZ，October.

［15］ Bruzzone A G，Giribone P，Mosca R.（1996）. Simulation of Hazardous Material Fallout for Emergency Management During Accidents. Simulation，66（6），

343-355.

[16] Bruzzone A G, Longo F, Agresta M, et al. (2016c). Autonomous Systems for Operations in Critical Environments. International Journal of Simulation and Process Modelling (IJSPM), 1, 11.

[17] Bruzzone A G, Longo F, Massei M, et al. (2016b, June 15-16). Disasters and Emergency Management in Chemical and Industrial Plants: Drones simulation for education & training. In Proceedings of MESAS, Rome.

[18] Bruzzone A G, Massei M. (2017). Simulation-Based Military Training. In S. Mittal, U. Durak, & T. Oren (Eds.), Guide to Simulation-Based Disciplines (pp. 315-361). Springer.

[19] Bruzzone A G, Massei M, Longo F, et al. (2016d, October 17-21). Simulation Models for Hybrid Warfare and Population Simulation. In Proceedings of NATO Symposium on Ready for the Predictable, Prepared for the Unexpected, M&S for Collective Defence in Hybrid Environments and Hybrid Conflicts, Bucharest.

[20] Bruzzone A G, Massei M, Maglione G L, et al. (2016a, September). Simulation of Manned & Autonomous Systems for Critical Infrastructure Protection. In Proceedings of DHSS, Larnaca, Cypurs.

[21] Bruzzone A G, Massei M, Mazal J, et al. (2017, September). Simulation of Autonomous Systems Collaborating in Industrial Plants for Multiple Tasks. In Proceedings of SESDE, Barcelona, Spain.

[22] Bruzzone A G, Merani D, Massei M, et al. (2013, September 25-27). Modeling Cyber Warfare in Heterogeneous Networks for Protection of Infrastructures and Operations. In Proceedings of European Modeling and Simulation Symposium, Athens, Greece.

[23] Cellan-Jones R. (2014). Stephen Hawking warns artificial intelligence could end mankind. BBC News, 2.

[24] Duderstadt J J. (2005). A Roadmap to Michigan's Future: Meeting the Challenge of a Global Knowledge-Driven Economy. Washington, DC: National Academy Press.

[25] Haas M C, Fischer S C. (2017). The Evolution of Targeted Killing Practices: Autonomous Weapons, Future Conflict, and the International Order. Contemporary Security Policy, 38(2), 281-306.

[26] Hartmann K, Giles K. (2016, May). UAV Exploitation: A New Domain for Cyber Power. In Proceedings of the 8th International Conference on Cyber Conflict (CyCon), (pp. 205-221). IEEE.

[27] Hartmann K, Steup C. (2013, June). The vulnerability of UAVs to Cyber At-

tacks- An Approach to the Risk Assessment. InProceedings of the 5th International Conference on Cyber Conflict (CyCon) (pp. 1-23). IEEE.

[28] Javaid A Y, Sun W, Devabhaktuni V K, et al. (2012, Nevember). Cyber Security Threat Analysis and Modeling of an Unmanned Aerial Vehicle System. In Proceedings of the IEEE Conference on Technologies for Homeland Security (HST) (pp. 585-590). IEEE.

[29] Kwon C, Liu W, Hwang I. (2013). Security analysis for cyber-physical systems against stealthy deception attacks. American Control Conference (ACC) (pp. 3344-3349). IEEE.

[30] Larm D. (1996, June). Expendable Remotely Piloted Vehicles for Strategic Offensive Airpower Roles. Thesis at School of Advanced Airpower Studies, Maxwell Air Force Base, Alabama.

[31] Levin S. (2018, March 22) Uber crash shows'catastrophic failure' of self-driving technology, experts say. The Guardian.

[32] Luppicini R, So A. (2016). A Technoethical Review of Commercial Drone Use in the Context ofGovernance, Ethics, and Privacy. Technology in Society, 46, 109-119.

[33] Madan B B, Banik M, Wu B C, et al. (2016, October 16-21). Intrusion Tolerant Multi-cloud Storage. In Proceedings of IEEE Conference on Smart Cloud (pp. 262-268). Bangalore, India.

[34] Magrassi C. (2013, May 22-24). Education and Training: Delivering Cost Effective Readiness for Tomorrow's Operations. Keynote Speech at ITEC, Rome.

[35] MESAS. (2014, May 5-6). Modelling and Simulation for Autonomous Systems. First International Workshop, Rome, Italy, Revised Selected Papers, ISBN 978-3-319-13823-7.

[36] MESAS. (2015, April 29-30). Modelling and Simulation for Autonomous Systems. Second International Workshop, Prague, Czech Republic, Revised Selected Papers, ISBN 978-3-319-22383-4.

[37] MESAS (2016). Modelling and Simulation for Autonomous Systems. Rome: Springer International. ISSN 0302-9743. ISBN 978-3-319-47604-9.

[38] MESAS. (2017, October 24-26). Modelling and Simulation for Autonomous Systems. In Proceedings of the 4th International Conference, Rome, Italy, Revised Selected Papers, ISBN 978-3-319-76072-8.

[39] Multinational Capability Development Campaign (MCDC). (2013-2014), Focus Area "Role of Autonomous Systems in Gaining Operational Access", Policy Guidance: Autonomy in Defense Systems, Supreme Allied Commander Transformation HQ, Norfolk, United States, 29 October 2014 Electronic copy.

Available at：http：//ssrn. com/abstract＝2524515.

[40] Quick D. (2012，October 9). Global Hawk UAVs fly in close formation as part of aerial refueling program. New Atlas Magazine.

[41] Sandvik K B，Lohne K. (2014). The Rise of the Humanitarian Drone：Giving Content to an Emerging Concept. Millennium，43(1)，145-164.

[42] Stewart P. (2016). Drone Danger：Remedies for Damage by Civilian Remotely Piloted Aircraft to Persons or Property on the Ground in Australia.

[43] Stodola P，Mazal J，Podhorec M. (2014，May 5-6). Improving the Ant Colony Optimization Algorithm for the Multi-Depot Vehicle Routing Problem and Its Application. In Proceedings of the MESAS，Rome.

[44] Vincent J. (2016，June 29). Satya Nadella's rules for AI are more boring (and relevant) than Asimov's Three Laws. Retrieved from The Verge.

[45] Williams A P，Scharre P D. (Eds.) (2014). Autonomous Systems：Issues for Defense Policy Makers. Norfolk，VA：Capability Engineering and Innovation Division，Headquarters Supreme AlliedCommander Transformation. ISBN 9789284501939.

[46] Yayla A S，Speckhard A. (2017). The Potential Threats Posed by ISIS's Use of Weaponized Air Drones and How to Fight Back. Huffington Post，https：// www. huffingtonpost. com/entry/the-potential-threats-posed-by-isiss-use-of-weaponized_us_58b654b3e4b0e5fdf6197894.

[47] Zwickle A，Farber H B，Hamm J A. (2018). Comparing Public Concern and Support for Drone Regulation to the Current Legal Framework. Behavioral Sciences and the Law，37(1)，109-124.

第二部分
支持 CPS 工程的建模技术

第4章 多视角建模和整体仿真
——支持非常复杂系统分析的系统思维方法

Mamadou K. Traoré

法国波尔多大学,法国国家科学研究中心联合研究院

4.1 概　述

在 M&S 领域,赛博物理系统(CPS)得到了广泛的关注,这可能是因其所展现出的复杂性(Baheti and Gill,2011),其中呼吁采用创新的分析方法。CPS 是具有嵌入式软件的系统,使用传感器记录数据,利用执行机构操纵物理过程,通过数字通信网络与其他系统/对象连接,使用多种界面与环境和人员进行交互。因此,CPS 是促成众多创新应用的一种使能技术,包括但不限于后勤综合保障、智能交通、移动能源供给和消费、健康医疗和安养护理以及未来工厂等。其先进性涉及事故预防新方法、能源优化利用的新策略、面向消费的生产调度,以及减少环境污染、快捷和远程护理及提升交通路线指引等。

CPS 工程中存在着随解决方案风险预测而变化的复杂性(Lee,2008),通常主要因为若干组合的需求,每个需求均单独面临一些关键的挑战。最重要的需求是:

- 自主个体的非中心化协同:物理组件和软件组件相互交织,每个组件在不同的时空尺度上运行,并展现不同的行为,随环境的变化进行交互。它们共同表现出(期望和/或不期望)所谓的涌现行为。
- 开放性:某些时候,CPS 组件和用户将以随进随出(ad hoc,自组网)的方式进行交互。例如,实时更新的交通信息与空中、铁路调度变化的集成,动态地规划符合当前状态的交通路径。
- 学习和强韧性:在某些情况下,CPS 元素必须从新的状况中学习并适应(例如组件失效或环境中发生很少出现但具有影响的事件);或与新的系统进行协同,当创建 CPS 时,有些系统还并未出现。
- 智能:决策能力是 CPS 的核心,通常需要自我感知以及第三方感知,还需具有面向解决方案目标的推理和推断的能力。
- 深度人机交互:系统与监控、支配 CPS 运行的个人或团组进行交互,需要实现一致的赛博、物理和人员元素的无缝集成。

在众多学科中,人们公认基于模型的范式是系统工程强有力的方法(Tolk 等,2018b),而建模与仿真(M&S)为这一方法提供了核心机制(Zeigler 等,2018b)。在此,

我们依据 M&S 理论展开讨论。因此,当提及模型时,我们指的是仿真模型。当然在某些情况下,所阐述的内容也会涉及其他类型的模型。

从 M&S 的角度来看,可以说 CPS 是最先进的混合形式,因其涉及计算和物理两类组件,如图 4.1 所示(其中混合策略出现在 3 个层级中:概念、规范和运行)。其最初由 Tolk 等(2018)提出。在概念层级,采用适当的形式化方法,定义并形式化地表达基本概念(如状态、事件、并发……)及其关系;在规范层级,采用概念将研究的实际世界中的系统/问题表达为模型;在运行层级,虚拟引擎和物理引擎执行各种指令,而在更高层级这些指令是抽象表达的。因此,引擎的异构性(分别对应于模型和形式化)表明:所定义/采用的混合方法应能完全地集成所感兴趣的实体和概念。传统上,M&S 研究团体接受与时间相关的核心概念,用以区分离散现象和连续现象(分别转换为 DisM 和 ContM,对应为离散模型和连续模型),同时采用定性和定量计算方法,例如运行研究(运筹学)或人工智能方法,专注于解决问题的步骤和机制(转换为 Alg,即解决问题的算法)。如图 4.1 中的图例所示,文献提出了各种术语来定义各种可能的混合方式。例如,Sim+Int 通常被称为混合仿真,其中" +"表示组合/混合操作,可涉及松散集成到紧密集成。类似地,SimW + Sol 通常被称为组合仿真,其中 SimW 是指 Sim、Int 或 Sim + Int。CPS 的本质是计算引擎(CompW,即 SimW 或 Sol,或 SimW + Sol)与物理组件(Phy)在运行层级的混合。

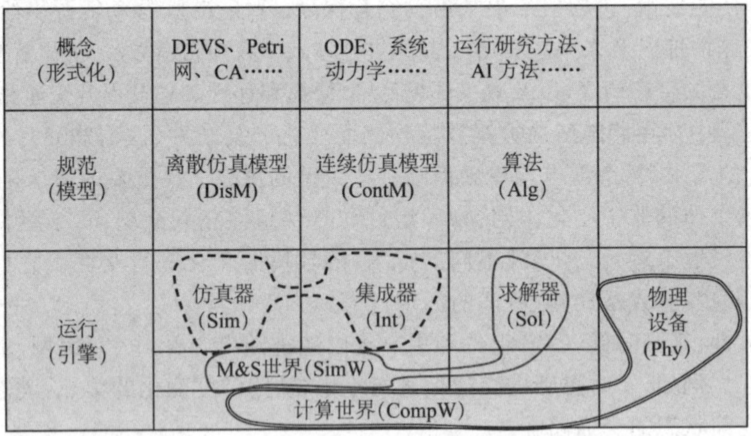

概念 (形式化)	DEVS、Petri 网、CA……	ODE、系统 动力学……	运行研究方法、 AI 方法……	
规范 (模型)	离散仿真模型 (DisM)	连续仿真模型 (ContM)	算法 (Alg)	
运行 (引擎)	仿真器 (Sim)	集成器 (Int)	求解器 (Sol)	物理 设备 (Phy)
	M&S世界(SimW)			
	计算世界(CompW)			

图例:

· Sim+Int:通常是指混合仿真;

· SimW+Sol:通常是指组合仿真;

· CompW+Phy:通常是指赛博物理系统(CPS);

· +表示组合操作。

图 4.1 计算框架中的混合策略

显然,在图 4.1 的最高层级(概念)中混合体现得更加强烈,而在最低层级(运行)则更弱。因此,将 CPS 挑战从运行层级带到规范层级和概念层级,有潜力提供系统工程中与模型驱动工程(MDE)目标相同的技术优势,即

- 以集成的方式精确捕获系统信息。
- 在模型层级而不是物理系统层级,理解和分析所作出的设计和决策选择,从而进行推理和符号运算。
- 针对所研究系统的重要内容,进行增量的、自动的模型驱动的验证。
- 持续地转移到系统开发流程(即模型连续性),并具有连续的可追溯性。

尽管 CPS 在运行层级实现异构的组合,但合理分析需要支持更高层级的异构组合框架。我们可涉及在多类主题而构想这一框架,如图 4.2 所示。

- 软件密集型系统(SIS)工程(Hölzl 等, 2008):因软件会对整个系统的设计、构造、部署和演进产生关键影响,因此需要考虑如可靠性、安全性、安保性、正确性、性能、可用性和可依赖性等特征。
- 体系(系统之系统,SoS)工程(Maier, 1998):因 CPS 流程的优化不能基于组件的次优化,必须整体对待。
- 网络系统(NS)工程(Tatikonda 和 Mitter,2004):因 CPS 非中心化控制受到通信功能(例如带宽)和服务质量(QoS)的严格限制。

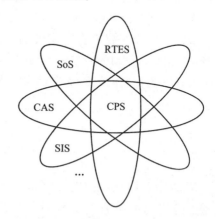

图 4.2　源自多个工程视角的 CPS

- 实时嵌入式系统(RTES)工程(Fan,2015):因 CPS 的主要元素是嵌入式系统,所以必须满足各种时序以及其他外部世界实时行为对其施加的约束。它们相互交互,因此增加了可预测性方面的挑战。
- 复杂自适应系统(CAS)工程(Miller 和 Page,2007):因 CPS 是代理(Agent)系统,某些元素有时必须学习并适应新的状况。
- 还有更多的类型。

这些主题中的每一个都具有充分的形式化方法,有时还从特定的角度捕获系统模型的某些模式。图 4.2 中并不能详尽列举,因此在规范层级对 CPS 的更深入理解,需要提供多个层面的解释,捕获这些不同的视图并分析所涉及的各个方面,同时保证对全局行为模式的整体理解以及系统及其与周围环境的相互作用。每个视角都提供了一个解释层面,重点聚焦所感兴趣的 CPS 的某一主要特征,并在当前视角下通过简化而建立模型参数,并对捕获的其他特征进行抽象表达。Rajhans 等(2014)给出了描述性的案例,例如,四旋翼机的异构模型涉及 4 个不同的设计域:① 系统信号流模型,用于研究稳定性和性能分析;② 基于方程的模型,用于研究系统中升力和转矩的动态响应;③ 进程代数模型,用于研究安全条件;④ 硬件模型,用于研究规范和系统级性能之间的权衡。

应对 CPS 复杂性的恰当方法可能由多种方法混合组成,显然可从各个角度提供系统在整体层面如何发挥作用的有效知识,而不是仅针对特定问题、特定解决方案。引入多视角建模和整体仿真(MPM&HS)方法可作为健康医疗系统在其背景中达成目标的框架(Djitog 等,2017、2018;Traoré 等,2018)。在此,我们构想了适用于更广泛类型的复杂系统,尤其是 CPS。MPM&HS 倡议从各种角度构建所感兴趣系统的不同模型,提供多个层面的解释,通过对这些模型进行基于参数的集成可获得系统的整体理解。因此,MPM&HS 模型可用于研究那些所感兴趣的 CPS,或用作其决策(即智能)流程的一部分,或替换某些组件(在其失效情况下,或作为数字孪生)或环境,甚至增加新的组件以提供新的特征,使 CPS 持续适应新的状况。

本章的其余部分组织如下:4.2 节讨论相关的研究工作;4.3 节介绍 MPM&HS 的概念基础;4.4 节提供多视角建模部分的详细信息;4.5 节涉及整体仿真部分的内容;4.6 节介绍整个 MPM&HS 的流程;4.7 节阐明该方法的应用方式;4.8 节概括 MPM&HS 的主要挑战以及应对这些挑战的建议方法;4.9 节总结本章的研究内容。

4.2　相关研究工作

从理论贡献到实用方法的不同角度出发,大量的文献已研究了模型异构性以及在大型建模活动中组合的必要性。这些工作来自不同的研究主题,如多范式 M&S (Vangheluwe 等,2002)、多重建模(Fishwick,1995)、混合 M&S(Tolk 等,2018a)、协同仿真(Camus 等,2016;Mittal 和 Zeigler,2017)等。我们现在仔细审视图 4.1,当仿真专家试图构建异构的各个仿真组件的组合时,可看出将会出现的各种可能性,并且会呈现更多的细节。表 4.1 列出了这些详细信息,同时将其映射到公认的概念互操作性模型层级(LCIM)。该概念首先来源于军事应用的数据互操作性的背景(Tolk 和 Muguira,2003),之后通过改进将其推广到其他领域(Tolk 等,2009)。

表 4.1　异构组合的挑战

层　级	挑　战	案　例	LCIM 中的映射
概念 (形式化)	集成的视角 (语义一致性和组合有效性)	疾病传播预测+人群动力学视角	概念的
规范 (模型)	句法模型 (句法的可组合性)	特定视角的 DEVS 模型+特定视角的系统动力学模型	语用的
运行 (引擎)	运行语义 (仿真时间管理:协同仿真、联邦仿真、混合仿真……)	DEVS 仿真器+系统动力学集成器	语义的
	数据管理 (支持互操作性的中间件:数据交互标准格式和协议)	Linux - Java 实现的 DEVS 代码+Windows - C++实现的 DEVS 代码	句法的
	代码/事件同步 (并行和分布式仿真)	计算机 1 可执行的代码+计算机 2 可执行的代码	技术的

- 在运行层级,我们给出 3 个子层级:
  - 第一个子层级是最基本的,它对应的异构性来自组成组件的地理位置分布情况。可组合性的主要挑战是需要同步由组合代码生成的所有事件,使整体的最终运动轨迹与现实相符。关于并行和分布式仿真的文献(Fujimoto,2000)已对这一考虑进行了大量研究。
  - 第二个子层级是组件在运行环境(例如不同的编程语言或操作系统)的异构性,此处主要关注的是确保数据互操作性,即数据交换的通用格式以及相关的协议架构和技术。
  - 第三个是最后的子层级,在此混合各种仿真建模形式化的仿真组件,执行仿真算法(也称为运行语义)。主要的关注点是一致管理仿真时间,因为这些组件可通过不同的技术(例如协同仿真、联合仿真或混合仿真技术)同时运行和相互通信。
- 在规范层级,可混合使用各种语法的模型(例如,将 DEVS 定义的组件与系统动力学定义的组件混合,以模拟疾病的传播)。规范语法的可组合性是一个挑战。
- 在概念层级,可混合使用各种视角(在整体视图中,疾病传播模型与人群动力学模型的结合)。此处的主要挑战是从各种角度确保来自不同视角的概念合并语义的一致性和有效性。

即使所使用的词汇略有不同,LCIM 仍为我们使用的框架提供了良好的概念背景。我们所感兴趣的 LCIM 层级如下:

- 技术层级,系统具有技术上的连接并可交换数据;
- 语法层级,系统遵循某些协议,以正确的顺序交换正确形式的数据,但未确定数据元素的含义;
- 语义层级,系统交换具有语义解析的术语;
- 语用层级,系统知晓交换信息的背景知识和含义;
- 概念层级,系统之间完全掌握彼此的信息、流程、背景环境和建模假设。

本章讨论涉及 LCIM 概念层级,Tolk 等(2013)指出:"在此(概念互操作性)之上,我们需要一个完全特定但又独立于实现的模型"。这正是 MPM&HS 方法可做到的。Petty 和 Weisel(2003)也讨论了仿真模型可组合性的主题,用以定义有效的形式化理论。在此定义了两种形式的可组合性:句法和语义(也称为工程和建模),本章的工作可置于语义可组合性的背景下进行研究。与我们的工作相近,Seck 和 Honig(2012)引入了通用的多视角建模方法,将顶层表达为多视角模型,形式化地添加到 DEVS 系统规范的层次结构中(Zeigler,1976),但并未给出识别视角的过程。基于多层建模和系列模型族,Zeigler 等(2012)提出了一种国家健康医疗仿真方法和建模环境,当然这也适用于其他类型的系统。

我们认为这些工作还是初步的,因为其未能提到任何一种可提供系统化应用的方法,就像框架那样,以一种整体的方式来识别、应对和仿真复杂系统的各个视图。

4.3 MPM&HS 的概念基础

MPM&HS 方法依赖于一个基本的原理,即复杂系统由多个视角(我们也将其称为层面(Facet))组成,并且每个视角之间都存在相互影响。这里使用 Zeigler(1976)定义的结构合理的 M&S 理论框架,给出 MPM&HS 的半形式化的视图。Zeigler(1976)将 M&S 复杂体描述为 4 个基本的实体,即所研究的系统、模型、实验框架(EF)和仿真器,如图 4.3 所示。所研究的系统被表达为行为数据的来源;EF 是用以观察系统的一组状况条件的集合,形式化表达运行以获得所研究的目标;模型是一组规则或数学方程式,给出系统的抽象表达以复现系统行为;仿真器是能执行模型指令的自动机。Zeigler(1984)提供了更多的 EF 理论研究。同时,Zeigler 等(2000)对仿真器的各种算法进行了详尽的描述,包括顺序算法、并行变量和分布变量等。在详细介绍 Zeigler(1984)提出的概念时,Traoré 和 Muzy(2006)建议在建模活动期间,模型总是伴随着相关的 EF 规范。特定 EF 是一类模型组件,其与特定条件下生成的感兴趣的数据的模型相耦合,如图 4.3 的底部所示。

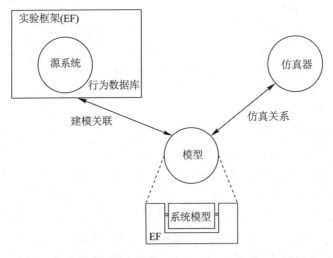

图 4.3 M&S 中的基本实体及其关系(来源:选自 Zeigler(1976))

MPM&HS 的第一个部分是多视角建模(MPM),其依赖的理念为:可通过不同视角(或层面)反复地进行系统的研究,从而在给定系统中获得不同层次的解释。多视图建模的通用原则如图 4.4 所示。精心设计特定视角的 EF,回答同一系统迥然不同的本质问题。因此,在模型中每个视图都是相互耦合的,来源于所对应视角的详细描述,并由此引出感兴趣的结果。每个特定视角的模型都通过参数来抽象出对于其他视角产生的影响,这些参数的取值明确反映了对这些影响的隐含假设和简化。

在实际使用时,特定视角的模型是独立执行的,并未依赖其他视角的流程,而事实

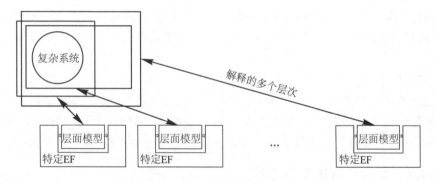

图 4.4　多视图建模的通用原则

上所有这些模型又都是相互关联的,因为它们描述同一系统的各种不同的抽象。然而,构建包含所有相互影响因素的、单一的、高度详尽的巨模型是不现实的。因此,MPM&HS 的第二个部分即整体仿真(HS),建议通过集成器实现来自不同视角模型之间的实时信息交换,从而将各种视角联系在一起,如图 4.5 所示。如此,可获得整体视图,其中包括独立的特定视角的仿真及其相互影响,而不会显著地增加复杂性。这样的集成是使用其他视角模型的输出,动态地注入给定视角所关注模型的参数中。当以这种方式整体集成特定视角模型时,就可表征一个整体的 EF,以及可解决跨域不同视角的问题。该整体 EF 将与所得的整体模型结合使用,从而得到由任何独立视角都无法准确得到的结果。

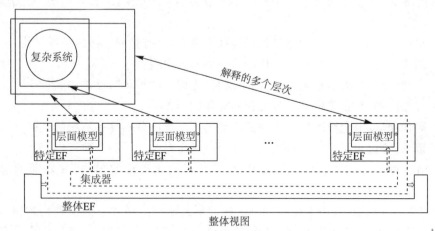

图 4.5　整体仿真的通用原则

4.4　多视角建模

Zeigler 等(2018a)最近针对现代复杂系统的 M&S 提出了基本需求:"开发一种支持模型组合的本体组织方式,其中重要的层面位于最顶层,并确保宏观行为可细化到中观、微观行为以及一系列可组合的底层模型中。"我们从该描述中将得到一种严谨的方法——面向感兴趣领域的 M&S 构建本体并关联到建模过程,下面将对其进行详细陈述。

领域分析本体必须在某种通用层级上提供一种形式化的方法,可能在该领域 M&S 范围内捕获所有的知识。因此,还必须在特定方面(aspect-specific)的建模之上,使用整个目标域的仿真来开展抽象表达。因此,我们建议应用一种通用的本体,Zeigler 等(2018)提出的基本需求在于强调关键的特性,并应该予以全部满足。

4.4.1 复杂系统的通用本体

如果没有严谨的方法,则无法有效地实现 MPM。的确,显然难以识别出所有可能的视角,或者主要的感兴趣的视角。为了将 MPM 应用到复杂系统,我们采用了一种分层的分析方法,在图 4.6 中使用系统实体结构(SES)本体框架进行描述(Zeigler,1984)。以分层和公理的方式通过系统的元素及其关系,SES 能够提供设计空间的分层模块化模型的基本表达。这是一种声明性的知识表示方案,以分解、组件分类以及耦合的规范和约束为特征,描述一系列模型的结构。在 SES 中,实体(由方框表示)是在特定域中存在的事物,可具有变量,可为变量分配给定范围的值。对象分解为更详细部分的方式——称为方面(Aspect),多方面(Multi-Aspect)是指其中的组件是同一种类型。特化是特定形式的类别或系列,事物可具体使用某一特化。SES 公理(Zeigler 和 Sarjoughian,2017)具有如下特征:统一性、严格层级、交替模式、有效同类、附加变量以及继承。

- 统一性:强制规定相同标签的任何两个节点,具有相同形态的子树结构;
- 严格层级:禁止一个标签在树的分支中多次出现;
- 交替模式:如果节点是实体,则下层是"方面"或"特化",反之亦然;
- 有效同类:禁止出现两个具有相同标签的同类;
- 附加变量:限定同一项上附加的不同类型变量应分别具有不同的名称;
- 继承:特化表明子实体将从父实体上继承所有的变量和方面。

Zeigler 和 Hammonds(2007)提供了 SES 形式化理论的描述,并表明如何满足公理。

依据 M&S 视角,通用本体在于分析任何新的所感兴趣领域的实例化过程。这样的实例化提供了特定域的本体,其将驱动针对目标域的 MPM&HS 实现过程。如图 4.6 所示,定义了以下层级,并将在 4.4.2、4.4.3 和 4.4.4 小节中详细介绍:

- 层面层级:重点表征所感兴趣域系统类的特化,并分离出域系统的各个层面。
- 尺度层级:强调主要的时间和空间尺度。
- 模型层级:传统模型通常源于数十年的理论研究,这些被识别为可复用的模型制品,将被选择并集成到新的研究工作中。

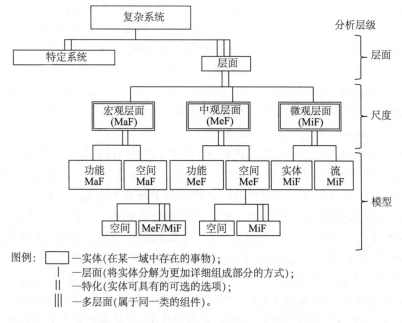

图例：□ —实体(在某一域中存在的事物)；
　　　 | —层面(将实体分解为更加详细组成部分的方式)；
　　　 || —特化(实体可具有的可选的选项)；
　　　 ||| —多层面(属于同一类的组件)。

图 4.6　通用的复杂系统本体 M&S(O4CS)

4.4.2　层面层级

在该层级,将整个复杂系统看作是多个并列层面的组合,而在不同的特定背景下,将各种特化识别为可能实例,它们位于相同的集成层面集合中。例如,健康医疗系统可以特化为初级、二级、三级和家庭护理(Traoré 等,2018);而运输系统可特化为空中、地面、铁路和水上运输;而军事系统可特化为空中、地面和海上力量。这种多层面(或多视角)方法的一个重要元素是,尽管各个视角相互作用,但每个视角都通过参数来捕获其接收的作用,这些值明确反映了隐含的假设和对其他视角作用的简化。例如,交通管理CPS,其由两个层面组成:一个与交通动态(动力学层面)有关,另一个与交通灯、障碍等的控制有关(控制层面)。当关注动态层面时,相应的模型会使用某些参数(例如,到达速度、平均速度和车辆反应时间),这些参数是对控制层面所属过程做出的假设和简化。控制层面也是如此,包括如车辆空间分布的参数。

4.4.3　尺度层级

复杂系统的一个特征是在不同的空间和时间尺度上,异构组件之间会发生相互作用。层级理论(hierarchy theory)通常强调这样一个事实,即在给定的分辨率层级下,一个系统由相互作用的较低层级组件组成,而它本身是较高层次组件的组成部分(O'Neill 等,1989)。因此,它为尺度驱动(scale–driven)的建模方法论(Wu 和 David,2002)开辟了新的路径,并对尺度的概念也做出了各种解释(Allen 和 Starr,1982;Marceau,1999;Dungan 等,2002;Ratzé 等,2007);另外,Jelinski 和 Wu(1996)以及

Willekens(2005)特别强调对尺度的转换过程,并关注如何正确地描述尺度之间的交互关系。尺度驱动的建模展示了由所感兴趣的现象之间的时间和空间尺度差异构成的层次组织结构,尺度之间的阈值是尺度连续的关键点,在此变量作用于某一过程的重要性发生了变化。传统上,尺度之间的通用区分可划分为宏观、中观和微观三个层次(Blalock,1979),或战略、运行和战术层次(Rainey 和 Tolk,2015),或 $n-1$、n 和 $n+1$ 层次(Aumann,2007)。所有这些研究工作都认同的事实是:对因果关系的三元论观点具有最低的需求(Salthe,1985;Ulanowicz,1997)。

尽管层次结构理论主要关注描述形式,但在 MPM&HS 框架内,通用的本体尺度层级上,还是将其衍生的尺度驱动的建模方法论具体转化为了形式化的计算模型。的确,在每个层面(或视角内),尺度驱动的建模提供了垂直方向的分层结构;而多视角建模则在整个系统的整体分析中提供了水平方向的分层结构。如图 4.6 所示,整体所给出的通用的本体在每个层面都展现了宏观、中观和微观的抽象层次,分别对应通用的 MaF、MeF 和 MiF 模型。其中,MaF 是群体的模型,MiF 是个体的模型,McF 是一组个体的模型(介于个体与群体之间的层次)。在交通管理 CPS 的案例中,交通层面可以描述全部车辆的尺度(宏观规模)或单个车辆的尺度(微观规模)。尺度之间的转换现象也需要描述,微观尺度上发生的状况出现在宏观尺度上,而宏观尺度上发生的状况则对微观尺度产生影响。在控制层面,也有相同的考虑。

4.4.4　模型层级

此层级可直接仿真所定义的抽象。我们区分四种类型的模型:实体模型、流模型、功能模型和空间模型。这一分类并不同于 Fishwick(1995)的多形式化建模开创性研究中所提出的分类,因为在最开始阶段我们更关注抽象,而不是如何表征所使用的形式化方法(即声明性、功能性、约束和空间,如 Fishwick 所定义的)。我们需要考虑以下定义的模型类型:

① 实体模型描述自主个体,具有特定属性且具有(或没有)目标驱动的行为;

② 将功能模型表述为数学方程式;

③ 空间模型由地理上位于空间模型中的个体组成;

④ 流模型捕获个体所历经的场景。

因此,通用本体(见图 4.6)在微观抽象层的每个层面中都有实体模型和流模型,在宏观和中观抽象层中有功能和空间模型。可注意到,任何宏观层的空间模型都包含一个空间模型,涉及更低层级的详细抽象(即中观和微观);类似地,任何中观层的空间模型都包含一个包含了微观层详细抽象的空间模型。例如,对于交通管理 CPS 而言,交通方面存在许多传统和常规模型(Hoogendoorn 和 Bovy,2001),其中包括功能性 MaF(例如 LWR 模型(Lighthill 和 Whitham,1955;May,1990))、空间 MaF(例如基于元胞自动机的模型(Nagel 和 Schreckenberg,1992))、实体 MiF(例如基于 Agent 的模型(Cicortas 和 Somosi,2005))或流 MiF(例如汽车跟随模型(Edie,1961;Brackstone 和 McDonald,1999))。类似地,也存在着控制层面的传统模型和常规模型(Di Steffano

等,1967;Levine,1996;Hellerstein 等,2004)。

4.5 整体仿真

如前所述,视角集成可实现不同视角模型之间的在线信息交换,因此提供了一个整体视图,其中包括特定视角的独立仿真及其之间的相互作用。这一集成将某些特定视图模型的输出关联到其他视角模型的参数。从技术原理上讲,此时创建了一个协调模型,由此将模型接收到的输出转换为来自其他模型的新一轮参数的取值。例如,在 Rajhans 等(2014 年)提出的四旋翼系统中,在仿真运行期间使用到了系统信号流模型(稳定性层面)的输出,动态更新基于方程的模型(动态响应层面)、进程代数模型的参数(安全性层面)和硬件模型(效能层面)。同样,这 3 个模型中的输出都必须用于更新其他模型的参数。Zeigler 等(2019)在 DEVS M&S 的背景下给出了这种集成的形式化规范。

4.6 MPM&HS 流程

整个 MPM&HS 方法论的流程都由基于 SES 的通用本体 O4CS 驱动。因此,MPM&HS 流程提出建立一个通用的组织结构,O4CS 树上的"叶"节点对应可用的模型系列,并予以实现,将其保存在模型库(称为 MB4CS)中。当有了模型存储库后,就可从其中检索并在复杂系统的设计中得以复用。传统模型和常规模型(我们称为白模型)是通常文献中常常涉及的可用模型,基于已建立的理论,针对某一系统类的通用模型,以参数化表示在各种相类似的情况下可复用。此模型的示例包括传染病的隔离 SIR 模型(易感者—感染者—痊愈者)模型,用于仿真扩散过程(Kermack 和 McKendrick,1927;Hethcote,2000),或用于种群动态的猎物-捕食者微分方程(Voltera,1931;Hofbauer 和 Sigmund,1998)等。用户特定模型(我们称为灰模型)是库中创建的模型,既可通过将白模型改造为特定的系统,也可以从零开始针对其特定目的而构建(见图 4.7)。

MPM&HS 方法论的流程如图 4.8 所示。特定领域的分析以 O4CS 通用本体为指导,并产生特定领域本体和模型库。通过剪裁特定领域的本体并在特定领域模型库中选择适当的组件,建模者可根据该领域内特定的预期研究目标,开发出满足此目标的多视角模型。裁剪是从 O4CS 树中选取特定的系统配置,选择特定方面(Aspect)的子集、多方面的特定的备选、特定的特化实例以及变量的赋值。本体的裁剪首先产生了一个多视角模型,其中每个顶端层级模型都是一个多尺度的耦合模型,用于解决尺度内的转换问题。然后,通过定义良好的集成器,将层面模型集成到整体模型中,解决跨尺度的转移问题。其后,在各种场景下对整体模型进行仿真,以得出有关复杂系统的结论。

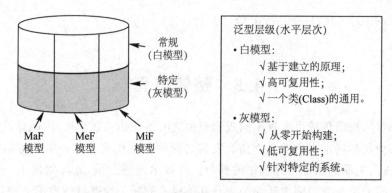

图 4.7　复杂系统仿真(MB4CS)的通用模型库

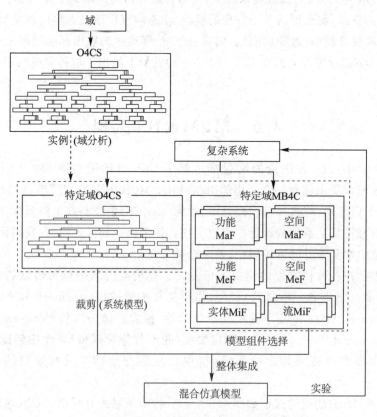

图 4.8　MPM&HS 方法论的流程

4.7　应　用

　　在健康医疗系统分析和设计(Traoré 等,2018)中已实现 MPM&HS 的全面应用,在图 4.9 中给出了 O4CS 本体的实例。

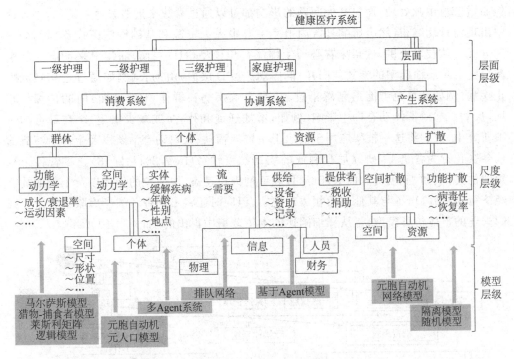

图 4.9　健康医疗系统 M&S 的本体和常规模型

在系统、层面、尺度和模型层级的对应分析中,出现了模型的多层结构:

- 在层面层级,我们将健康医疗系统特化为:一级护理、二级护理、三级护理和家庭护理,同时我们识别出了 3 个层面,即"产生系统""消费系统"和"协作系统"。"产生"的概念涉及传统的"供应"概念,因为它不仅包含期望的所需医疗保健服务,而且涉及对系统利益相关方产生的正面(即缓解)和负面(即疾病)影响的所有现象。例如,疫苗接种和信息传播可缓解疾病,感染和疫情蔓延可导致疾病(在传统的供应−需求分类中,并未专门地捕获流行病疫情,因为其既不能视为供应,也不能视为需求)。同样地,"消费"概念涉及"需求"概念,因为消费者(例如受感染的个人)可能不一定想被感染(尽管成了感染的消费者)。健康理疗中的 CPS 出现在"协调层面"中。

- 在尺度层级,宏观和微观视图分别出现:"消费"层面的"群体"和"个体"尺度;"产生"层面的"扩散"和"资源"尺度。群体尺度以功能或空间方式捕获群体动态(即成长、衰退和移动);个体尺度捕获个体的行为(即社会、文化、经济……),并作为实体或流。

- 在模型层级,在模型库中实现了常规模型和传统模型(例如,马尔萨斯模型、猎物−捕食者模型等)。

这种层次结构对应一个框架,健康医疗系统仿真模型是一个或多个层面的组合,每个层面都与群体动态(PD)、个体行为(IB)、资源分配(RA)或医疗扩散(HD)相关。这些层面涵盖了文献综述所揭示的健康医疗 M&S 方面的全部问题,尽管它们相互关联,但通常会被单独处理,而对其他问题的影响都可以通过参数来近似表达。例如,当社区中出现流行病时,自然会影响社区内卫生中心中人力资源和基础设施医疗资源的配置和分配。从技术上讲,这意味着必须使用流行病模型(HD 层面)的输出来动态更新资源分配 RA 层面模型的参数。同样,群体动态(PD 层面)由助长(例如通过迁移))或阻止疾病(例如迁移也可能遏制感染过程)来影响疾病在群体(HD 方面)内的传播。相反,疾病传播对群体动态产生影响(例如,增加迁徙和死亡,或减少出生)。在最近的一项研究中,我们将这一框架应用于健康卫生资源稀缺、人口动态活跃以及个体所特有的社会文化行为背景下,研究尼日利亚的埃博拉疫情(Djitog,2017、2018)。尽管各个视角的仿真(例如,卫生资源的分配、尼日利亚的人口动态、埃博拉的传播以及个人的社会经济行为)抽象出了与其他视角相关的现实,但同时还将不同视角的考虑联系起来。我们构建的整体仿真模型,是从详细阐述的本体裁剪中得出的,如图 4.10 所示。

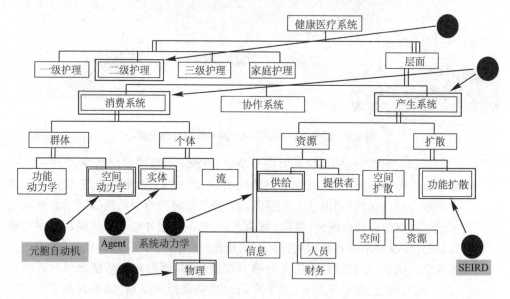

图 4.10　健康医疗系统本体的裁剪

- 第 1 步,选择二级护理作为要考虑的护理类型。
- 第 2 步,考虑具有"产生系统"和"消费系统"这两个层面的组织结构。
- 第 3 步,选择 SEIRD 模型(SIR 模型的变体)来模拟在尼日利亚主要城市(即拉各斯)传播的埃博拉病毒。
- 第 4 步,考虑从"物理"中获取健康资源,得到拉各斯医院中的健康资源分配。
- 第 5 步,使用系统动力学模型建模。
- 第 6 步,使用元胞自动机对拉各斯人口动态进行建模。
- 第 7 步,对于特定社会经济行为人群(即通常的工人)中的个体,由 Agent 建模。
- 对应于图 4.10 的裁剪的实体结构结果,耦合模型集成了来自所识别的 4 个层面的组件模型,即 PD、IB、RA 和 HD。建立用于整体模型的实验框架,使我们能够了解所有模型如何同时以及在各种影响场景下的相互影响。这项研究的结果在 Traoré 等（2018）的文献中有详细阐述。

现在，我们已将这项工作扩展到医疗保健领域的 CPS（CPSiH）。CPSiH 的 M&S 方面并没有太多积累的经验，因此没有太多常规的或传统的模型。但在对这一问题的最新技术的回顾中，Haque 等（2014）将其描述为一个远程观察患者状况并可采取行动的系统，并根据文献提出了通用图形的表达。因此，在我们的方法中出现的 CPSiH，作为医疗保健系统的中协调层面的这一部分。特别令人感兴趣的是，CPS 的设计必须集成在群体和个体层级所出现的事情上，因为在 CPS 运行中存在数据的提供者和接收者，同时资源层级包括传感/执行装置，扩散层级由 CPS 进行观察/动作。

图 4.11 中描述了图 4.9 中本体的扩展，其中我们考虑了 CPSiH 的两个方面：一方面以数据为中心，另一个方面以计算为中心。CPSiH（更常见的是 CPS）依赖于传感、处理和联网（Haque 等，2014）。从以数据为中心的层面来看，该研究集中于数据安全性、数据库管理和数据可用性等主要问题；从以计算为中心的层面来看，重点是能源效率（用于感测/作用设备）、处理效率和可靠性（用于服务器和其他计算功能）、存储功能和性能（用于数据库、数据中心和云解决方案）以及通信效率和品质（针对协议）。在宏观和微观尺度，以数据为中心（对应于以计算为中心）层面分别导出了数据流（对应于控制流）和数据节点（对应于控制节点）模型。只有 CPSiH 的 M&S 方面具有进一步的经验，才将在之下的模型层级中完成本体的内容。但是，许多网络模型（例如排队模型、基于元胞自动机等）已被当作很好的候选方式。由此，本章表达和描述的 MPM&HS 流程能够以相同的方式得以应用，并且得到了 CPSiH 的多视角和整体仿真模型。

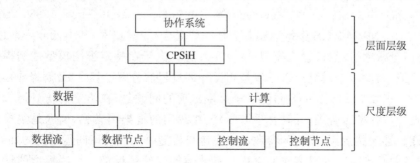

图 4.11　健康医疗中 CPS 协调系统

4.8　讨　论

尽管 MPM&HS 的基本原理颇具吸引力，但当下就有两个问题：

① 多视角模型的整体集成背后的语义是什么？

② 我们如何验证这样的集成？

4.8.1 多视角模型的整体集成背后的语义是什么

常见的实际应用,在不同的研究场景将考虑仿真参数恒定不变(Bard,1974)。然而,我们认为在并行仿真研究中,这些参数的值会发生变化。因此,我们提出一个涉及多个底层视角的集成,在此系统的不同独立仿真过程中,在线地交换和更新相互作用,从而使结果更接近于现实。参数化模型无非是一组具有某些公共行为模式而结构不同的模型系列。针对参数向量的特定赋值都对应模型系列中的一个。因此,通过参数进行特定视图模型的在线反馈,模型接收这些反馈并实现结构的动态变化。从 DEVS 的角度(Muzy 和 Zeigler,2014)给出了动态结构变化的通用框架。当应用 MPM&HS 时,如果未采用 DEVS 形式化方法,则需要工作环境在仿真实验过程中允许结构动态变化。

4.8.2 如何验证整体集成

开发多视角模型的关键问题是组件连接的有效性,即使用其他模型的输出来分解模型参数的方式。这样的问题与多分辨率建模(MRM)中的聚合-分解问题直接相关。M&S 中分辨率的概念是指模型的详尽程度。尽管是一个相对的概念,但它提倡在不同细节层次上表达模型(或模型中的抽象)的想法。对给定过程现象的深入了解,就需要提高分辨率。因此,模型中的给定参数意味着某些外部作用过程的分辨率降低。在 MRM 中,分辨率的动态变化称为聚集(从高分辨率实体/过程到低分辨率实体/过程)或分解(反向的操作),并且已知在不同分辨率层级连接仿真的问题可作为聚集-分解问题(Davis 和 Hillestad,1993;Reynolds 等,1997;Davis 和 Bigelow,1998;Yilmaz 和 Oren,2004)。MPM&HS 整体集成方法是一种聚合/分解技术,其中低分辨率过程(即参数)与高分辨率过程(即输入模型)聚合在一起。由于在特定视图模型之间提供了双向在线反馈,因此两个模型可以看作是相互外部过程的分解。聚合/分解操作由集成器组件实现。正如 Davis(1995)所述,一个反复出现的问题是,在给定的仿真运行过程中分解和聚合过程是否合理(并且合乎需要)。在我们的框架内转换,问题是集成器模型的有效性。必须注意到,模型的参数可能表达与模型时间尺度不同运行上的外部过程。因此,集成器是解决诸如尺度转换方式和有效性等问题的模型。一些模型的输出与其他模型的参数之间的相关性(无论是线性的、二次式的、多项式的或更复杂的关系)是先验知识或需要建立。建立这种知识可能需要进行不同的仿真研究,并从几个仿真实验中得出插值、收集大量数据并进行统计分析(Duboz 等,2003)。更一般而言,对不同视图的考虑,意味着随着建模者试图跨越更广泛的视图,有必要考虑越来越多的过程影响。因此,同样重要的是识别这些视图并管理视图之间交互的现象方法和数学的原理。

4.9　结　论

像 CPS 这样的现代复杂系统,由于其特性的异质性而难以管理。这使得对它们的分析和设计更加困难,并且需要提供多个层次的解释来实现其各种目标,同时要对整个系统的行为模式及其与周围环境的相互作用保持全面了解。这样,不同方法的混合,将证明各个角度提供的有用知识,是针对整体层级上的效能,而不只是特定的解决方案,或专注于特定问题。这是解决复杂性的有效方法。在本章中,我们认为 MPM&HS 方法可为寻找答案提供有用的框架。

在实际使用中,通常从给定的视角识别 M&S 流程,并且在执行过程中不依赖于由其他视角独立构建的流程。但是,实际上,流程通常会相互作用,当涉及诸如 CPS 的复杂系统时,这会产生更大的影响,即所谓的任何事情都是相互影响的。但是,无法构想一个包含所有相互影响因素的一体式、高度化详细的巨型模型。为了解决此问题,MPM&HS 建议将抽象层级转化为多个视角,并将其集成到通用的仿真框架中。在每种视角中,系统不同组件的模型都可开发并耦合。来自其他视角的问题被抽象为参数。这样,每个视角都可看作涵盖了一系列问题,通过专门的实验框架描述。因此,可将每个视图中所产生的顶层模型与其实验框架相耦合,运行仿真并得出结果。来自不同视角的模型之间的在线信息交换,包括这些独立的特定视角的仿真及其相互影响,而不会大幅度提高复杂性。生成的全局模型可与整体实验框架结合使用,得出由独立考虑的任何视角都无法准确获得的结果。

当针对 CPS 时,本体有助于在库中识别和实现建模 CPS 视图,所需仿真软件的构造(如硬件、软件和网络方面)为构建块。整体集成可解决场景的复杂性问题,在此若干视角相互干扰。应用 MPM&HS 方法的关键,是对多视角整体仿真模型的验证和确认。正如 Tolk 等(2013)所指出的那样,如何确保异构模型的语义一致性和有效性以及技术互操作性,尚有很多工作待开展。这些问题是我们研究的一部分。

参考文献

[1] Allen T H F, Starr T B. (1982). Hierarchy: Perspectives for Ecological Complexity. Chicago, IL: The University of Chicago Press.

[2] Aumann G A. (2007). A Methodology for Developing Simulation Models of Complex Systems. Ecological Modelling, 202, 385-396.

[3] Baheti R, Gill H. (2011). Cyber-Physical Systems. In T. Samad & A. M. Annaswamy (Eds.), The Impact of Control Technology (pp. 161-166). New York: IEEE Control Systems Society.

[4] Bard Y. (1974). Nonlinear Parameter Estimation. New York: Academic Press.

[5] Blalock H M. (1979). Social Statistics. New York: McGraw-Hill.

[6] Brackstone M, McDonald M. (1999). Car-Following: A Historical Review. Transportation Research Part F: Traffic Psychology and Behaviour, 2(4), 181-196.

[7] Camus B, Paris T, Vaubourg J, et al. (2016). MECYSCO: A Multi-Agent DEVS Wrapping Platform for the Co-simulation of Complex Systems. Research Report, LORIA, UMR 7503, CNRS.

[8] Cicortas A, Somosi N. (2005). Multi-Agent System Model for Urban Traffic Simulation. In Proceedings of the 2nd Romanian-Hungarian Joint Symposium on Applied Computational Intelligence (pp. 107-120). Timisoara, Romania.

[9] Davis P K. (1995). Aggregation, Disaggregation, and the 3:1 Rule in Ground Combat. Santa Monica, CA: RAND.

[10] Davis P K, Bigelow J H. (1998). Experiments in Multiresolution Modeling (MRM). RAND Research Report MR-1004-DARPA.

[11] Davis P K, Hillestad R. (1993). Families of Models that Cross Levels of Resolution: Issues for Design, Calibration and Management. In G. W. Evans, et al. (Eds.), Proceedings of the Winter SimulationConference (pp. 1003-1012). Piscataway, NJ: IEEE.

[12] Di Steffano J J, Stubberud A R, Williams I J. (1967). Feedback and Control Systems. Schaums Outline Series. New York: McGraw-Hill.

[13] Djitog I, Aliyu H O, Traoré M K. (2017). Multi-Perspective Modeling of Healthcare Systems. International Journal of Privacy and Health Information Management, 5(2), 1-20.

[14] Djitog I, Aliyu H O, Traoré M K. (2018). A Model-Driven Framework for Multiparadigm Modeling and Holistic Simulation of Healthcare Systems. SIMULATION: Transactions of the SCS - Special Issue on Hybrid Systems M&S, 94(3), 235-257.

[15] Duboz R, Ramat E, Preux P. (2003). Scale Transfer Modeling: Using Emergent Computation for Coupling Ordinary Differential Equation System with a Reactive Agent Model. Systems Analysis Modelling Simulation, 43 (6), 793-814.

[16] Dungan J L, Perry J N, Dale M R T, et al. (2002). A Balanced View of Scale in Spatial Statistical Analysis. Ecography, 25, 626-640.

[17] Edie L C. (1961). Car-Following and Steady-State Theory for Noncongested Traffic. Operations Research, 9(1), 66-76.

[18] Fan X. (2015). Real-Time Embedded Systems: Design Principles and Engineering Practices (First ed.). Amsterdam: Elsevier. ISBN: 978-0128015070.

[19] Fishwick P A. (1995). Simulation Model Design and Execution: Building Digital Worlds. Englewood Cliffs, NJ: Prentice Hall.

[20] Fujimoto R. (2000). Parallel and Distributed Simulation Systems. New York: Wiley.

[21] Haque S A, Aziz S M, Rahman, M. (2014). Review of Cyber-Physical System in Healthcare. International Journal of Distributed Sensor Networks, 10(4). 20 p. DOI: https://doi.org/10.1155/2014/217415.

[22] Hellerstein J L, Diao Y, Parekh S, et al. (2004). Feedback Control of Computing Systems. Hoboken, NJ: Wiley. ISBN: 0-471-26637-X.

[23] Hethcote H. (2000). The Mathematics of Infectious Diseases. SIAM Review, 42(4), 599-653.

[24] Hofbauer J, Sigmund K. (1998). Evolutionary Games and Population Dynamics. Cambridge: Cambridge University Press.

[25] Hölzl M M, Rauschmayer A, Wirsing M. (2008). Engineering of Software- Intensive Systems: State of the Art and Research Challenges. In M. Wirsing, J.-P. Banatre, M. Hölzl, & A. Rauschmayer (Eds.), Software-Intensive Systems and New Computing Paradigms (pp. 1-44). Berlin, Heidelberg: Springer-Verlag. https://doi.org/10.1007/978-3-540-89437-7_1.

[26] Hoogendoorn S P, Bovy P H. (2001). State-of-the-Art of Vehicular Traffic Flow Modelling. Proceedings of the Institution of Mechanical Engineers, Part I: Journal of Systems and Control Engineering, 215(4), 283-303.

[27] Jelinski D E, Wu J. (1996). The Modifiable Area Unit Problem and Implications for Landscape Ecology. Landscape Ecology, 11, 129-140.

[28] Kermack W O, McKendrick A G. (1927). A Contribution to the Mathematical Theory of Epidemics. Proceedings of the Royal Society of London Series A, 115, 700-721.

[29] Lee E. (2008). Cyber Physical Systems: Design Challenges. University of California, Berkeley Technical Report No. UCB/EECS-2008-8.

[30] Levine W S. (Ed.) (1996). The Control Handbook. New York: CRC Press. ISBN: 9780-8493-85704.

[31] Lighthill M J, Whitham G B. (1955). On Kinematic Waves II. A Theory of Traffic Flow on Long Crowded Roads. Proceedings of the Royal Society of London, A229(1178), 317-345.

[32] Maier M W. (1998). Architecting Principles for Systems-of-Systems. Systems Engineering, 1(4), 267-284.

[33] Marceau D. (1999). The Scale Issue in Social and Natural Sciences. Canadian Journal of Remote Sensing, 25, 347-356.

［34］May A D. (1990). Traffic Flow Fundamentals. Englewood Cliffs, NJ: Prentice-Hall.

［35］Miller J H, Page S. E. (2007). Complex Adaptive Systems: An Introduction to Computational Models of Social Life. Princeton University Press. ISBN: 9781400835522. OCLC 760073369.

［36］Mittal S, Zeigler B P. (2017). Theory and Practice of M&S in Cyber Environments. In A. Tolk & T. Oren (Eds.), The Profession of Modeling and Simulation: Discipline, Ethics, Education, Vocation, Societies and Economics (pp. 223-263). Hoboken, NJ: Wiley.

［37］Muzy A, Zeigler B P. (2014). Specification of Dynamic Structure Discrete Event Systems UsingSingle Point Encapsulated Functions. International Journal of Modeling, Simulation and Scientific Computing, 5(3), 1450012.

［38］Nagel K, Schreckenberg M. (1992). A Cellular Automaton Model for Freeway Traffic. Journal de Physique I, 2(12), 2221-2229.

［39］O'Neill R V, Johnson A R, King A W. (1989). A Hierarchical Framework for the Analysis of Scale. Landscape Ecology, 3, 193-205.

［40］Petty M D, Weisel E W. (2003). A Formal Basis for a Theory of Semantic Composability. In Proceedings of the Spring Simulation Interoperability Workshop, 03S-SIW-054, Orlando, FL.

［41］Rainey L B, Tolk A. (2015). Modeling and Simulation Support for System of Systems Engineering Applications. Hoboken, NJ: Wiley.

［42］Rajhans A, Bhave A, Ruchkin I, et al. (2014). Supporting Heterogeneity in Cyber-Physical Systems Architectures. IEEE Transactions on Automatic Control, 59(12), 3178-3193.

［43］Ratzé C, Gillet F, Müller J P, et al. (2007). Simulation Modelling of Ecological Hierarchies in Constructive Dynamical Systems. Ecological Complexity, 4 (1-2), 13-25.

［44］Reynolds P F J, Natrajan A, Srinivasan S. (1997). Consistency Maintenance in Multi-resolution Simulations. ACM Transactions on Computer Modeling and Simulation (TOMACS), 7(3), 368-392.

［45］Salthe S N. (1985). Evolving Hierarchical Systems: Their Structure and Representation. New York: Columbia University Press.

［46］Seck M D, Honig H J. (2012). Multi-perspective Modelling of Complex Phenomena. Computational and Mathematical Organization Theory, 18, 128-144.

［47］Tatikonda S, Mitter S. (2004). Control Under Communication Constraints. IEEE Transactions on Automatic Control, 49(7), 1056-1068.

［48］Tolk A, Barros F, D'Ambrogio A, et al. (2018a). Hybrid Simulation for Cyber

Physical Systems: A Panel on Where Are We Going Regarding Complexity, Intelligence, and Adaptability of CPS Using Simulation. In Proceedings of the Spring Simulation Multi-Conference: Symposium on Modeling and Simulation of Complexity in Intelligent, Adaptive and Autonomous Systems (MCIAAS), Article No. 3, Baltimore, MD: SCS/ACM.

[49] Tolk A, Diallo S, Mittal S. (2018b). The Challenge of Emergence in Complex Systems Engineering. In S. Mittal, S. Diallo, & A. Tolk (Eds.), Emergent Behavior in Complex SystemsEngineering: A Modeling and Simulation Approach. Hoboken, NJ: Wiley.

[50] Tolk A, Diallo S Y, King R D, et al. (2009). A Layered Approach to Composition and Interoperation in Complex Systems. In A. Tolk & L. C. Jain (Eds.), Complex Systems in Knowledge-Based Environments: Theory, Models and Applications (pp. 41-74). Berlin, Germany: Springer.

[51] Tolk A, Diallo S Y, Turnitsa C D. (2013). Applying the Levels of Conceptual Interoperability Model in Support of Integratability, Interoperability, and Composability for System-of-Systems Engineering. Systemics, Cybernetics and Informatics, 5(5), 65-74.

[52] Tolk A, Muguira J A. (2003). The Levels of Conceptual Interoperability Model (LCIM). In Proceedings of the Fall Simulation Interoperability Workshop, 03F-SIW-007, San Diego, CA: IEEE.

[53] Traoré M K, Muzy A. (2006). Capturing The Dual Relationship Between Simulation Models and Their Context. Simulation Modelling Practice and Theory, 14(2), 126-142.

[54] Traoré M K, Zacharewicz G, Duboz R, et al. (2018). Modeling and Simulation Framework for Value-Based Healthcare Systems. SIMULATION: Transactions of the SCS. https://doi.org/10.1177/0037549718776765, accessed 24 July 2018.

[55] Ulanowicz R E. (1997). Ecology, the Ascendant Perspective. New York: Columbia University Press.

[56] Vangheluwe H, De Lara J, Mosterman P J. (2002, April 7-10). An Introduction to Multi-Paradigm Modelling and Simulation. In Proceedings of the AIS'2002 Conference (pp. 9-20). Lisboa, Portugal.

[57] Voltera V. (1931). Variations and Fluctuations of the Number of Individuals in Animal Species Living Together. In R. N. Chapman (Ed.), Animal Ecology (pp. 31-113). New York: McGraw-Hill.

[58] Willekens F. (2005). Biographic Forecasting: Bridging the Micro-macro Gap in Population Forecasting. New Zealand Population Review, 31(1), 77-124.

［59］Wu J，David J L. (2002). A Spatially Explicit Hierarchical Approach to Modeling Complex Ecological Systems: Theory and Applications. Ecological Modeling，153，7-26.

［60］Yilmaz L，Oren T I. (2004). Dynamic Model Updating in Simulation with Multimodels: A Taxonomy and a Generic Agent-Based Architecture. Simulation Series，36(4)，3.

［61］Zeigler B P. (1976). Theory of Modeling and Simulation. New York: Wiley.

［62］Zeigler B P. (1984). Multifacetted Modelling and Discrete Event Simulation. London: AcademicPress.

［63］Zeigler B P，Carter E，Seo C，et al. (2012，October 28-31). Methodology and Modeling Environment for Simulating National Health Care. In Proceedings of the Autumn Simulation Multi-Conference (pp. 30-46). , San Diego，CA.

［64］Zeigler B P，Hammonds P E. (2007). Modeling and Simulation-Based Data Engineering: Introducing Pragmatics into Ontologies for Net-Centric Information Exchange. Amsterdam，the Netherlands: Elsevier Academic Press.

［65］Zeigler B P，Mittal S，Traore M K. (2018a). MBSE with/out Simulation: State of the Art and Way Forward. Systems，6(4)，40. https://doi. org/10. 3390/systems6040040.

［66］Zeigler B P，Mittal S，Traoré M K. (2018b，April 15-18). Fundamental Requirements and DEVS Approach for Modeling and Simulation of Complex Adaptive System of Systems: Healthcare Reform. In Proceedings of the Spring Simulation Multi-Conference (Spring-Sim'18)，Baltimore，MD: SCS/ACM.

［67］Zeigler B P，Praehofer H，Kim T G. (2000). Theory of Modeling and Simulation: Integrating Discrete Event and Continuous Complex Dynamic Systems (2nd ed.). New York: Academic Press.

［68］Zeigler B P，Sarjoughian H S. (2017). Guide to Modeling and Simulation of Systems of Systems (2nd ed.). Berlin，Germany: Springer.

［69］Zeigler B P，Traoré M K，Zacharewicz G，et al. (2019). Value-Based Learning Healthcare Systems: Integrative Modeling and Simulation Architecture. London: The Institution of Engineering and Technology.

第5章　赛博物理系统层级化
协同仿真的统一框架

Fernando J. Barros

葡萄牙科英布拉大学信息工程系

5.1　概　述

复杂的赛博物理系统的表达通常需要组合不同形式化方法或范式所表示的模型，异构模型的互操作性成为复杂系统仿真的主要需求。本章将提出混合的流系统规范形式化方法(HyFlow)作为混合系统 M&S 的统一框架。

统一的形式化方法的优点有：对所有类型模型进行同构化处理，使所有模型均可通过设计而实现互操作，不需要传统意义上的使用特殊的"粘合"运算符来组合异构的模型(Praehofer,1991)。在物理学等其他领域都创造了统一的形式化方法，例如，牛顿为古典力学奠定的基础。

HyFlow 提供了采样(Barros,2002)与离散事件(Zeigler,1984)相结合的模块化混合模型。HyFlow 模型可用于支持独立的仿真，因其交互基于专用的消息传递，从而保证模型的封装，使这类通信不需访问模型的状态。形式化的协同仿真(co‐simulation)由两个基本运算符支持：数字计算机上密集计算输出的精准表达能力以及广义的采样概念(Barros,2002)。现在已表明这些构造可提供描述各种数值方法的基础，包括一阶积分器、二阶(几何)积分器和指数积分器(Barros,2018)。混合系统的某些模型通常会表现出振荡行为，在很短的时间间隔内产生大量的事件。例如，继电器系统的切换模型，此功能很常见(Bonilla 等,2012)。在相同情况下，模型切换会降低仿真速度，甚至几乎不可能实现。HyFlow 模型可表示 PID 数字控制器和滑模控制器，一种实现无振荡表示的方案(Barros,2017)。形式化方法还可描述数字滤波器、零点检测器和流形随机 Petri 网(Barros,2005、2015)。

HyFlow 提供了一种新的方法来表示多种范例中描述的模型。形式化方法不再将模型视为异构的，而是提出一种统一的视图，所有模型都可作为基本 HyFlow 模型的特定实现。由于模型共享的相同基础描述，因此构造确保了互操作性。通过 Barros(2002)定义的等效 I/O 系统来建立基于采样的系统语义。Barros(2016)描述了针对原子模型和网络模型的 HyFlow 协同仿真算法。

层级化的协同仿真 HyFlow 方法如图 5.1 所示。开发 HyFlow 模型库以满足特定领域的需求，它们可包括如数字控制器、数字滤波器或数字积分器等。由于 HyFlow 确保了模型的组合性和互操作性，因此可轻松地开发出层级的复杂仿真模型。通过选择适当的模型集，将特定领域的建模形式化方法（DSMF）映射到 HyFlow。例如，常微分方程（ODE）可映射到执行数值积分的模型中。复杂系统可使用不同类型的积分器，包括几何积分器（参见 5.4.2 小节），用于能量守恒组件；指数积分器（参见 5.4.1 小节），表示刚性常微分方程（ODE）。假定所有 HyFlow 模型均可通过设计实现互操作性，则可使用传统意义上属于不同形式化的组件的组合来实现复杂系统的仿真。例如，将几何积分器与数字控制器或流形随机 Petri 网结合开展系统的建模。该方法创建了新的特定领域建模语言和范式，选择一组特定的模型作为基本的"块"（Block）。

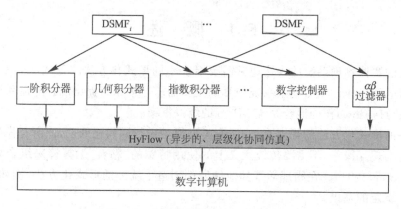

图 5.1　分层的协同仿真 HyFlow 方法

在我们的图中，ODE 并没发挥首要的作用，而更多地使用如系统动力学（SD）等传统的视图（Sterman，2001）。实际上，SD 以模拟计算机范式为先决条件，可精确求解 ODE。然而，这种视图也有一定的误导性，因为如今的 ODE 积分很可能由使用基于采样算法的数字式计算机执行，这一算法易造成数值误差。我们已开发了一系列的数字积分器，用以提高不同类型的 ODE 求解的精准性和效率。在图 5.1 中，我们考虑 HyFlow 所表达的一阶积分器、几何（二阶）积分器和指数积分器。在我们看来，关键特征不是简单地提供对 ODE 的表达，而是暴露 ODE 数字积分器的语义，从而实现它们的组合和互操作性。当不仅应用基于 ODE 的模型，而且包括其他实体（如数字控制器）模型时，这些特征显得十分重要。如果尚未建立统一的形式化方法，通常会导致通过松散语义定义的"试错式"实施过程，试图"粘合"那些异构的组件。

鉴于 HyFlow 的统一本质，如异构模型和多范式模型之类的概念就不再重要了，因为所有模型都成为使用通用 HyFlow 表达形式的一个实例，从此模型开始是同构的，并属于同一范式。

5.2 相关工作

协同仿真起源于 Zeigler(1984)开发的分层级的和模块化的模型,其中引入了抽象的仿真器概念,从而实现了离散事件模型的独立仿真。高层架构(HLA)提供了离散事件系统协同仿真的标准(Kuhl 等,1999)。然而遗憾的是,连续系统的表达并不像离散事件模型所实现的描述那样。目前,连续系统建模的形式化方法仍然依赖于如今已被淘汰的模拟机(analogous mahine),这原本未跟上数字计算机普遍性应用的趋势(Burns 和 Kopp,1961;Henzinger,1996)。在实现连续系统协同仿真时,应用数字计算机表达连续系统是当前研究的主要挑战(Sztipanovits,2007;Neema 等,2014;Tripakis,2015)。

Bastian 等(2011)针对我们现在应用功能样机接口(FMI)的观念,提出了混合系统协同仿真的标准。但这种方法使用分段的常数信号来实现模型的交互,但难以得到精确和有效的结果。而这种有限的信号表达方式却始终在其他建模方法中使用(Tripakis 等,2013)。

建模形式化方法可在原子层级进行离散的事件表达(Vangheluwe 等,2002)。但是,这种方法在描述复杂模型时也有一些缺陷,例如,如果我们的目标是将流形随机 Petri 网(FSPN)简化为可执行仿真模型的自动转换,那么通过基本组件的组合来表示 FSPN 就至关重要了。如 5.5 小节所述,我们基于 HyFlow 的模块化表达,使得 FSPN 映射到 HyFlow 网络变得更加简单,而无需代码生成,因为它基于预定义组件的复用。相反,基于 FSPN 转换为一个(复杂)原子模型的方案,将主要需要编译器来执行任务。此外,(人类)建模者将很难理解这种等效的原子模型。另外,我们的模块化方法可使 FSPN 轻松地与来自其他特定领域库组件的组合,从而基于多种形式化方法达成复杂的表达形式。HyFlow 采用的模块化方法还可以实现模型协同仿真,而单一的整体转换方案则无法实现这种协同仿真。

5.3 HyFlow 形式化方法

混合流的系统规范(HyFlow)作为形式化方法,用于表达具有时变拓扑的混合系统(Barros,2003)。HyFlow 使用多重采样和密集输出的概念来实现连续变量的表达(Barros,2000、2002),而离散事件的表达基于离散事件系统规范(DEVS)(Zeigler,1984)。HyFlow 有两种类型的模型:基本模型和网络模型。其中,基本模型提供状态表达和转换功能;网络模型则是基本模型和其他网络模型的组合。根据定义,网络为层级化系统的表达提供了抽象方式。

5.3.1 基本的 HyFlow 模型

我们将 $\hat{B}$ 看作基本 HyFlow 模型相对应的名称集合,与名称 $B \in \hat{B}$ 相关的 HyFlow 基本模型,定义为

$$M_B = (X, Y, P, P_0, \rho, \omega, \delta, \Lambda_c, \lambda_d)$$

式中:X 是输入流值的集合,$X = X_c \times X_d$,其中,X_c 是连续输入流值的集合,X_d 是离散输入流值的集合;

Y 是输出流值的集合,$Y = Y_c \times Y_d$,其中,Y_c 是连续输出流值的集合,Y_d 是离散输出流值的集合;

P 是部分状态(p-state)的集合;

P_0 是(有效)初始 p-state 的集合,$P_0 \subseteq P$;

ρ 是输入-时间的函数,$\rho: P \rightarrow \mathbb{H}_0^+$;

ω 是输出-时间的函数,$\omega: P \rightarrow \mathbb{H}_0^+$;

S 是状态集,$S = \{(p, e) \mid p \in P, 0 \leq e \leq \upsilon(p)\}$,其中,$\tau(p) = \min\{\rho(p), \omega(p)\}$,时间-转换的函数;

δ 是转换函数,$\delta: S \times X^\phi \rightarrow P$,其中,$X^\phi = X_c \times (X_d \bigcup \{\phi\})$,$\phi$ 是空值(不存在值);

Λ_c 是连续的输出函数,$\Lambda_c: S \rightarrow Y_c$;

λ_d 是部分离散的输出函数,$\lambda_d: P \rightarrow Y_d$。

HyFLow 时基是超实数的集合 $\mathbb{H} = \{x + z\varepsilon \mid x \in \mathbb{R}, z \in \mathbb{Z}\}$,其中 ε 是无穷小值,使得 $\varepsilon > 0$ 且 $s < 1/n$,其中 $n = 1, 2, 3, \cdots$(Goldblatt, 1998)。正超实数集定义为:$\mathbb{H}_0^+ = \{h \in \mathbb{H} \mid h \geq 0\}$。组件的离散输出描述为 HyFlow 基本模型,当状态 (s, e) 中的 $e \neq \omega(p)$ 时,限定为空集 (ϕ)。

图 5.2 描绘了 HyFLow 组件的典型轨线。在时刻 t_1 处,p-state 处于 p_0 对其输入进行采样,因为经过时间达到 $\rho(p_0) = e$。组件将 p-state 变为 $p_1 = \delta((p_0, \rho(p_0)), (x_1, \phi))$,其中 x_1 是采样值,不存在离散流。

在时刻 t_2 处,离散流 x_d 由组件接收,p-state 变为 $p_2 = \delta((p_1, e_1), (x_2, x_d))$,其中 x_2 是 t_2 处的连续流。在时刻 t_3 处,该组件达到了时间-输出的时间限制,p-state 变为 $p_3 = \delta((p_2, \omega(p_2)), (x_3, \phi))$。此时,所产生的离散流 $y_d = \lambda_d(p_2)$。此外,组件连续输出流始终存在,并由 $\Lambda_c(p, e)$ 给出。HyFlow 基本模型的语义已在 Barros(2008)的相关论文中进行详细说明。在下一小节中,我们将介绍脉冲积分器的 HyFlow 描述,该积分器是一种可以有效处理分段常数信号的数值求解器。

5.3.2 案例:脉冲积分器

ODE 的集成在描述多类动力学系统中起着关键作用。在以前的工作中,我们开发了通用的 ODE 集成器(Barros, 2015)。但是,更有效的算法将用于特定类型的信号。像方波那样的分段恒定流可与更简单、更高效的求解器集成。分段恒定信号的积分器

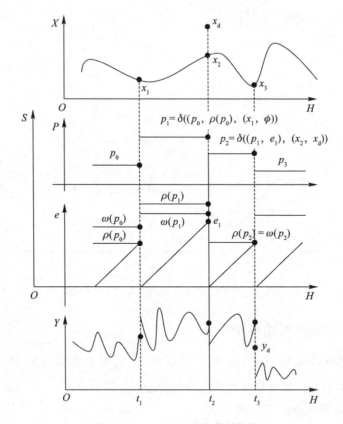

图 5.2　HyFlow 组件的典型轨线

由 HyFlow 模型表达：

$$M_\pi = (X, Y, P, P_0, \rho, \omega, \delta, \Lambda_c, \lambda_d)$$

式中：$X = Y = \mathbb{R} \times \mathbb{R}$；

　　　$P = \{(y, v, b) \mid y, v \in \mathbb{R}; b \in \{\top, \bot\}\}$；

　　　$P_0 = \{(y_0, 0, \top) \in P\}$；

　　　$\rho(y, v, b) = \infty$；

　　　$\omega(y, v, \top) = 0$；

　　　$\omega(y, v, \bot) = \infty$；

　　　$\delta(((y, v, \bot), e), (x_c, x_d)) = (y + v e_{std}, x_c, \top)$；

　　　$\delta(((y, v, \top), e), (x_c, x_d)) = (y, v, \bot)$；

　　　$\Lambda_c((y, v, b), e) = y + v e_{std}$；

　　　$\lambda_d(y, v, b) = y$。

该模型通过利用输入信号的特征来获得其功效。与需处理任意输入段的积分器相反，该模型避免了采样，因为输入值的所有变化都是通过离散流来标明的。模型连续流输出是分段线性的，由函数 Λ_c 描述。其他组件的流以其自身采样率进行异步采样获得。为便于模型组合，积分器接收的所有离散流都以离散流输出发送。典型的脉冲积分器输入和输出轨线如图 5.3 所示。

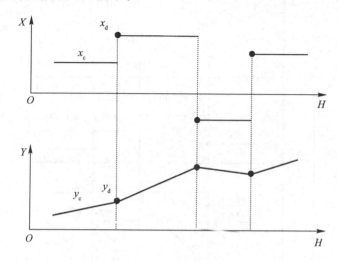

图 5.3　典型的脉冲积分器输入和输出轨线

5.3.3　HyFlow 网络模型

HyFlow 网络模型是 HyFlow 模型的组合（包括基本或其他的 HyFlow 网络模型）。令 $\hat{N}$ 为 HyFlow 网络模型相对应的名称集，其中 $\hat{N} \bigcap \hat{B} = \{\ \}$。形式上，名称为 N 的 HyFlow 网络模型的定义为

$$M_N = (X, Y, \eta)$$

式中：N 是网络名称；

X 是网络输入流的集合，$X = X_c \times X_d$，其中，X_c 是网络连续输入流的集合，X_d 是网络离散输入流的集合。

Y 是网络输出流的集合，$Y = Y_c \times Y_d$，其中，Y_c 是网络连续输出流的集合；Y_d 是网络离散输出流的集合。

η 是动态拓扑网络执行的名称。

执行模型是经修改的 HyFlow 基本模型，定义如下：

$$M_\eta = (X_\eta, Y_\eta, P, P_0, \rho, \omega, \delta, \Lambda_c, \lambda_d, \hat{\Sigma}, \gamma)$$

式中：$\hat{\Sigma}$ 是网络拓扑的集合；

γ 是拓扑功能，$\gamma: P \rightarrow \hat{\Sigma}$。

对应于 p‑state，$P_a \in P$ 的网络拓扑 $\Sigma_a \in \hat{\Sigma}$ 为

$$\Sigma_a = \gamma(p_a) = (C_a, \{I_{i,a}\} \bigcup \{I_{\eta,a}, I_{N,a}\}, \{F_{i,a}\} \bigcup \{F_{\eta,a}, F_{N,a}\})$$

式中：C_a 是与执行状态 P_a 相关的名称集；

对于所有的 $i \in C_a \bigcup \{\eta\}$，则

$I_{i,a}$ 是 i 的影响因子的序列；

$F_{i,a}$ 是 i 的输入函数；

$I_{N,a}$ 是网络影响因子的序列；

$F_{N,a}$ 是网络输出函数。

对于所有的 $i \in C_a$，则

$$M_i = (X, Y, P, P_0, \rho, \omega, \delta, \Lambda_c, \lambda_d)_i, \quad i \in \hat{B}$$

$$M_i = (X, Y, \eta)_i, \quad i \in \hat{N}$$

网络的拓扑是通过拓扑函数 γ 由其执行所定义的，该函数将执行 p‐state 映射到网络组合和耦合。因此，可通过更改执行程序 p‐state 来实现拓扑自适应。Barros (2016) 描述了使用 HyFlow 动态拓扑来表示移动的实体。

HyFlow 网络模型由 HyFlow 模块化网络仿真器模拟，该仿真器执行基本模型或其他网络模型的结合应用。通过仅依赖组件接口的通用通信协议可实现网络协同仿真。该协议独立于模型内部细节，因此构成视为黑盒组件的描述。其中，Barros(2008) 提供了 HyFlow 网络主协同仿真算法。

5.4 数值积分

CPS 是软件和物理系统的组合。尽管前者可用离散表达来描述，但物理元素通常需要使用连续模型，常微分方程（ODE）在描述连续系统中起着关键作用。但是，在给定效率、精准度和刚度的需求情况下，没有适用于求解所有 ODE 方程组的通用数值积分器。由于 CPS 可能具有不同需求的连续模型，因此，我们认为，组合不同数值积分器的能力对于表示复杂 CPS 是至关重要的。

常规的 ODE 数值积分器需将任意阶的 ODE 转化为大型的一阶方程组，通常由单个积分算法就可求解。因此，普遍的方法不会促进模型的独立性，也不会为联合仿真提供基础。协同仿真需要开发新方法。量化（quantization）法（Zeigler 和 Lee，1998）以模块化的形式表示一阶积分器，从而实现混合系统的协同仿真。遗憾的是，传统的一阶积分器无法提供解决所有类型的 ODE 的最佳方法。我们已开发了其他种类的数值方法来求解不同类型的 ODE。例如，几何积分器是表示需要长期仿真的二级能量守恒系统的基础（Hairer 等，2005）。其他类型的积分器可使用分析方法解决刚度问题。在这种情况下，求解器以指数函数的形式求解，而不是使用惯常的多项式插值来集成刚性ODE（Hochbruck，2010）。

尽管 ODE 很重要，但对于系统的表达，ODE 并不具有排他性。尤其是，混合系统需能够将 ODE 与产生不连续行为的模型相结合。这样的示例包括混合函数生成器、零位检测器、数字控制器和数字滤波器。此外，混合动力系统还受到一些重要问题的影响，包括振荡和芝诺行为（Johansson 等，1999）。为了成功，CPS 的协同仿真需解决所有这些问题，同时还要确保实现确定性仿真的合理语义。鉴于需求的多样性，为混合系统找到统一的联合仿真表达方法似乎是一项艰巨的任务。但是,我们认为,基于简化的合理运算集合的方法可能为构建通用协同仿真框架提供很好的方案。

ODE 的有效集成还需使用自适应步长的数值积分器,调整步长以将误差控制在一定范围内。惯常的求解器会调整采样率,当任何一个方程式的求解结果超过最大允许误差时,应改变积分步长(Epperso,2002)。这类积分器是同步的,因为所有方程积分都有相同(尽管可变的)的时间步长。我们将在后续 HyFlow 形式化方法介绍中描述两类数值积分器。

5.4.1 指数积分器

常见的数值积分器,例如 Adams 和 BDF,都是基于多项式插值的。指数时间差分(ETD)方法采用了另一种方法,针对 ODE 的线性部分使用精确解(Cox 和 Matthews, 2002)。与传统的集成器相比,ETD 方法具有多个优点,包括对于集成刚性 ODE,也可以使用大步长。ETD 方法考虑由线性部分和非线性部分组成的 ODE,其形式为

$$y' = cy + F(x(t), y), \quad y(0) = y_0$$

式中:F 是非线性函数。$t \in [0, T]$ 的精确解已在 Cox 和 Matthews(2002)的相关论文中给出,如下:

$$y(t) = y(0)e^{ct} + e^{ct} \int_0^t e^{-ct} F(x(\tau), y(\tau)) d\tau$$

对于数值积分,需要 F 的近似。考虑一个具有固定步长 T 的积分器,F 的零阶近似的求解已在 Cox 和 Matthews(2002)的相关论文中给出,如下:

$$y_{n+1} = y_n e^{cT} + \frac{e^{cT} - 1}{c} F(x_n, y_n)$$

在固定步长 T 下的零阶 ETD 的 HyFlow 表示为

$$M_x = (X, Y, P, P_0, \rho, \omega, \delta, \Lambda_c, \lambda_d)$$

式中:$X = \mathbb{R} \times \mathbb{R}$;

$Y = \mathbb{R} \times \{\phi\}$;

$P = \{(\alpha, x, y) | \alpha, x, y \in \mathbb{R}\}$;

$P_0 = \{(0, 0, y_0) \in P\}$;

$\rho(\alpha, x, y) = \alpha$;

$\omega(\alpha, x, y) = \infty$;

$\delta(((0, x, y), h), (x_c, x_d)) = (T, x_c, y)$;

$\delta(((\alpha, x, y), h), (x_c, x_d)) = \left(\alpha, x_c, ye^{ch} + \frac{e^{ch} - 1}{c} F(x, y)\right)$,其中 $h = h_{std}$;

$\Lambda_c((\alpha, x, y)h) = ye^{ch} + \frac{e^{ch} - 1}{c} F(x, y)$,其中 $h = h_{std}$;

$\lambda_d(\alpha, x, y) = \phi$。

该模型指定一个初始值 $\alpha = 0$,因此它在仿真开始时对输入值进行采样。开始后,

将采样周期设置为 T。可通过离散流来修改采样间隔,通常代表输入的不连续性。ETD 连续流输出是由连续输出函数 Λ_c 描述的指数函数。可以采用异步速率对 ETD 积分器进行采样,从而易于实现与其他 HyFlow 模型的组合。5.4.3 小节将给出一个显示 ETD 集成器用法的示例。接下来,我们将提供几何积分器的描述。

5.4.2 几何积分器

在大多数常见的建模和仿真工具中,普遍的规则是将任意阶 ODE 映射到一阶 ODE 系统中(Fritzson,2015)。在仿真系统(例如某些能量守恒系统)中,该方法无法产生精准的结果,在这些系统中,求解特征只能经历漫长的时间后才能观察到(Hairer 等,2003)。例如,在涉及天体力学的系统中,诸如行星进动之类的特性可能需数百年的仿真来表征。CPS 的研究,就像在太阳系中移动的太空探测器一样,长时间进行仿真时也需要精确的模型。

由于基于分解的传统方法不能代表能量守恒系统,因此 Hairer 等提出了直接表达高阶 ODE 的方法(2005)。接下来,我们描述几何 ODE 的 HyFlow 表达。鉴于二阶 ODE:

$$y'' = f(x(t), y), \quad y(0) = y_0, \quad y'(0) = v_0$$

并使用变量 $v = y'$,用方程式描述固定步长 T、二阶 ODE、二阶多项式逼近、几何积分器(Swope 等,1982),即

$$y_{n+1} = y_n + hv_n + \frac{1}{2}h^2 f_n$$

$$v_{n+1} = v_n + \frac{h}{2}(f_n + f_{n+1})$$

考虑 $y'' = f(x(t), y)$,则几何积分器的 HyFlow 模型为

$$M_\Gamma = (X, Y, P, P_0, \rho, \omega, \delta, \Lambda_c, \lambda_d)$$

式中: $X = \mathbb{R} \times \phi$;

$Y = \mathbb{R} \times \phi$;

$P = \{(\alpha, y_n, v_n, f_n) \mid \alpha, y_n, v_n, f_n \in \mathbb{R}\}$;

$P_0 = \{(0, y_n, v_n, f_n) \in P\}$;

$\rho(\alpha, y_n, v_n, f_n) = \alpha$;

$\omega(\alpha, y_n, v_n, f_n) = \infty$;

$\delta(((\alpha, y_n, v_n, f_n), e), (x_c, x_d)) = \left(T, y_{n+1}, v_n + \frac{1}{2}e_{std}(f_n + f_{n+1}), f_{n+1}\right)$,其中,

$y_{n+1} = y_n + e_{std}v_n + \frac{1}{2}e_{std}^2 f_n$, $f_{n+1} = f(x_c)$;

$\Lambda_c((\alpha, y_n, v_n, f_n), e) = y_n + e_{std}v_n + \frac{1}{2}e_{std}^2 f_n$;

$\lambda_d(\alpha, y_n, v_n, f_n) = \phi$。

递归由转移函数 δ 计算,采样周期 T 由函数 ρ 指定。初始采样周期设置为 0,因此

相关组件可读取输入并计算 f 的初始值。输出流量由函数 Λ_c 提供的二次多项式给出。鉴于可通过函数 ρ 来调整采样率,HyFlow 还可表示可变采样几何积分器(Hairer 和 Soderlind,2005)。在下一小节中,我们将提供一个使用几何积分器模型组合的一个示例。

5.4.3　模型的可组合性

层级化的和模块化的表达提供了一种描述复杂 CPS 的强大方法。基于分解的"分而治之"策略降低了复杂性并促进了模型的重用。从此,复杂的系统可由易于开发的简单模型所组成。此外,分解促进了模型库的建立,使复杂的系统可通过预先存在的组件的组合来表示。因此,模块化表达促进了复杂 CPS 的更快速的设计/测试流程。此外,层级化模型使复杂的网络可作为基本模型来处理,从而进一步增强了我们处理复杂性的能力。HyFlow 提供了对 5.3 节中所述的层级化的和模块化模型的全面支持。给定形式化方法语义(Barros,2008),还支持层级化协同仿真,使复杂的系统可以由独立开发的模型组合的网络表达,同时保证模型的封装和知识产权。作为 HyFlow 模型可组合性的一个案例,我们考虑一个简单的 LC 电路,其电感 L 和电容 C 连接到电压源 $v(t)$,如图 5.4 所示。电容器电压 $u(t)$ 的描述为

$$u'' = \frac{v - u}{LC}$$

电路电流 $i(t)$ 由下式给出:

$$i = Cu'$$

由于电路没有耗能元件(电阻器),因此它成为二阶能量守恒系统。5.4.2 小节中描述的几何积分器提供了一个很好的方案。

为了进行仿真,我们考虑一个电容 $C = 1$ mF,电感 $L = 1$ mH 的电路。将输入电压定义为由方波信号 $\{-5 \text{ V}, 5 \text{ V}\}$ 通过积分运算而得到的三角形信号,其中半周期为 $0.006\ 28$ s。该电路如图 5.4 所示。

电路的 HyFlow 网如图 5.5 所示,其中方波信号 s 是由脉冲积分器 π 通过积分运算而产生的三角形波形。HyFlow 网络的定义如下:

$$C = \{s, \pi, u\}, \quad I_\eta = I_s = \{\ \}, \quad I_\pi = \{s\}, \quad I_u = \{u, \pi\}$$

$$F_\pi(s_c, s_d) = (x_c, x_d), \quad F_u((u_c, u_d), (\pi_c, \pi_d)) = \left(\frac{\pi_c - u_c}{LC}, \pi_d\right)$$

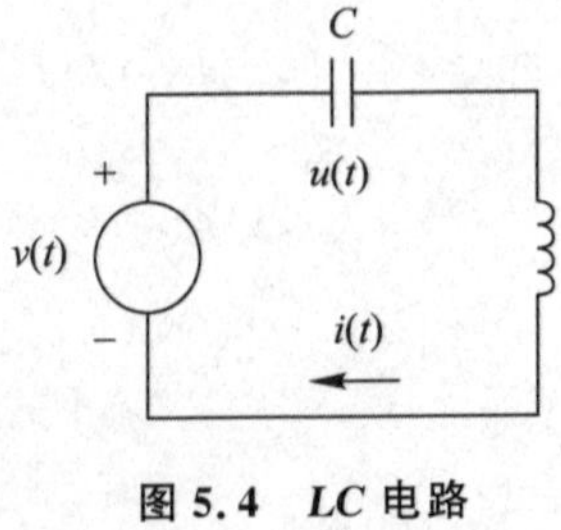

图 5.4　LC 电路

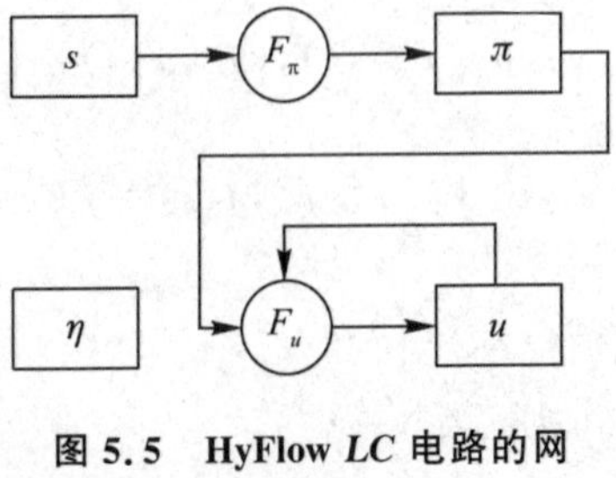

图 5.5　HyFlow LC 电路的网

u 使用 π 产生的离散流，并作为信号不连续性的信息。图 5.6 给出了 0.1 s 周期的仿真结果，该图绘制了电容器的电压和电流。

几何积分器是基于采样的模型，而方波发生器和脉冲积分器都是基于事件的模型。但是，HyFlow 可无缝集成这些模型，而无需对它们的内部行为进行任何假定，从而显示出形式化方法的组合和接口的适应能力。因此，HyFlow 可支持多种模型的协同仿真（Barros，2016）。

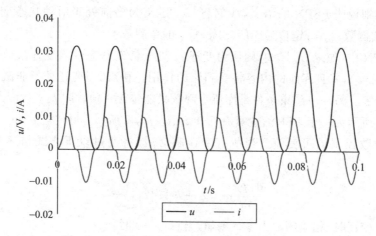

图 5.6　三角形输入电压对应电容的电压和电流值

Barros（2016）的相关论文中提供了一个更加复杂的 HyFlow 模型可组合的案例，其中描述了涉及无人机、机载扫描雷达和追踪器的防务方案。此案例使用 HyFlow 动态拓扑更新 2D 空间中移动实体之间的通信链路，以及使用导航数字控制器设置追击的航迹。

我们认为 ODE 是同构的模型范式，常用的方法是使用单个数值积分器将一组 ODE 映射到原子模型中（Fritzson，2015）。正如上所述，不同积分器的组合能力是表达复杂系统的基础，例如，出于精确性或刚度的原因，需要将特定的数值方法附加到模型上。多范例方法无法识别这一问题，它主要解决规范层级的问题，隐含地假设一个底层模拟计算机，其中数值积分器是理想的/无误差的。但是，实际的挑战是形式化方法，就像 HyFlow 一样，它可在数值层级实现互操作性，因为仿真是由数字计算机执行的，而数字积分器则无法进行抽象。

在下一章节中，我们将提供流形随机 Petri 网的 HyFlow 模块化表达形式，扩展 Petri 网建模形式，使其可描述混合系统。

5.5　流形随机 Petri 网

HyFlow 可用于表达其他模型或范例。当开发出一种表达方式时，新创建的元素就可与其他 HyFlow 模型进行组合，从而有效地实现多范式的 M&S。例如，我们接下来讨论的流形随机 Petri 网(FSPN)的 HyFlow 表达方式(Trivedi 和 Kulkarni,1993)。Petri 网被广泛用于建模、仿真、验证和分析。最初,它是为研究离散系统而创建的,并已开发了许多的扩展形式,使其能够描述各种各样的系统(David 和 Alla,2010)。特别是,引入了 FSPN,可描述具有大规模令牌数量的混合系统,因为每个令牌的显性化表达,使离散的 Petri 网难以分析及进行时间仿真。使用流形来近似,对于由实数表示的令牌,其数值可由分段恒定的速率所控制。

为了详细说明 FSPN 的语义,我们将 $|t_k|$ 定义为当前处于活动状态变迁(transition)t_k 的实例数,$|p_k|$ 定位为库所(place)p_k 的令牌数。

在 FSPN 中,如果 $|t_k| > 0$,则认为变迁 t_k 处于活动状态。当变迁激活时,将启用对应的流(flow),并且库所的内容将受到流的作用。相反,当变迁处于非激活状态时,相应的流为零。另一个约束条件是库所令牌数只能包含正值,即 $|p_k| \geq 0$。

图 5.7 所示为一个 FSPN,它具有变迁 t_0、t_1、t_2,库所 p_0,恒定流 a 和 b,以及变迁 t_2 中受令牌数控制的可变流。当所有变迁激活后,将通过以下方式描述库所 p_0 的内容:

$$\frac{\mathrm{d}|p_0|}{\mathrm{d}t} = a + b - |t_2| \cdot c$$

当禁用某一变迁时,相应的流为零。例如,当 $|t_0| = 0$ 时,

$$\frac{\mathrm{d}|p_0|}{\mathrm{d}t} = b - |t_2| \cdot c$$

FSPN 可支持使用离散语义和连续语义来表达系统。如图 5.8 所示的 FSPN 中,制造系统模型中涉及 N 个机器,加工处理以(指数)速率 μ 进行,机器以(指数)速率 λ 进入维修状态。实体以速率 a 进入系统,并以速率 $|t_1| \cdot d$ 处理;待生产的实体初始数量由 L 给出,并且最初时所有机器都可用,$|t_1| = N$。按照前面给定的语义,$|t_1|$ 表示可用于生产的机器数,$|t_2|$ 表示进入维护状态(不工作)的机器数。

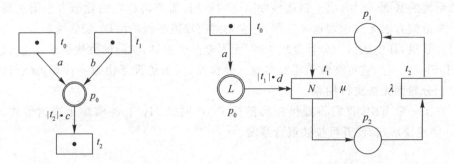

图 5.7　具有可变速率 $|t_2| \cdot c$ 的 FSPN　　　图 5.8　表示机器维修的 FSPN

FSPN 的 HyFlow 描述中需要几类模型(Barros,2015),离散的库所用于存储(离散)令牌;储库(Reservoir,连续库所的收容器)用于集合输入流。鉴于 FSPN 限定于分段的恒定流,储库具有分段的线性输出,就可用 5.3.2 小节中定义的脉冲积分器来描

述。如果可同时激活多个变迁,则必须由冲突管理器来决定实际发生的变迁,因为触发某一变迁时,它会禁用其他竞争相同资源(令牌)的变迁。在 Petri Net 中,需要一个附加组件来表示变迁,一个变迁可调度多个实例来完成。图 5.9 的 HyFlow 动态拓扑网络表示变迁,在一组令牌中触发的每个调度都由延迟模型表示。在结束时,延迟被移除,相应的令牌释放到 Petri 网。这 4 个模型可以用来表达任意的 FSPN,而 FSPN 的特点是不能表达成一个大型的单一整体模型,但可建模为模块化网络组件,具有明确的组合和耦合关系。

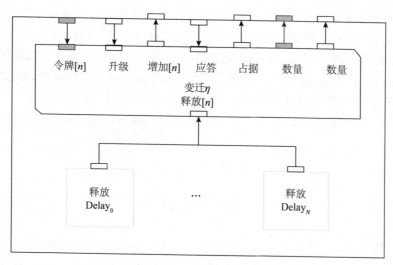

图 5.9 FSPN 变迁的模块化表达

尽管可通过转换工具将 FSPN 映射为 HyFlow,但也因为模块化的缘故,也可以手动进行映射,而不会带来创建建模工具的代价。HyFlow 模块化方法的另一个益处是,开发用来创建 FSPN 4 个组件可定义新的形式化方法,其中可将它们当作构建块。例如,如果我们放宽分段常数流的约束,则可使用另一个积分器来定义扩展 FSPN,如5.4.1 小节中描述的指数时间差分(ETD)。此外,假定这 4 个节点是 HyFlow 模型,则可将它们与任何其他 HyFlow 模型无缝组合以表达复杂的系统,而无需参考任何特定的建模范式。Barros(2012)还开发了一种表示随机化学反应网络(SCRN)的模块化方法,其中开发了 3 个 HyFlow 模型以描述生物分子化学反应。如果需要,可轻松地组合FSPN 和 SCRN HyFlow 模型来创建新的范式。

FSPN 的 HyFlow 模型支持 5.3 节中所表达的推测,即支持不同范式中描述的模型组合的关键方面,能够开发具有明确语义的统一形式化方法,实现模型的互操作能力。复杂的赛博物理系统的 M&S,通常需要基于不同建模范式的表达,这种多范式方法使专家可面向每个领域使用最适当的形式化方法来创建模型。研究所面对的挑战是定义一个框架,在此实现不同形式化方法的沟通。HyFlow 提供了一个良好的框架,支持 5.4 节中所述的不同数值积分器以及 FSPN 等形式化方法。另外,还需要开发其他形式化和数值方法的 HyFlow 表达形式,从而为通用的 M&S 框架提供支持。

5.6 结 论

　　HyFlow 形式化方法提供了一种统一表达基于采样和离散事件系统的方法。HyFlow 网络确保模型的模块化，从而能够对混合系统进行协同仿真。HyFlow 表示连续信号的能力，为描述数值积分器提供了框架，而数值积分器是计算微分方程解的基本构建块。由于积分器是 HyFlow 基本模型的实例，因此可将它们无缝组合在需表达使用不同数值方法的复杂系统中。HyFlow 支持其他范例的协同仿真，包括流形随机 Petri 网。我们的结果指出了 HyFlow 形式化方法的一般性及其描述各种建模范例的能力。HyFlow 提供了一种表达多种范例的新方法，并未将模型视为异构模型，而是提出了一个统一的视图，其中将所有模型都视为同一基本模型的特定实现。在未来的工作中，我们计划开发其他形式化方法的 HyFlow 表达形式，扩展用于描述复杂赛博物理系统的模型集合。

参考文献

［1］Barros F.（2000，March 6-8）. A framework for representing numerical multirate integration methods. In H. Sarjoughian, F. Cellier, M. Marefat, & J. Rozenblit（Eds.）, AI, Simulation and Planning in High Autonomy Systems, Tucson, AZ, USA.

［2］Barros F.（2002）. Towards a theory of continuous flow models. International Journal of General Systems, 31(1), 29-39.

［3］Barros F.（2003）. Dynamic structure multiparadigm modeling and simulation. ACM Transactions on Modeling and Computer Simulation, 13(3), 259-275.

［4］Barros F.（2005, April 4-7）. Simulating the data generated by a network of track- while-scan radars. In Proceedings of the 12th Annual IEEE International Conference on Engineering Computer-Based Systems（pp. 373-377）. Greenbelt, MD, USA.

［5］Barros F.（2008）. Semantics of discrete event systems. In R. Baldoni, A. Buchmann, & S. Piergiovanni（Eds.）, Distributed Event-Based Systems, Rome, Italy, 1-4 July, ACM International Conference Proceeding Series（Vol. 332, pp. 252-258）. ACM.

［6］Barros F.（2012, December 9-12）. A compositional approach for modeling and simulation of bio-molecular systems. In Winter Simulation Conference（pp. 2654-2665）. Berlin, Germany.

［7］ Barros F.（2015）. A modular representation of fluid stochastic petri nets. In Symposium on Theory of Modeling and Simulation，San Diego：SCS Publishing.

［8］ Barros F.（2015）. Asynchronous，polynomial ode solvers based on error estimation. In F. Barros，M. Hwang，H. Prähofer，& X. Hu（Eds.），Symposium on Theory of Modeling and Simulation，Alexandria，VA，USA，12-15 April（pp. 115-121）. Red Hook，NY：Curran.

［9］ Barros F.（2016）. On the representation of time in modeling & simulation. In T. Roeder，P. Frazier，R. Szechtman，E. Zhou，T. Huschka，& S. Chick（Eds.），Winter Simulation Conference. 11-14 December，Arlington，VA，USA（pp. 1571-1582）. Piscataway，NJ：IEEE.

［10］ Barros F.（2016）. Modeling mobility through dynamic topologies. Simulation Modelling Practice and Theory，69，113-135.

［11］ Barros，F.（2016）. A modular representation of asynchronous，geometric solvers. In F. Barros，H. Prähofer，X. Hu，& J. Denil（Eds.），Symposium on Theory of Modeling and Simulation，Pasadena，CA，USA，3-5 April. San Diego：SCS Publishing.

［12］ Barros F.（2017）. Chattering avoidance in hybrid simulation models：A modular approach based on the hyflow formalism. In Symposium on Theory of Modeling and Simulation. San Diego：SCS Publishing.

［13］ Barros F.（2018，December 9-12）. Composition of numerical integrators in the hyflow formalism. In Winter Simulation Conference，Gothenburg，Sweden.

［14］ Bastian J，Clauß C，Wolf S，et al.（2011，March 20-22）. Master for co-simulation using FMI. In Proceedings of the 8th Modelica Conference，Dresden，Germany.

［15］ Bonilla J，Yebra L，Dormido S.（2012）. Chattering in dynamic mathematical two-phase flow models. Applied Mathematical Modelling，36，2067-2081.

［16］ Burns A J，Kopp R E.（1961）. Combined analog-digital simulation. In Proceedings of the December 12-14，1961，Eastern Joint Computer Conference：Computers - Key to Total Systems Control，AFIPS'61（Eastern）（pp. 114-123）. New York，NY，USA：ACM.

［17］ Cox S M，Matthews P.（2002）. Exponential time differencing for stiff systems. Journal of Computational Physics，176，430-455.

［18］ David R，Alla H.（2010）. Discrete，Continuous，and Hybrid Petri Nets. Heidelberg：Springer.

［19］ Epperson J F.（2002）. An Introduction to Numerical Methods and Analysis. New York：Wiley.

［20］ Fritzson P.（2015）. Principles of Object-Oriented Modeling and Simulation with

Modelica 3.3: A Cyber-Physical Approach (2nd ed.). Piscataway, NJ: IEEE Press, Wiley-Interscience.

[21] Goldblatt R. (1998). Lectures on the Hyperreals: An Introduction to Non-standard Analysis. Number 188 in Graduate Texts in Mathematics. New York: Springer-Verlag.

[22] Hairer E, Lubich C, Wanner G. (2003). Geometric numerical integration illustrated by the störmerverlet method. Acta Numerica, 26(6), 399-450.

[23] Hairer E, Lubich C, Wanner, G. (2005). Geometrical Numerical Integration: Structure-Preserving Algorithms for Ordinary Differential Equations. Number 31 in Springer Series in Computational Mathematics (2nd ed.). Berlin: Springer-Verlag.

[24] Hairer E, Soderlind G. (2005). Explicit, time reversible, adaptive step size control. SIAM Journal of Scientific Computation, 26(6), 1838-1851.

[25] Henzinger T. (1996, July 27-30). The theory of hybrid automata. In Proceedings of the 11th Annual IEEE Symposium on Logic in Computer Science (pp. 278-292). New Brunswick, NJ, USA.

[26] Hochbruck M. (2010). Exponential integrators. Acta Numerica, 19, 209-286.

[27] Johansson K H, Egerstedt M, Lygeros J, et al. (1999). On the regularization of zeno hybrid automata. Systems and Control Letters, 38, 141-150.

[28] Kuhl F, Weatherly R, Dahmann J. (1999). Creating Computer Simulation Systems: An Introduction to the High Level Architecture. Upper Saddle River, NJ: Prentice Hall.

[29] Neema H, Gohl J, Lattmann Z, et al. (2014, March 10-12). Model-based integration platform for fmi co-simulation and heterogeneous simulations of cyber-physical systems. In Proceedings of the 10th International Modelica Conference (pp. 235-245). Lund, Sweden.

[30] Praehofer H. (1991). System Theoretic Foundations for Combined Discrete-Continuous System Simulation (PhD thesis). University of Linz.

[31] Sterman J. (2001). System dynamics modeling: Tools for learning in a complex world. California Management Review, 4, 8-25.

[32] Swope W, Andersen H, Berens P, et al. (1982). A computer simulation method for the calculation of equilibrium constants for the formation of physical clusters of molecules: Application to small water clusters. Journal of Chemical Physics, 76(1), 637-649.

[33] Sztipanovits J. (2007, March 26-29). Composition of cyberphysical systems. In Proceeding of the 14th Annual IEEE International Conference and Workshops on the Engineering of Computer-Based Systems (pp. 3-6). Tucson, AZ, USA.

[34] Tripakis S. (2015, July 19-23). Bridging the semantic gap between heterogeneous modeling formalisms and FMI. In Embedded Computer Systems: Architectures, Modeling, and Simulation (pp. 60-69). Samos, Greece.

[35] Tripakis S, Stergiou C, Shaver C, et al. (2013). A modular formal semantics for ptolemy. Mathematical Structures in Computer Science, 23, 834-881.

[36] Trivedi K, Kulkarni V. (1993). FSPNs: Fluid stochastic Petri Net. In Application and Theory of Petri Nets, Lecture Notes in Computer Science (Vol. 691, pp. 24-31). Springer Verlag.

[37] Vangheluwe H, de Lara J, Mosterman P J. (2002). An introduction to multi-paradigm modeling and simulation. In F. Barros & N. Giambiasi (Eds.), AI, Simulation and Planning in High Autonomy Systems, 13-17 April, Lisbon, Portugal (pp. 9-20). IEEE.

[38] Zeigler B. (1984). Multifaceted Modelling and Discrete Event Simulation. San Diego: Academic Press.

[39] Zeigler B, Lee J S. (1998). Theory of quantized systems: Formal basis for DEVS/HLA distributedsimulation environment. In A. Sisti (Ed.), Enabling Technology for Simulation Science II, volume 3369 of SPIE, Orlando, FL, USA, 13-17 April (pp. 49-58). SPIE.

第6章 基于模型的体系工程权衡分析

Aleksandra Markina - Khusid,Ryan B. Jacobs 和 Judith Dahmann

MITRE 公司,美国弗吉尼亚州麦克莱恩市

6.1 概 述

当今,社会能力日益需要基于系统和系统元素的组合,由此提供应对跨越多个领域的挑战的聚合功能。随着这些组合系统的扩展和适应,其固有的复杂性给系统工程方法的应用带来了各种挑战,从而方法已成为系统工程学科的重要标志。系统工程的核心是权衡分析——使用客观的方法,针对系统目标来评估系统架构和系统组件的各种可选方案。当今的系统工程界已意识到,许多复杂组织体的成功取决于我们有效的推理和充分利用体系(SoS)功能的能力,从而增强应对这些挑战的能力。本章首先回顾了体系(SoS)与其他组成的系统、赛博物理系统(CPS)和物联网(IoT)之间的关系。当我们认识到 CPS 代表着一类 SoS 时,便可利用体系工程(SoSE)提供的丰富知识体系,探索应对 SoS 权衡分析的挑战。其次,本章介绍了一系列有助于应对这些挑战的方法。特别是,本章介绍了基于模型的工具在 SoS 架构表达和分析中的应用,以 SoS 权衡空间分析为基础来开发面向系统目标的系统方法,以及使用轻量级分析方法来管理大型 SoS 复杂性的方法,并为更详尽的权衡分析方法界定那些具有前景的选型。[①]

6.2 体系、赛博物理系统和物联网

Henshaw 曾在其论文(de C Henshaw,2016)中指出:

本文……对照比较 SoS、CPS 和 IoT 的概念……这样做的目的是为了理解其对系统工程师的影响,首先要认识到,它们不仅是同一事物的不同的时髦用语,而且是适用于与工业复杂系统类型相关的有效视角和构造。

为了理解这类组合系统之间的关系并描述每种系统的特征,它们之间的关系如

---

① 本章汇集了 MITRE 系统工程技术中心体系(SoS)和基于模型的在工程(MBE)能力领域开展的研究工作,这些工作直接来自于 INCOSE 国际研讨会和 INCOSE INSIGHT 介绍的文献、IEEE 系统和航空航天会议以及美国国防工业协会年度系统工程的会议。作者感谢 MITRE SoS 研究团队的贡献,包括 Tom Wheeler、Janna kamenesky 以及系统工程技术中心的技术人员。

图 6.1 所示。

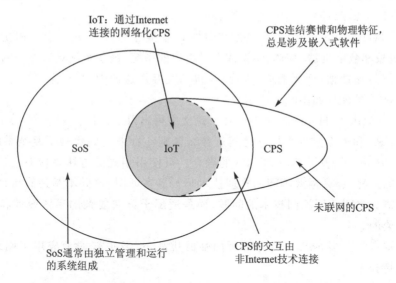

图 6.1　SoS、CPS 和 IoT 三者之间的关系(de C Henshaw,2016)

　　国际标准化组织(ISO)给出的 SoS 定义(ISO 2018)为:SoS 是一组相互交互的系统,用以提供其组成系统独自无法实现的独特的功能。

　　在当今高度互联的世界中,我们周围存在的 SoS 涉及各行业和领域。尽管每个域内的 SoS 都可能有其独特的变体,但已识别的 5 个关键特征可表明系统与 SoS 的明确区别,包括:组成系统的运行独立性、组成系统的管理独立性、地理分布性、演化发展和涌现行为(Maier,1998)。其中,上述的最后一项测度是涌现行为,这一点更为重要,超越系统的功能正是 SoS 要实现的"独特功能"。

　　美国国家标准学会将 CPS 描述为:CPS 可描述为包含计算组件(即硬件和软件)和物理组件,是通过无缝集成和紧密交互来感知现实世界变化状态的智能系统。这些系统在众多时间和空间的尺度上都具有高度的复杂性并由高度网络化通信所集成的计算组件和物理组件组成(NIST 2013)。

　　与 SoS 一样,CPS 是组合的系统,其中具有嵌入式组件或联网的组件,在这种情况下 CPS 是 SoS 的特例。Henshaw 在 Acatech(2011)阐述基本立场的论文中,进一步清楚地定义了 CPS 并表明了这样的关系:CPS 是具有嵌入式软件的系统(可作为设备、建筑物、运输工具、运输路线、生产系统,医疗过程、协调流程和管理流程的一部分),其中:

　　第一,使用传感器直接记录物理数据,并使用执行器作用于物理过程;

　　第二,评估和保存所记录的数据,并在物理和数字世界中进行主动的互动;

　　第三,通过数字通信设施(无线的和/或有线的、本地的和/或全球的)连接在全球网络中;

　　第四,具有一系列专用的多个模态的人-机界面。

　　上述的第三点强调了 CPS 组件之间的联网,建立在 Brook 对 SoS 广泛定义的基础上。SoS 是"由其所组成的系统,在其生命周期中某个时刻耦合而产生的(译者注:更大的)系统"(Brook,2016)。CPS 是一类 SoS。

最后,TechTarget,(2016)在其论文中将 IOT 描述为:IoT 是一个由相互关联的计算设备、机械和数字机器、物体、动物或人员组成的系统,这些系统具有唯一的标识并能够通过网络传输数据,而无需人-人或人-机的交互。这使 IOT 成为网络化 CPS 的子集,因此,这一类 SoS 如图 6.1 所示。

Henshaw(de C Henshaw,2016)在其论文中得出以下结论:

SoS、CPS 和 IoT 这 3 个概念之间有什么区别?看来它们代表了复杂系统问题的不同部分,但 IoT 代表了 SoS 和 CPS 的融合。可使用相同的方法来应对它们,但还是存在根本的差异,那么需要不同的管理技术吗?事实证明,这并不是最有价值的问题:不是 3 个概念之间使用不同技术的问题,**而是适配于日益复杂的系统设计和运行 SoS 技术所需要的。**

下面本章将介绍 SoS 权衡分析所面临的挑战,以及更普遍地应用于网络和互连 CPS 的支持技术。

6.3　体系权衡分析的挑战

SoS 和联网的 CPS 的特性会引发在系统层级通常不会遇到的系统工程挑战。其结果是,体系工程(SoSE)实践帮助应对了特定的 SoS 挑战。美国空军科学顾问委员会将 SoSE 正式地定义为"一个规划、分析、组织和集成现有系统和新系统的功能的流程,从而达到体系能力大于各个组成部分能力之和"(美国空军科学顾问委员会,2005)。SoSE 的应用,与更一般的 SE 一样,基于 SoS 组合以及 SoS 演进的能力进行选择和权衡分析,以满足不断变化的需求。正如本节将要讨论的那样,包括网络 CPS 在内的 SoS 的特性,将给 SoS 的权衡分析带来挑战。

关键挑战来源于 SoSE 流程与典型 SE 方法的不同之处。INCOSE 的 SoS 工作组识别出了 SoS 的与系统工程相关的 7 个关键挑战,称为"SoS 痛点"(INCOSE 2018)。这些痛点是 SoS 工作组与 SoS 实践团队共同确定的,并已在 INCOSE 系统工程手册(2015 年版本)中详细描述,如图 6.2 所示。

SoS 管理方。SoS 系统的管理独立性以及在 SoS 层次上对组成系统的有限权限,提供了 SoS 顶层权衡分析的约束。SoS 中管理权限关系范围可按 SoS 类型进行描述,如表 6.1 所列。所有这些类型的划分依据对于组成部分的自主权,特别是因为在大多数情况下它们将独立于 SoS 向用户独立地提供价值。如果不存在高层的权限控制,就需要针对各个系统的变更进行协商。这可能意味着,由于各种的原因,最佳技术解决方案可能无法为各个组成系统接受,但 SoS 有效地确定了切实可行的选项。面对这样的权衡空间的分析,人们会有很大的压力,需要考虑更为广泛的选项,并通过权衡同时满足组成系统和 SoS 的需要。

SoS管理方
SoS中有效的协同模式
是什么?

领导力
有效的SoS领导的角色和特征
是什么?

能力和需求
SE如何应对SoS的
能力和需求?

组成系统
集成组成系统的有效
方法是什么?

测试、验证和学习
SoS中SE方法如何验证、
测试以及持续学习?

自主性、互依赖性和涌现性
SE如何应对互依赖和涌现
行为的复杂性?

SoS原则
SoS系统思考的关键原则是什么?

图 6.2　体系的痛点(Dahmann,2014)

表 6.1　SoS 类型

类　型	说　明
指向型	为了达到特定目的,创建和管理 SoS,所组成的系统隶属于 SoS。组成系统保持独立运行的能力,但它们的正常运行模式受中央管理方掌控
认同型	SoS 具有确定的目标、指定的管理者和资源;然而,组成系统保留其独立所有权、目标、资金资助以及发展和维护保障方法。系统更改基于 SoS 和系统之间的合作协议
协同型	组成系统的交互或多或少取决于自愿,经协商达成集中的目的。核心的参与者共同决策如何提供或拒绝
虚拟型	SoS 缺乏一个中央管理方和经商定的 SoS 的集中目的。对于具有大规模涌现行为(可能是所期望的)的这类 SoS,必须依靠相对无形的机制来维护

来源:INCOSE,2018 年。

领导力。针对需要解决的问题,系统工程师必须能够超越纯粹的技术角色,倡导更广泛的选择方案,并为各个系统的所有者提供令人信服的证据,考虑超出其系统需求的预期改变。正如下面将要讨论的,基于模型的工程通常可提供关于大型 SoS 技术以及运行或业务背景环境的可视性工具,为达成更广泛背景的共识提供基础,并为跨系统和 SoS 的利益相关方开发共享的理解载体。

组成系统。SoS 通常由独立于 SoS 开发的组成系统(CS)构成。这些系统具有各自的目标,可能或不可能与 SoS 的目标保持一致。权衡分析必须从 CS 和 SoS 的角度考虑选择和权衡,因为特别是在组合发生变化的情况下,SoS 层级的权限有限。可从 CS 的角度进行分析,以了解 CS 在 SoS 中承担的其他责任,如何影响 CS 所支持的原始任务的能力。由此帮助 SoS 主管方理解对 CS 的要求,从而在变更请求时更好地告知所做的决定。

能力和需求。系统通常具有一组定义明确的需求,典型的 CS 更是如此,而 SoS 通常具有一组所需的能力目标而非需求。SoSE 面临的一个挑战是如何表述这些能力目标,并了解系统及其需求如何与这些目标相关联,并事实上支持这些目标。SoS 权衡分析建立在理解的基础上,确定用于增加或改变组成系统的需求,提高 SoS 满足目标的能力。

自主性、互依赖性和涌现性。将系统组合在一起来支持更广泛的功能,这为系统之间的交互带来新功能提供了机会,但同时也带来了非意料和非期望的风险,尤其是当组成系统本身就是复杂的系统时。系统变更作为增强 SoS 能力的选项,是评估时的重要考虑因素,确保在权衡分析中考虑到这些变更对系统或 SoS 的潜在影响。

测试、验证和学习。由于大多数 SoS 由现有系统所组成,因此 SoS 端到端测试和评估的传统方法面临着实际的挑战。由于缺乏对独立 CS、时间周期和财务约束以及不断演化基线的管理权限,因此需要采用其他方法来评估 SoS 更改的风险。一种更为合适的方法是在 SoS 生命周期关键点上予以应对,考虑 CS 对 SoS 的交互和影响的最大的风险区域(Dahmann,2012;Dahmann 等,2010)。通过构建 SoS 架构来进行功能划分,分析系统变更对其他系统和 SoS 的影响,可定位风险并提供有效的风险管理方法。因此我们需要使用权衡分析来确定最关键和最综合的测试活动,进而在 SoS 约束下实现更有效的测试。

由于 SoS 中包括的许多联网的 CPS 通常独立于 SoS 进行开发和部署并且持续演进,以满足其特定用户不断变化的需求,因此 SoS 的开发不同于典型的系统并影响 SoSE 的实施。SoS 波浪模型(Wave Model)[①]是当前 SoS 领域的系统工程方法之一(Cook,2016),反映了 SoSE 的演进本质。波浪模型的核心阐明了基于组成系统的变更来实现 SoS 功能改进的增量流程。该方法特别适用于认同类型的 SoS。在 SoS 中存在一定数量的跨组织权限来提升 SoS 功能,而不仅仅只是推进某些 CS。

在波浪模型中,随着 SoS 演进的推进,重复 4 个关键的步骤,如图 6.3 所示。这些步骤是:开展和继续 SoS 分析(图中第一行的活动),开发和演进 SoS 架构(图中第二行的活动),规划 SoS 更改(图中第三行的活动)以及实现 SoS 更改(图中第四行的活动)。由于 SoS 通常会随着时间的推移而变化,因此,在确定新的 SoS 需求并寻求更改以应对这些需求时,SoS 将重复执行这些步骤。在此过程中,SoS 权衡分析可支持 SoS 架构的开发和演化,并通过支持针对组成系统中的更改进行协作规划来支持 SoS 演化。

第一步,开展和继续 SoS 分析,着重于表明 SoS 的效能。在此,建立 SoS 的能力目标并评估来自 SoS 效能的数据。此处确定满足能力目标的 SoS 的差距或风险,并评估任何不足之处或风险的根本原因。在此步骤设置了权衡条件,在 SoS 中开展改进工作。

第二步,开发 SoS 架构,可识别和评估 SoS 变更的选项,解决在第一步中发现的差距或风险。此步骤确定了架构选项和通过 SoS 中元素的某种组合进行的权衡,包括添加或更新 CS、更改 CS 的使用方式或 SoS 运行中的其他更改。评估方案既包括系统性

[①] 关于波浪模型的参考,见 Dahmann 等(2011)发表的论文。

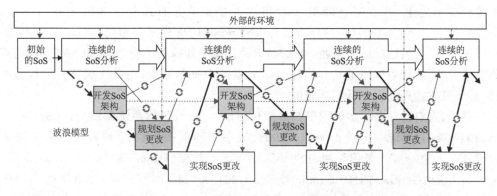

图 6.3　SoS 波浪模型（Dahmann 等，2011）

能等以技术为中心的考虑因素，也包括策略、技能和程序（TTP）等以运行为中心的权衡，并受到组成系统的制约。

前两个步骤中的活动形成一个迭代流程，结合现有的 SoS 基线来分析架构的更改。这包括明确阐述 CS 的视角，确保 SoS 层级的权衡（包括 CS 可行的选项），这些权衡分析会引发一组有关 SoS 架构更改的建议。

第三步，规划 SoS 更改。我们将采用这些建议，并考虑系统的组成因素，确定实施的优先级和实施计划。由于 SoS 的更改是组成系统的更改结果，因此其实施计划受到这些系统约束的驱动。其中包括各种 CS 的规划约束，因为通常每个 CS 都有自己的开发规划和计划，其重点放在系统的主要用户或客户上，这也会影响测试和评估计划，以确保对 CS 和 SoS 能力的信心。因为 SoS 通常是运行的，所以更改规划需要考虑与更改当前运行相关的风险。权衡分析可解决许多这样问题。例如，权衡可在规划中确定哪个 CS 在给定的时间点对应的变更中扮演着更为重要的角色。如果变更需要在 CS 离线时进行，则必须确保 SoS 在维护其功能能力的背景下来理解这些性能权衡的影响，这一点至关重要。为满足 CS 和 SoS 的性能，我们还可使用权衡来更好地评估哪些测试和评估选项是最关键的问题。

第四步，实现 SoS 更改。这些更改将反馈到连续的 SoS 分析阶段，在该阶段将不断更新 SoS 的基准，以便根据 SoS 的功能需求和驱动因素的变化来审查和评估可用的功能，其中一些更改原本就是来自 CS 的独立的更改。

6.4　基于模型的架构作为体系权衡分析的框架

当前，SE 领域特别推崇将基于模型的方法应用到系统工程中。国际系统工程委员会（INCOSE）（2014）将基于模型的方法作为 SE 转型以应对当今和未来复杂系统挑战的核心。如美国国防部等已经制定了相应的战略，促进了多个领域的系统工程转型。基于模型的策略，就像 DoD 的数字工程策略（DASD SE，2018），主要集中在系统工程的建模应用之上,并表明在降低成本和减少差错等方面具有巨大的优势(Hause, 2014)。Antul 等(2018)认为这些方法与应对 SoSE 的挑战紧密相关,并且是 SoS 权衡分析的关键:与系统层级的问题一样,MBE 使用基于计算机的模型,提供 SoS 架构的清晰表达方法;该模型作为定义和描述 SoS 元素的中央存储库,用以生成公共架构的视图,甚至可支持集成化分析工具的执行。

目前,人们已提出了多种用于 SoS 架构建模的语言,包括系统建模语言(SysML)、DoDAF/MoDAF 统一扩展框架(UPDM)、统一架构框架(UAF)和对象流程方法论(OPM)。一些研究人员倡导利用 SysML 进行 SoS 建模(Huynh 和 Osmundson, 2007; Rao 等,2008;Gezgin 等,2012;Lane 和 Bohn,2013)。Mori 等(2016)提出通过 SysML 扩展来描述 SoS 的 7 个视角或特征(Ceccarelli 等,2015)。其他研究人员提出专用的 SoS 定制的语言,例如先进体系综合建模(COMPASS)(Woodcock 等,2012)。另一个专用的架构语言示例是 SoS 架构描述语言(SosADL)(Oquendo,2016),旨在支持软件密集型 SoS 架构的形式化描述(Antul 等,2018)。尽管实践者就 CPS 建模尚未收敛于某一标准上,而是使用现有的标准语言,如统一建模语言(UML)和对象约束语言(OCL),但努力尝试创建特定领域的语言(Aziz 和 Rashid,2016)。

为了达成 SoSE 的目标,采用行业标准语言(例如 SysML)的 SoS 架构模型,研究人员提供了 SoS 架构的清晰的、结构化的、可执行的数字表达的形式(Dahmann 等,2017)。该模型可作为内部一致的 SoS 架构信息的统一存储库,包括 CS、SoS 层级和 CS 层级的需求、CS 行为、逻辑和物理接口、CS 之间的信息和控制流,这些信息支持 SoS 执行端到端的任务(OMG,2015)。架构的可执行表达促进了针对特定目标的仿真执行,例如验证一致的端到端运行和有效性评估。Tolk 等提供了适用于系统工程的仿真方法的概述,其中包括可执行架构的概念(2017)。

组成 SoS 架构且支持某些任务的系统,通常来自不同的专业领域,如防务 SoS、传感器、武器、平台和通信等。负责这些系统的各种组织,针对 SoS 提出了各自对应的各种视角。应用公共的 SoS 架构模型,为达成对 SoS 的共识以及系统在实现 SoS 能力目标中的作用提供了基础。Monahan 等(2018)认为,建立 SoS 模型的倡议正是彰显了 SoS 的领导力。

基于标准的建模方法,可为 SoS 工程师及其组成系统的工程师,提供跨系统的、独立于域的横向集成的视图,以及在 SoS 背景中预期如何使用。一个模型可表达 SoS 中系统之间相互关系的复杂性,并通过针对特定目的而建立的一致的、自定义的视图来满足众多利益相关方的需求。模型具有的特定性,可帮助理解系统行为、系统交互以及组成系统与 SoS 的所有者之间的接口等,以避免出现误解(Cotter 等,2017)。

随着多个利益相关方通过协同来建立模型,模型治理将必不可少。显而易见,SoS 主管机构的痛点是需要明确裁定哪些信息是权威的以及如何对其进行验证。如 Monahan 等指出:

- 现代的 SysML 建模工具支持模型的配置管理,可实现灵活地控制包级(package-level)模型的查看和编辑的权限。CS 所有者可提供其各自的系统规范,使其能够轻松地共享,并隐藏敏感和专有的信息,同时公开接口和相关的功能。

● Reymondet 等(2016)主张为复杂的工程组织建立正式的模型管理者角色,有效的模型管理人员可促进利益相关方达成关于模型目的、开发实践和组合指南的共同认识(Reymondet 等,2016)。对模型的综合管理还可向实践者提供模型可信度的保证,从而赢得利益相关方的更多支持。

尽管 SoSE 基于模型架构和权衡空间分析具有优势,但采用这种方法仍存在公认的挑战,并与 SoS 的特性有关。正如 Monahan 等所总结的,由于设计信息量巨大以及可选的架构选项也巨大,因此 SoS 利益相关方(包括 SoSE 主管机构和复杂 CS 的所有者)可能会是勉为其难地投入到基于模型的系统工程(MBSE)工作中。人们常常担忧,所付出的努力似乎不切实际而且难以承担。另一个问题是,所需要的或所期望的 CS 层级信息的可访问性。深思熟虑地界定 SoS 建模的范围,至少可缓解部分忧虑。Douglass(2015)指出,架构建模启动时,明确的目标极有可能为后续的成功赢得价值。因此,重要的是,确保 SoS 建模在启动后的适当时间内(最好是数个月)就能够开始得到回报。建模的范围可通过选择抽象层级、端到端流程数量以及关键的有效性测量来控制。建议从高层抽象的少量流程开始,迭代地进行建模工作,探索涉及几个关键的有效性测度(MOE)的权衡。应以端到端 SoS 性能的风险和差距的初步分析为指导,确定高保真度模型后续的进一步投入。

为什么如此困难?应使用哪些技术来应对挑战?基于模型的 SoSE 的关键使能器是有效开发大型复杂 SoS 架构模型的能力。SoS 可能是巨大的且包含许多系统,为每个任务架构开发模型框架所需要的时间可能会增加使用模型支持使命工程的启动成本。考虑使命的多样性以及利益相关方拥有的大量知识,很难通过收集所需的数据来理解大型 SoS 的当前状态。提供直观的工具,使利益相关方以其熟悉的方式共享知识,从而建立信心并加快知识的汇集,最后,直接自动地转换到模型,降低大型使命架构的启动成本,并减小出现错误或误解的可能性。此时,可应用两种技术,即"基础模型"和"CSV 导入器",论述应对这些挑战的方法可支持基于模型的 SoSE 架构,并以此作为 SoS 权衡分析的起点。

基础模型。可通过使用可复用的 SysML"基础模型"的模板,在开始建模过程中减少构建 SoS 架构模型所需的工作,并且基础模型与架构规模的大小无关。基础模型捕获关键功能的 SoS 架构信息,并允许建模者在派生模型中表达特定域的行为。通常,所有的效应链都涉及必须执行的一系列步骤而获得期望的结果。基础模型还为 SoS 结构元素提供通用状态机,其中结构元素由 SysML 的块表达。例如,状态机捕获"操作"、"暂停"和"非操作"等状态以及状态之间的转换。操作状态进而又分解为正常状态和降级状态。这些状态和转换几乎可广泛应用于所有的 SoS 元素,并且通过应用具有公共性的基础模型来减少建模的工作。在各个通用状态增加相关的行为细节,可捕获每个系统行为的具体内容。

作为一个案例,Antul 等(2018)创建了一个由 SysML 模型实现的基础模型,使用了 IBM 的 Rational Rhapsody for Developers 软件。由于这里的基础模型的预期用户域是针对 DoD 的使命分析,因此效应链的基础模型内容表达 DoD 的使命进程,其中包含 6 个作战活动:发现、锁定、跟踪、瞄准、交战和评估(F2T2EA),并与美国空军的典型"杀伤链"概念保持一致。与效应链之间的差异将体现在各种系统的类型中,并以 SysML 的块来捕获,每个块都有对应于一个或多个效应链的活动。为了确定在基础模型中应包括哪些系统类型,Antul 等审视了效应链的 MBE 模型,在其之前由其他多种建模方法开发。可以确定,DoD 效应链中的常见元素包括指挥官(CO)、指挥与控制(C2)、传感器、武器、平台和作战人员。任何效应链场景都将需要这些元素的一个或多个实例,而每个元素都将参与一个或多个 F2T2EA 的作战活动。所有系统类型都表示的是设备而不是人员施动者,其继承于抽象的 Device 块,针对所有的系统具有公共的高层行为。这些行为在状态机中捕获,包括非操作、操作、初始化和暂停等状态,其中操作状态又细分为正常子状态和降级子状态。在通用的状态中,可为每种系统类型进一步定义高保真的行为。例如,Sensor 抽象元素可扩展为雷达、摄像机或声学传感器等特定的特征。

在 MBE 工具中,基础模型旨在用作 SoS 架构的建模模板,从而减小创建或扩展 SoS 架构模型所需的工作量,如图 6.4 所示。在多个建模工作中,使用模板可确保 SoS 建模方法的一致性,从而利用建模工具的 API 支持软件的复用。例如,插件可作为 SysML 构造所捕获的信息并输入到架构分析工具中。

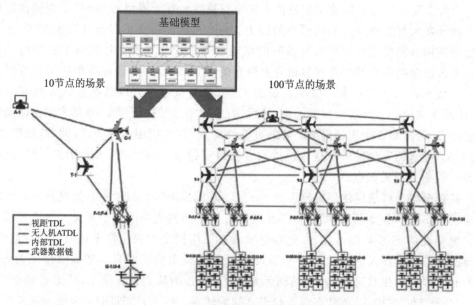

图 6.4 应用于不同尺度的基础模型(Albro 等,2017)

导入工具。促进将 SoS 连通性的信息集成到 MBE 工具中,从而加强运行(作战)领域专家(SME)、软件工程师和分析人员之间的耦合,如使用逗号分隔值(CSV)导入工具。SoS 的网络特性特别适合以矩阵的形式来表示,其中涉及将组成系统在行和列中标出,在单元格中表示它们的连接关系。例如 DoDAF SV-3(系统-系统矩阵),通常使用常见的电子表格工具(例如 Microsoft Excel)予以表示。

在 MBE 软件工具中,CSV 导入器工具支持分析人员将 SoS 架构的矩阵表示形式转换为 SysML 的形式。这种方法有两个好处:① 促进 SME 知识的转移,作战领域专家并不是 MBE 软件的用户;② SoS 元素之间链接自动创建,从而减少出错和建模的时间。

使用 CSV 导入器工具的工作流程如图 6.5 所示。当构建概念化的 SoS 架构时,分析人员可与 SME 一同协同工作,将架构内容编辑为邻接矩阵。矩阵单元格中可填 1 或 0,其中 1 表示两个系统之间存在着连接,而 0 则表示不存在连接。或可通过发布-订阅的数据交换模式发布单元格中的内容标题。当矩阵填充后,导入程序工具会自动创建矩阵中所表示的 SysML 元素。

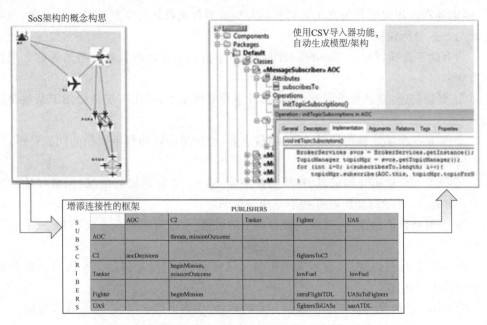

图 6.5　使用 CSV 导入器工具的工作流程(Albro 等,2017)

SoS MBE 架构建模为应对 SoSE 中的复杂性和权衡分析提供了基础。多个利益相关方共享相同的数据集,从而增进了对 SoS 架构的共识。这有助于揭示 CS 所有者对其他 CS 行为和能力所做出的隐性假设,并为对话提供基础。SoS 管理方的职责是促进 CS 所有者之间的对话。通过对任务进程的可执行验证和 CS 相关需求的分析,架构模型成为帮助管理复杂性的一种方式。MBE 模型还促进了有关架构权衡的推理;SysML 可使用参数图来表示 SoS 和 CS 范围内的权衡。此外,SysML 捕获的架构数据也具有可计算的特征,有助于将数据传输到轻量化分析方法中,识别出最有希望的选项以及更费时费力的 M&S 工具,从而支持更详尽的权衡分析方法。

6.5　建立体系目标和评估准则

在 Wave 模型的"初始和连续的 SoS 分析"步骤中,当评估当前的 SoS 架构以及架构可选方案时,必须首先确定评估准则。这些准则应反映决策者做出选择的重要推论,例如 SoS 效能、对组成系统的影响、成本、风险以及针对能力目标预期的有效性。

为了定义一套适当的评估准则,SoSE 团队应从利益相关方引出 SoS 的目标。定义不明确的目标可能会导致 SoSE 团队很难获取评估准则,最终导致带有错误的解决方案。SoS 的一个常见问题就是目标表述的模糊性,例如增加强韧性或其他特性。此外,应避免在使用建模和仿真工具时根据分析者偏好选择评估准则而量化的倾向,而不考虑与 SoS 目标保持一致。

为有助于选择目标,Gibson 等(2017)提出了适用于 SoS 和其他大型系统的 7 个详细步骤:

① 概括问题:概括分析问题,并将其置于背景环境中,确保不仅是聚焦于某些狭隘部分。

② 开发一个描述性的场景:描述当前态势,包括那些好的和不期望的问题特征,从而扩展和深化团队的理解。

③ 开发一个规范化的场景:描述解决方案运行时将会出现的情况,保留描述性场景的良好特征,并尽可能更改那些不期望发生的特性。

④ 开发有价值的组件:提取决策者确定的数值,而这有可能是不完整和/或矛盾冲突的。

⑤ 准备目标树:根据之前步骤中得到的目标和数值,在此创建一个图形化的目标和价值的表示方式。

⑥ 验证:评估来自前 5 个步骤所开发的产物,识别出那些遗漏、不一致等问题。

⑦ 迭代:贯穿整个分析流程,重复上述步骤,从而获得新的视角。

此迭代过程将产生一个经验证的目标树,有助于阐明和组织目标的集合。在 SoS 中,每个组成系统都有各自的利益相关方,而它们又都有各自的目标,由于其中有些目标可能与 SoS 的需求相冲突,因此需要平衡 CS 所有者与 SoS 之间的要求及取值。这将直接影响到 SoS 管理方的痛点(见图 6.2),在建立目标时,除了考虑 SoS 管理方之外,还要强调识别 CS 利益相关方的重要性。

作者发现利益相关方价值网络(SVN)分析工具非常有用,有助于理解利益相关方的状况,并针对他们的冲突目标进行推理(Cameron 等,2011)。SVN 是一种用于对利益相关方及其关系、关系的重要性进行建模的方法。这种关系称为价值流,表示两个利益相关方之间转移的各种事物,有助于他们开展行动和交互。这些价值流的重要性可从利益相关方得出,与利益相关方和关系的有关数据可构建包含各种元素的图形。利用利益相关方网络的图形表达,可基于图论的中心度的测度,从主要利益相关方的视角评估各个利益相关方的重要性。例如,在 SoS 背景中,主要利益相关方可能是管理方,而 CS 所有者和其他有影响力的组织可能是图中的其他利益相关方。这些利益相关方之间的价值流将包括策略、能力、数据、投资等。SoS 的简单 SVN 模型的概念化示例如图 6.6 所示。

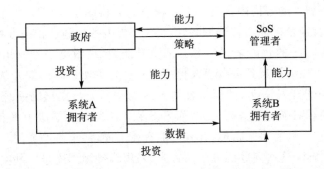

图 6.6　SoS 的简单 SVN 模型的概念化示例(Monahan 等,2018)

可使用 SysML 工具来构建 SVN 模型,并将其链接到 SoS 架构。例如,Sease 等(2018)提出了一种使用 SysML 构造开展的 SVN 建模,由此实现从利益相关方到其他架构方面的追溯(如评估准则和 CS 元素)。

一旦了解了利益相关方的全景,就能建立目标树。评估准则可直接从目标树中得出。如 Gibson 等的建议(2017),测度应该是可度量的、客观的、非相关的、有意义的和可理解的。当存在一系列合适的评估准则时,针对多目标进行权衡分析,通过 SVN 的分析结果就可确定上述评估准则的优先级。

6.6　评估可选的方案

当建立了 SoS 目标和测试以及采用模型方式表达 SoS 架构之后,这将针对分析提供不同的选项,但是 SoS 固有的复杂性和潜在的多样性的选项,给 SoS 的分析和权衡带来了更多的挑战。完全不同的架构备选方案以及概念选项中存在的潜在的众多选择,可能将产生非常巨大和复杂的权衡空间。

这里有几种方法可解决此问题。第一种方法是从开始就限定选择的数量,针对 SoS 组件的更改施加一定的约束条件。例如,基本上只是接受更改组成系统的某一组约束,并将可能的更改仅聚焦于系统所有方最有可能达成一致的区域,从而进一步给出选择约束,将可选方案限于系统本身从一开始就已同意的方案中。这是一个实用的策略,因它确实规避了 CS 自身不愿做出与其目标、发展规划不相符更改的风险。当然,可能会由于过度的限制而失去可能更有效的选项,如果组成系统的所有方了解到某些收益,则可能从一开始就比我们设想的更愿意做出改变。

对于大型复杂的 SoS,第二种方法是使用端到端功能流,将 SoS 划分为独立的片段,并在每个片段内进行权衡。这种分区的 SoS 架构具有许多优点。因为 CS 独立于

SoS 进行更改,所以构建 SoS 独立片段的优点可以保护 CS 和整个 SoS 免受某些 CS 更改所带来的意外影响,同时它还可帮助管理 SoS 规划的更改测试和风险缓解活动,限制更改影响从而限定这些更改所作用的 SoS 的测试范围。该策略依赖于片段的独立性,并且不考虑跨越不同片段的权衡分析,这可能会带来一些益处,但还未经彻底探究。

另一个需要加入的考虑因素是 SoS 权衡空间分析的不同维度的数量,并需要在权衡时予以解决,特别是在评估首选方案时,SoS 分析中各个利益相关方将会看重不同的考虑因素。依据 SoS 的效能来评估 SoS 的提升能力,在做出一个或几个 CS 更改的决定时,这个选择可能会扩展到需要更改更多的 CS,为实现 SoS 的提升从而导致多个 CS 中断或经历漫长的开发周期,甚至是整体 SoS 的中断。与典型的系统不同,只有一个所有者和一组相对明确的利益相关方,而 SoS 在 CS 和 SoS 层级上都各自拥有所有者和利益相关方,它们具有多个目标,并且可能有所不同,甚至是冲突的。

这里有几种解决这些问题的方法。首先,采用轻量级测度是一种实用的方法,从大量备选方案中识别出那些值得更全面考虑的方案,因此从更广泛的备选方案开始限定需考虑的实际方案的数量。其次,利用基于模型的 SoS 架构来创建一个数字环境,将 SoS 模型中的数据用作各种建模和仿真工具的输入,对选定的 SoS 选项开展权衡空间分析。这样可使用多种工具支持针对选项的更丰富的并发分析,同时通过 SoS 架构模型,在整个分析中保持共享"锚定"的数据的一致性。重要的是,SoS 架构模型可包括运行仿真,在此根据对用户功能的影响来探究 SoS 架构的变化,而用户所需的能力则是 SoS 的基本驱动力。

6.6.1 支持体系权衡空间分析的轻量级分析工具

图 6.7 表明应用轻量级分析工具的工作流,在进行更加耗时耗力的 M&S 活动之前,对设计空间进行过滤。如上所述,解决 SoS 权衡空间选择范围和规模复杂性的有用策略,是使用轻量级测度快速进行权衡空间的探索,识别出那些需要更进一步详细分析的投入。利用 SoS 架构数据的轻量级分析工具可快速探索巨大的权衡空间,并通过高保真度的建模和仿真工具,识别可行的选项并进行更详细的分析。有关 SoS 建模和仿真的更多全面的资源请参考 Rainey 和 Tolk(2015)的论文。

鉴于 SoS 具有网络的特征,使用来自网络理论得出的结构化网络测度,已成为一种具有应用前景的方法——面向 SoS 可选方案,开发和应用轻量级的方法。

- SoS 的网络特性表明,使用结构化网络测度来评估 SoS 是有前景的。网络理论是建模和评估 SoS 的常用方法(Han 和 Delaurentis,2006;Harrison,2016)。
- SoS 的网络模型通常将组成系统表示为节点(node),而将这些系统之间的关系(例如,通信、合同协议)表示为链接(link)。这种方法能以最小的计算代价对 SoS 进行分析,同时保持架构的相关细节(Monahan 等,2018)。

特别是,在对比 SoS 架构备选方案时,SoS 的强韧性应作为重要的考虑因素。

- 强韧性通常表示为可生存性和可恢复性的结合(Uday 和 Marais,2015)。因此,强韧性不仅由可能的故障(失效)来定义,而且还由系统从环境中的意外扰动中

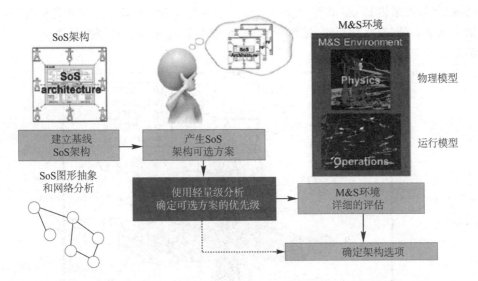

图 6.7 具有轻量级分析和 M&S 工具的 SoS 权衡工作流(Antul 等,2017)

恢复或"回弹"的能力来定义。许多强韧性测度捕获故障中断事件之后系统效能是如何随时间变化的。但如要获取必要的性能数据,则需详细的 SoS 仿真,或从实际运行中收集,这两者对于大规模 SoS 而言都是代价高昂的。

- 对网络强韧性和鲁棒性的研究越来越多。网络理论提供了一个严格的数学框架,用有限的计算成本来评估 SoS 架构。图论的测度不是直接寻求强韧性的量化方法,而是提供对 SoS 鲁棒性的深刻理解。鲁棒性是 SoS 在发生扰动后保持效能的能力,视为强韧性的重要特性。代数连通度、网络直径、平均路径长度以及集聚的大小(或分支的大小)是评估网络鲁棒性的公共的网络测度。尽管这些测度不能完全量化强韧性(因为其未明确地考虑恢复的动态过程),但鉴于鲁棒性对强韧性的重要性,它们仍可用于评估 SoS 架构的可选方案(Monahan 等,2018)。

Antul 等(2018)介绍了这种方法的一个应用案例,在此研究了:

一种概念化的军事 SoS,涉及其三种架构变体的量化的鲁棒性,从轻量级方法到基于运行详细仿真表明相同架构效能,并比较所观察到的趋势。虚拟仿真实验提供了 SoS 分析基于图论测度预测值的证据。建模场景考虑运用一个概念化的联合作战序列,蓝方由五个雷达系统、三架战斗机和两个空中作战指挥中心(AOC)组成。雷达和战斗机的战略意图是保卫某项关键资产。如图 6.8 所示,有 100 架威胁飞机从周边四个方位抵近这一关键资产。现有的三种架构可选方案(见图 6.9)包括基准的、鲁棒的和脆弱的可选方案。在仿真中考虑了 10 种威胁案例,其中每个案例都禁用(即移除)架构中的一个系统。案例 1 至 5 分别依次禁用一个雷达系统,案例 6 和 7 分别依次禁用一个 AOC,案例 8 至 10 分别依次禁用一架战斗机以及不考虑禁用任何系统的参考案例(案例 0)。表 6.2 表示各个案例仿真的交战成功概率 P_{ES},来自针对基于鲁棒性的图论测度(代数连通度)。将平均 P_{ES} 与代数连通度相比较,根据观察到的类似趋势,即相对于基准案例,第二种架构(见图 6.9(b))的鲁棒性增加,而第三种(见图 6.9(c))架构的鲁棒性降低。

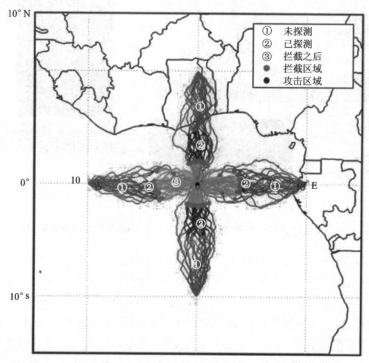

注:关键资产位于中心,①表明未发现的意外威胁飞机,●表示成功地拦截威胁(Antul 等,2018)。

图 6.8　考虑网络鲁棒性分析的概念化场景

注:雷达系统标识为 R;战斗机为 F;空中作战指挥中心为 AOC(Antul 等,2018)。

图 6.9　SoS 架构的考虑

表 6.2   鲁棒性对比的结果

案　　例	禁用系统	基准 P_{ES}	鲁棒 P_{ES}	脆弱 P_{ES}
0	—	0.608	0.608	0.608
1	R1	0.448	0.448	0.448
2	R2	0.608	0.608	0.608
3	R3	0.454	0.454	0.454
4	R4	0.467	0.467	0.467
5	R5	0.454	0.454	0.454
6	**AOC1**	**0.314**	**0.608**	**0.0**
7	**AOC2**	**0.294**	**0.608**	**0.0**
8	F1	0.582	0.582	0.582
9	F2	0.461	0.461	0.461
10	F3	0.589	0.589	0.589
平均 P_{ES}		0.467	0.528	0.406
代数连通度		0.506	2.000	0.309

来源：Antul 等，2018。

表 6.3 列出了一系列的网络测度，这些测度似乎可用于评估 SoS 架构的鲁棒性，并将其作为 SoS 权衡空间分析中的关键维度。针对每种案例，测度值越高则表明架构就越具鲁棒性。如要应用各种基于网络图论等轻量级方法，还需要开展其他工作，使 SoS 工程师能够快速评估众多备选方案，尽可能地应对各种各样的选项，找出具有最大价值潜力的选项并进一步开展详细的分析。

表 6.3   用于评估 SoS 架构的网络测度

测　　度	计算方法
代数连通度	代数连通度表示在连通的网络中隔离一个节点的平均难度。如果网络中每一对节点之间都存在连接路径，则网络是连通的
网络直径	网络直径是网络中每对节点之间最短路径中最长那条路径的长度
平均连通度	网络的平均连通度是网络自身节点度的平均值
自然连通度	自然连通度表示网络中所有节点存在的闭合通路的加权数，其中通路按照通路阶乘长度加权计算。闭合通路是从同一节点上开始到结束而遍历网络的路径。由于自然连通基于网络中闭合通路的数量，因此受到冗余路径数的高度影响。也可以证明，当在网络中增加边时，自然连通度会单调增加，这意味着高度连接的网络比稀疏网络具有更高的自然连通度
度分集性	度分集性代表拆解一个网络的难度，其中如果拆解网络需要更多的移除节点数，则度分集性会增加

测　度	计算方法
全局聚集系数	网络中给定节点的聚集系数基于给定节点相连的相邻节点数,可在图形结构中可视化表示为三角形,其中任意两个相邻节点之间有连接,而这些节点都连接到给定的节点。全局聚集系数是整个网络的平均聚集系数,此值随节点之间的三角形关系数目的增加而增加
全局平均距离	全局平均距离是指网络中每对节点间最短路径长度的总和
有效图传导性	有效图传导性是从网络中所有节点对之间的有效阻尼的总和。此测度基于电气工程中的有效电阻概念,提供电路的总电阻值;在图的背景中,每条边视为带有具体欧姆值的电阻,每对连接的节点视为电流通路

6.6.2　支持体系权衡空间分析的集成工程环境

当识别出一系列的可用于分析的备选方案时,之后的挑战就是使用分析工具评估所选方案的相对优缺点。此时,在 SoS 备选方案的不同维度下,存在着各种各样的模型和仿真。一个主要的挑战是开发和应用具有高效费比的方法来应对各利益相关方的多种视角,包括收集支持分析所需的各种数据。

为了理解 SoS 架构中的权衡,需要跨学科的分析结果,包括运行(例如作战)仿真、基于物理的模型和成本模型。SoS 权衡分析的通常方法依赖于建模和仿真(M&S)工具。Chattopadhyay(2009)、Ross 和 Rhodes(2015)的研究就是一个案例,他们提出了一种定量方法,将其应用于不同层级的模型保真度中。此方法在效用、成本和涉及风险的维度上评估了备选的 SoS 架构。通过在一组 SoS 层级的属性(例如有效性度量)上获得利益相关方的量化的效用函数,并将单属性效用函数汇总为多属性效用函数。Monahan 等(2018)使用"替身"建模技术来近似 M&S 工具的响应,从而减轻详细分析的计算负载(例如,参见 Ender 等(2010)的论文)。

美国国防部数字工程战略(DASD SE,2018)认同数据处理以及模型作为关键工程资产的价值,该策略的目标包括形式化开发、集成和使用模型,来为复杂组织体和工程计划决策提供信息,从而提供持久的、权威的真相源并建立支持基础架构和环境,从而在利益相关方之间开展行动、协同和沟通,如图 6.10 所示。

这些目标都涉及了 SoS 工程的挑战,并为应对这些挑战的方法提供了基础,本章已对此进行了研讨。特别是,应用基于模型的 SoS 架构,向拥有各自兴趣、动机和视角的多个利益相关方提供 SoS 的共享视图,并且通常使用各自的模型和分析工具。除此之外,通过贯穿 SoS 的协作建模和数据管理来驱动公共的、共享的数据,面向跨越不同选项的综合权衡分析,覆盖所需的各种模型和分析,提供连贯一致的主干技术。

对于任何层级的有效工程开发活动,数据都是至关重要的,并且跨模型和分析共享的公共数据是成功开展 SoS 工程的关键。通常,每个组织都会投入大量资源来开发数据,而通常在 SoS 中数据又是未知的、不能共享的。在 SoSE 中,SoS 架构模型数据作为核心数据资源,不仅可用于 6.6.1 小节中所述的轻量级权衡空间的探索,还可用作提

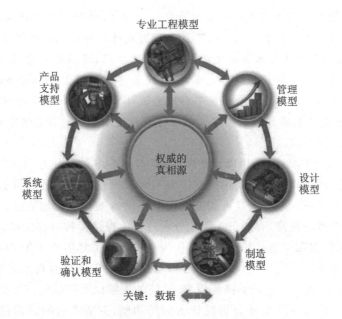

图 6.10　DoD 数字工程策略的核心目标:共享的数据和模型(DASD SE,2018)

供分析模型和工具的核心数据,针对少量可选方案的分析模型开展更详细的分析。这些概念可适应性地调整并应用于 SoS,如图 6.11 所示。

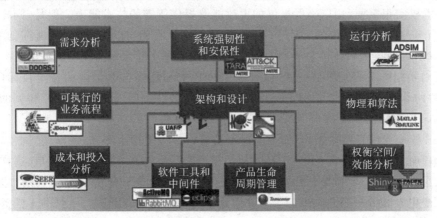

图 6.11　集成的 SoS 数字工程环境的架构模型核心(基于 Wheeler 2018 年发表的论文)

使用 SoS 架构模型作为核心数据源,并将该模型链接到解决 SoS 关键维度的工具和模型套件上,可提供 SoS 数字工程环境的基础,这都成了 SoS 权衡空间分析的关键资源。

注:目前正在努力增强 MBSE 架构表达与 M&S 工具以及其他学科分析之间的数字链路。SoS 架构模型中捕获的架构选项和参数化形式,用以表示其他工具评估 SoS 效能、成本以及其他方面所需的数据。中央规范库和分析工具之间的自动信息共享可提高权衡空间评估的可追溯性、速度和精准性。LaSorda 等(2018)提出了一种在军事

卫星通信 SoS 权衡分析中实施的以架构为中心的方法,该研究尤其是将技术设计考虑因素与采办策略决策相结合,针对效能、成本和进度进行全面的权衡探索(LaSorda 等,2018)。应用动态仪表盘技术帮助决策者理解权衡空间,交互图形化显示,提供跨多种测度和设计因素的多种架构和运行选项,支持开展可视化探索(MacCalman 等,2016)。尽管大多数现有文献集中于复杂系统早期概念设计阶段中使用先进的权衡空间分析技术,但 SoS 背景研究支持 SoS 架构演化和运行概念连续分析的相关技术的发展(Monahan 等,2018)。

将 SoS 模型与工具连接,用以评估效能、成本和 SoS 的其他方面,可从不同的视角共享架构的表达和分析。使用架构模型作为不同权衡维度分析的数据源,可为评估选项提供一致性的分析。某些工具可能需要在所提供的架构中增加数据,将数据添加到共享的架构数据进行校准,有助于在整个分析过程中保持连贯一致性和完整性。

此外,管理数据和模型及其工具都将作为有价值的可复用的资产,并在可复用的基础设施上实现集成,可提供一种高效费比的方式,利用各种模型和工具来进行后续的 SoS 权衡空间的分析。由精选的链接模型、管控的数据以及基础设施支持的组合效用,在短期内提供了应对 SoS 集成分析挑战所需的功能,并随着时间的推移,它们将继续增加价值,这对于大多数 SoS 演化本质特征而言非常重要。

特别是对于 SoS,将 SoS 选项方案的作用与运行影响进行关联非常重要,因为体系能力的模型系统在于提供某类集成运行能力,只能依据其运行或业务环境进行评估。SoS 技术权衡很重要,用以确保提议的更改能够提供所需的技术能力。但是,同样重要的是,当 SoS 功能部署并在预期用户的背景环境中运行时,能够产生用户所需的结果。也就是说,确保技术可行性是重要的先决条件,因为基于跨系统所支持的使命任务的工程来规划共同的系统工作是关键,而且在用户背景环境中 SoS 适配的特定目标(物理的、威胁的等)的组合也是关键,在预期条件下执行并产生期望的结果,用户得到的结果受到 SoS 技术特征的支持。

SoS 架构变得日益复杂,在如今的运行仿真中必须使用手动方式进行实例化,这可能非常耗时且易出错。因此,对于开发架构模型和运行仿真之间的自动接口,这样的研究投入具有一定优势,按照运用概念在代表性情况和场景下分析 SoS 的有效性,支持对技术变更及其针对用户结果的影响开展迭代分析。自动化的接口不仅利于任务效果的分析或提出备选的 SoS 组合方案,而且允许各种用户和利益相关方在用户环境中审查所提出的组合方案,从而为满足 SoS 的需要潜在地克服了 CS 对某些更改的阻碍,只有当利益相关方在 SoS 背景中认识到更改对其他用户的价值,才有机会超越各自的视角。

6.7 结　论

系统工程师正日益面临工程组合系统的挑战,而工程组合系统提供了满足用户所需的一系列功能。这些组合系统及其所包含的各类 CPS 共享着系统工程界称为"系统之系统"(体系)的特征和挑战。SoS 日益成为整个系统领域中占主导地位的概念,系统工程师正在应用建模和仿真方法来解决各类复杂系统所带来的挑战。本章讨论了许多 CPS 共享的 SoS 的驱动特性以及它们对系统工程的潜在影响,特别是权衡空间分析的应用,这也成为系统工程学科的核心。关于 SoS"痛点"的挑战加剧了表达和分析系统的复杂性,包括 CPS。利用 SoS 开发的知识,可针对 CPS 提供解决复杂性问题的方法。

基于模型的工程实践提供了一种手段,可覆盖 SoS 工程的各个主要参与者,捕获和共享系统元素和所依赖的共同理解,包括多个独立且通常不同的组成系统所有者和利益相关方。结构化技术提供了一种定义 SoS 目标和测度的方法,SoS 架构模型提供了一组核心数据,既可采用轻量级测度来评估可选 SoS 架构的关键特性,又可使用锚定数据来实施对选定方案的详细分析,从而评估 SoS 演进生命周期中的各种选项。这些基于模型的方法在持续地开发和集成,而持续开发数字工程的能力对于应对日益复杂的组合系统的挑战是至关重要的。

SoS 的权衡分析在建立评估准则、备选解决方案建模以及可选方案评估等方面提出了挑战,同时需要应对 CS 层级和 SoS 层级的工程投入的决策,上述的一些技术有助于缓解这些挑战。建立目标和评估准则的结构化方法,在权衡分析的早期步骤中至关重要,并且 SVN 建模呈现出在冲突目标的 SoS 环境中阐明利益相关方优先级的潜力。此外,针对 SoS 架构可选方案的建模,MBSE 工具和基于标准语言的应用可提高 SoSE 的严谨性,并有望管控 SoSE 分析的复杂性。由此捕获到的架构数据的可计算的特征,有助于使用轻量级分析方法来确定那些最有希望的选项,并需要应用详细的权衡分析方法开展进一步的工作。轻量级的测度准则允许 SoS 架构师快速探索大量的备选解决方案,并推举出在计算上可行的子集,进而使用高保真 M&S 工具进行评估。高保真分析可得出解决方案空间的多目标视图,利益相关方和决策者可根据其倾向的主张和约束推导出恰当的选项。

当前进行一些应用轻量级测度来评估 SoS 鲁棒性的初步工作,还需要开展更多的工作,进而了解何种网络测度更适于支持 SoS 架构初始淘汰的选择,并支持可扩展性、互操作性和安保性。由于 SoSE 权衡分析流程具有迭代的特质,因此从问题形成到做出决策,确保模型的可追溯性和一致性非常重要。在权衡分析流程中采用数字式方式链接各种模型制品,不仅为后续的开发提供了机会,而且为解决 CPS 的复杂性开拓了应用前景。

免责声明

作者与 MITER 公司的隶属关系仅用于确定作者的身份,并不表明或暗示 MITRE 公司同意或支持作者所表达的立场、视角或观点。

参考文献

[1] Acatech（2011）．Cyber-Physical Systems：Merging the Physical and Vitual World．In Cyber-Physical Systems：Acatech Position Paper，by National Academy of Science and Engineering（pp. 15-21）．Berlin，Heidelberg：Springer.

[2] Albro S，Cotter M，Kamenetsky J，et al.（2017）．Scaling Model-Based System Engineering Practices for System of Systems Applications：Software Tools. NDIA 20th Systems Engineering Conference.

[3] Antul L，Cho L，Cotter M，et al.（2018）．"Toward Scaling Model-Based Engineering for Systems of Systems."IEEE Aerospace Conference.

[4] Antul L，Jacobs R，Kamenetsky J，et al.（2017）．Scaling Model-Based System Engineering Practices for System of Systems Applications：Analytic Methods. NDIA 20th Systems Engineering Conference.

[5] Aziz M，Rashid M.（2016）．Domain Specific Modeling Language for Cyber Physical Systems．International Conference on Information Systems Engineering （pp. 29-33）．

[6] Brook P.（2016）．On the Nature of Systems of Systems．INCOSE International Symposium（pp. 18-21）．Edinburgh，Scotland，GB.

[7] Cameron B G，Crawley E F，Feng W，et al.（2011a）．Strategic Decisions in Complex Stakeholder Environments：A Theory of Generalized Exchange．Engineering Management Journal，23，37-45.

[8] Cameron B G，Seher T，Crawley E F.（2011b）．Goals for Space Exploration Based on Stakeholder Value Network Considerations．Acta Astronautica，66，2088-2097.

[9] Ceccarelli A，Mori M，Lollini P，et al.（2015）．Introducing Meta-Requirements for Describing System of Systems．Proceedings of the IEEE International Symposium on High Assurance Systems Engineering，150-157.

[10] Chattopadhyay D.（2009）．A Method for Tradespace Exploration of Systems of Systems．Cambridge，MA：Massachusetts Institute of Technology.

[11] Cook S.（2016，October）．Some Approaches to Systems of Systems Engineering．INCOSE INSIGHT（pp. 17-22）．

[12] Cotter M，Dahmann J，Doren A，et al.（2017）．SysML Executable Systems of Systems Architecture Definition：A Working Example．IEEE Systems Conference.

[13] Dahmann J.（2012）．Integrating Systems Engineering and Test & Evalutaion in

System of Systems Development. IEEE Systems Conference.

[14] Dahmann J, Markina-Khusid A, Kamenetsky J, et al. (2017). Systems of Systems Engineering Technical Approaches as Applied to Mission Engineering. NDIA Systems Engineering Conference.

[15] Dahmann J, Rebovich G, Lane J A, et al. (2010). "Systems of Systems Test and Evaluation Challenges." 5th International Conference on Systems of Systems Engineering.

[16] Dahmann J, Rebovich G, Lowry R, et al. (2011). An Implementers' View of Systems Engineering for Systems of Systems. 2011 IEEE International Systems Conference. Montreal, QC.

[17] Dahmann J. (2014). System of Systems Pain Points. INCOSE International Symposium, 24(1), 108-121.

[18] Douglas B P. (2015). Agile Systems Engineering.

[19] Ender T, Leurck R F, Weaver B, et al. (2010). Systems-of-Systems Analysis of Ballistic Missile Defense Architecture Effectiveness Through Surrogate Modeling and Simulation. IEEE Systems Journal, 4, 156-166.

[20] Gezgin T, Etzien C, Henkler S, et al. (2012). Towards a Rigorous Modeling Formalism for Systems of Systems. 2012 15th IEEE International Symposium (pp. 204-211).

[21] Gibson J E, Scherer W T, Gibson W F, et al. (2017). How to do Systems Analysis: Primer and Casebook. Hoboken, NJ: Wiley.

[22] Han E P, Delaurentis D. (2006). A Network Theory-based Approach for Modeling a System-of-Systems. 11th AIAA/ISSMO Multidisciplinary Analysis and Optimization Conference (pp. 1-16).

[23] Harrison W K. (2016). The Role of Graph Theory in System of Systems Engineering. IEEE Access.

[24] Hause M C. (2014). SOS for SoS: A New Paradigm for System of Systems Modeling. 2014 IEEE Aerospace Conference. Big Sky, MT.

[25] Henshaw D C, Michael J. (2016). Systems of Systems, Cyber-Physical Systems, the Internet-of-Things…Whatever Next? Incose Insight, 19, 51-54.

[26] Huynh T V, Osmundson J S. (2007). An Integrated Systems Engineering Methodology for Analyzing Systems of Systems Architectures. Asia-Pacaific Systems Engineering Conference (pp. 1-10).

[27] INCOSE. (2014). Systems Engineering Vision 2025.

[28] INCOSE. (2015). Systems Engineering Handbook: A Guide for System Life Cycle Processes and Activities. INCOSE-TP-2003-002-04.

[29] INCOSE. (2018). INCOSE Systems of Systems Primer. INCOSE-TP-2018-

003-01.0.

[30] ISO. (2018). ISO/IEC/IEEE DIS 21839. System of Systems (SoS) considerations in life cycle stages of a system.

[31] Lane J A, Bohn T. (2013). Using SysML Modeling to Understand and Evolve Systems of Systems. Systems Engineering, 16, 87-98.

[32] LaSorda M, Borky J, Sega R. (2018). Model-Based Architecture and Programmatic Optimization for Satellite System-of-Systems Architectures. Systems Engineering, 21, 372-387.

[33] MacCalman A, Beery P, Paulo E. (2016). A Systems Design Exploration Approach that Illuminates Tradespaces Using Statistical Experimental Designs. Systems Engineering, 19, 409-421.

[34] Maier M. (1998). Architecting Principles for System of Systems. Systems Engineering, 1, 267-284.

[35] Monahan W, Jacobs R, Markina-Khusid A, et al. (2018). Challenges and Opportunities in Trade-off Analytics for Systems of Systems. Incose Insight, 4, 22-28.

[36] Mori M, Ceccarelli A, Lollini P, et al. (2016). A Holistic Viewpoint-Based SysML Profile to Design Systems-of-Systems. Proceedings of the IEEE International Symposium on High Assurance Systems Engineering (pp. 276-283).

[37] NIST. (2013). Foundations for Innovation in Cyber-Physical Systems Workshop Report. Columbia, MD.

[38] Object Management Group. (2015). OMG Systems Modeling Language (OMG SysML™) v1.4, http://www.omg.org/spec/SysML/20150709/SysML.xmi.

[39] Office of the Deputy Assistant Secretary of Defense for Systems Engineering (DASD SE). (2018). Digital Engineering Strategy.

[40] Oquendo F. (2016). Formally describing the software architecture of Systems-of- Systems with SosADL. 11th IEEE Systems of Systems Conference (pp. 1-6).

[41] Rainey L B, Tolk A. (2015). Modeling and Simulation Support for System of Systems Engineering Applications. Wiley.

[42] Rao M, Ramakrishnan S, Dagli C. (2008). Modeling and Simulation of Net Centric System of Systems Using Systems Modeling Language and Colored Petri-nets: A Demonstration Using the Global Earth Observation System of Systems. Systems Engineering, 11, 203-220.

[43] Reymondet L, Ross A, Rhodes D. (2016). Considerations for Model Curation in Model-Centric Systems Engineering. IEEE International Systems Conference.

[44] Ross A, Rhodes D. (2015). An Approach for System of Systems Tradespace Exploration. In L. B. Rainey & A. Tolk (Eds.), Modeling and Simulation

Support for System of Systems Engineering Applications. Hoboken：Wiley.

[45] Sease M，Smith B，Selva D，et al. (2018). Setting Priorities：Demonstrating Stakeholder Value Networks in SysML. 28th Annual INCOSE International Symposium，Washington，DC.

[46] Systems Engineering Book of Knowledge (SEBoK). (2018). Systems of Sytems (SoS). https://www. sebokwiki. org/wiki/Systems_of_Systems_(SoS).

[47] TechTarget. (2016). Internet of Things (IoT). https://internetofthingsagenda. techtarget. com/definition/Internet-of-Things-IoT.

[48] Tolk A，Glazner C G，Pitsko，R. (2017). Simulation-Based Systems Engineering. In S. Mittal，U. Durak，& T. Oren (Eds.)，Guide to Simulation-Based Disciplines (pp. 75-102). Springer.

[49] Uday P，Marais K. (2015). Designing Resilient Systems-of-Systems：A Survey of Metrics，Methods，and Challenges. Systems Engineering，18，491-510.

[50] USAF Scientific Advisory Board. (2005). System-of-Systems Engineering for Air Force Capability Development.

[51] Wheeler T. (2018). MITRE's Integrated Engineering Environment. Aerospace Digital Engineering Conference.

[52] Woodcock J，Cavalcanti A，Fitzgerald J，et al. (2012). Features of CML：A Formal Modeling Language for Systems of Systems. 7th IEEE Systems of Systems Engineering Conference (pp. 1-6).

第7章　管控物联网生态系统复杂性和风险的系统实体结构建模

Saurabh Mittal[1],Sheila A. Cane[2],Charles Schmidt[1],Richard B. Harris[1] 和
John Tufarolo[3]
1 美国弗吉尼亚州麦克莱恩市,MITER 公司运营,
国土安全系统工程和开发研究院(HSSEDI[TM])
2 美国康涅狄格州哈姆登市昆尼皮亚克大学
3 美国弗吉尼亚州亚历山大市 Research Innovations 公司

7.1　概　述

CPS 是将赛博世界和物理世界结合在一起的系统,亦即计算系统和物理系统(通过感知和作动实现)。计算元素和物理元素可位于局域网中,或者是地理上分离的,由 Internet 连接。CPS 特定的用例,即特定领域,对应于如汽车、制造业、医药、防务以及更为具体的复杂装备行业。由互联网连接的 CPS 称为物联网(IoT),通常作为第四次工业革命的标志——工业 4.0(Jazdi,2014)。IoT 具有与 CPS 相同的特征谱系,即具有感知、计算基础设施和作动(执行)功能。但区别于 CPS,IoT 在可用性、移动性、灵活性、规模和网络协议方面有所不同,其可实现感知、计算和作动 3 个基本部分之间的通信,而 CPS 的扩展性以及与目标用户的交互能力十分有限,IoT 在社会的不同领域却具有很高的可扩展性和广泛的用户使用范围(Sehgal、Patrick 和 Rajpoot,2014)。由于 IoT 中存在 Internet,因此生成的数据量很大,同时人们对其安全性和隐私性的关注度也很高。确实,IoT 是 CPS 更加复杂的版本,由规模带来的复杂性比比皆是。由于 IoT 与社会结构相互交织,因此 IoT 在工程设计以及部属之前探究其影响时面临众多的挑战,因为许多复杂性都是非技术性的,如政策、资源等。

人们逐渐认识到,在现有的多个技术驱动和技术增强的环境之内或之间,那些快速部署新的、互连的 IoT 功能将改变风险存在的状况。

本章将探讨 IoT 作为 CPS 高级形态的特征,旨在开发 IoT 的理论模型,描述如何在以 IoT 为中心的系统中使用模型开展风险评估。另外,本章还将反映构建 IoT 理论模型和相关环境考量的基础性研究,主要目的是为研究团体(包括学术界和政府)提供用以分析系统风险内在的影响的基础,因为系统已广泛深入于各个方面。这项研究的可能收益是开发自动化的风险评估和缓解工具,在 IoT 的设计或实施阶段用以评估各

种 IoT 系统的实例,这将有助于更好地理解特定的 IoT 应用所带来的风险程度,并提升实施者有关风险缓解策略的决策能力。

IoT 是信息技术(IT)和运行技术(OT)研究团体之间联系的桥梁。[①] 由于 IT 和 OT 组件之间的互连性,在 IoT 系统内部或者外部所造成的威胁中,可能会由于脆弱性造成更为严重的具体后果。IT 和 OT 两者的风险管理均被认为是具有最佳实践知识的成熟领域。然而,这些实践知识主要源于分离的 IT 和 OT 系统发展起来的,但将这些环境联系起来后,许多风险的来源和作用都会发生改变,可能并不一目了然。例如,IT 团体关掉 IT 网络的某个部分或修改 IT 网络功能的成本可能很小,而关停或修改 OT 系统则可能会产生重大的成本,可能造成关键服务(如电力或动力供给)的中断。由于技术环境瞬息万变,因此需要一个模型或框架来实现多种风险视角的合并,以探讨更大的问题——在特定 IoT 部署中如何会增加系统性的风险。尽管从技术的角度开展了理论和实践的建模工作,但由于缺少能够代表 IoT 系统及其环境的系统模型,这就需要全面综合的风险评估以及更为完善的风险缓解方法。我们需要一种 IoT 生态系统理论模型的描述方法,用于描述 IoT 实施过程中的变化以及与环境的关系和相关风险的内在影响。

本章将风险作为系统功能中的"非期望的功能"。在高度复杂的系统中,非期望的功能是一个重大的关切点。设备或系统表现出非预期的功能,可能是因为这种功能是非预计的(例如,开发中引入的软件漏洞所导致的意外行为),或者是因为其是非计划的(例如,虽然是在设备中设计的预计功能,但对最终用户它会意外地发生)。不幸的是,正如 IT 世界中安全漏洞和故障所展现的那样,这种意外的功能几乎是无法消除的。而且,在高度复杂的系统中,这种非预期的功能可能会产生严重的级联式反应。

在运行的复杂性方面,IoT 设备将产生倍增的效应。如前所述,IoT 系统结合了 IT 和 OT 系统的多个方面,而在之前它们很大程度上彼此相互独立。在这些 IoT 系统中,设备之间可能的连接数以及非预期的功能所带来的潜在后果大大增加,这些后果包括但不限于数据的影响后果(数据泄漏、数据损坏、数据服务丢失和未经授权的数据访问)和物理的影响后果(对物理特性、关键服务可用性、物理资源可用性等的影响,以及对环境的潜在的影响产生了对人类健康和安全的潜在威胁)。

管控系统的复杂性是一项艰巨而持久的挑战。为此,至关重要的是要有一种方法,理解每个系统及其依赖性和相关依赖关系,并理解某一组件的故障是如何影响整个系统的。随着 IoT 及其相应的扩展影响模式的兴起,最佳的缓解策略是需要同时考虑数据和物理两个方面的影响。

下一节将介绍一种使用 IoT 设备开展系统建模的方法。这种建模方法可严格追溯系统运行的依赖性的问题,作为强调系统潜在脆弱性来源的方式。通过确定最有可

---

① 对我们而言,IT 主要关注数据过程,而 OT 主要关注物理过程和结果。IT 和 OT 研究团队是指对应技术领域的从业者,其中技术的目的是解决人或 IT 设备处理信息的方式,或通过一台机器或若干流程的管理来支配多台机器的运行。IoT 随着关联技术的发展而扩展,并正在创造这两个领域的融合。

能的级联故障的源头,并将故障影响后果追踪到所有最终的数据或物理的影响,人们可确定如何最好地采取缓解措施,从而避免出现最严重的级联式损失(Zimmerman 和 Restrepo,2009)。尽管此类系统模型无法预见那些不可预测的因素(例如,将要攻击哪个系统或哪个系统具有软件脆弱性),但它可帮助人们理解组件之间的关系,并更好地阐明在哪些方面的风险缓解策略最为有效。

IoT 建模是一个相对新的概念。美国国家标准和技术研究院(NIST)开发了一个 IoT 的模型,使用 5 个要素(传感器、聚合器、通信通道、外部效用装置和决策触发装置)来定义构成 IoT 系统的设备效能(Voas,2016)。其他的模型(Huang 和 Li,2010)也倾向于关注 IoT 的某些方面(例如,因果链,聚焦于连通度和网络拓扑等方面)。

相比之下,本章介绍的内容在于提出统一模型的概念,能够捕获影响 IoT 系统的各种因素,这将包括但不限于设备本身、连接性、连接的服务、策略、用户、物理结构等方面。本章探讨以统一的方式捕获 IoT 系统所有各个层面的方法,以更好地支持严谨的分析方法。尽管此处介绍的工作限于初始的 IoT 生态系统的理论模型,而相关的分析方法尚待开发,但作者认为所提出的方法是一种有前景的技术途径,可在充分的背景下及其更广泛的环境中理解 IoT 系统,提供支持理解 IoT 系统风险的更综合的框架。我们将这一方法应用于 MIRAI 僵尸网络案例的研究,证实了该方法的有效性。

本章描述了初步的研究结果,用以开发理论的 IoT 模型。7.2 节介绍各种 IoT 的定义,并提出以设备为中心的世界观;7.3 节概述 SES 理论,描述适用于 SES 模型的裁剪流程,由该裁剪流程产生裁剪的实体结构(PES);7.4 节介绍 IoT 理论模型;7.5 节介绍将 IoT 应用于 MIRA 僵尸网络案例的研究;7.6 节描述风险评估所需的技术影响后果以及集成的风险评估框架,讨论 IoT 中的风险;7.7 节为本章的结论并给出关于未来工作的一些想法。

7.2 IoT 的定义以及以设备为中心的世界观

当前,IoT 是一个相对新的概念,由于它的不断发展,关于它的定义也在不断演进。当 IoT 用作首字母缩写词时,它表示整个 IoT 的生态系统,但缩写的用法会随着每个定义的不同而变化。大多数 IoT 的定义来自这样一个基本视角:"任何连接到互联网的事物都将成为 IoT 的一部分",而忽略了对"IoT"的实际定义(Cisco,时间不详)。关于 IoT 的大多数定义都认可其中的两个语义元素:"事物"(单数的或复数的)和"互联网"。其中,事物被定义为一种具有计算能力(板载的或远程的)的物理设备,因此使其变得"智能",并具有支持连接到 Internet 的软件和硬件接口(CASAGRAS,时间不详;Mckinsey,时间不详;SIG,2013)。一些 IoT 的定义还包括支持不同"事物"的业务流程、服务、应用和基础架构(CERP - IoT,时间不详;Haller,时间不详),而其他研究视角还包括虚拟实体、虚拟人物以及所有商业和文化等的混合体(Berge,1973),当然也包括真实的人(NIC,时间不详;Domingue、Fensel 和 Traverso,2008;Sundmaeker、Guillemin 和 Woelffle,2010；Group,2011；Lee 等,2011)。

英国未来战略(Group,2011)提供了一个特别引人注目的 IoT 的定义：不断进化趋同的物联网络和服务,随时随地可用,是无所不能、无所不在的社会-经济结构的一部分,它由融合的服务、共享的数据以及将人和机器连接的先进无线和固定基础设施组成,从而为业务和公民提供先进的服务。

因此,每个 IoT 系统都有其特定的目的：即服务于某一社区/某一组用户/人群。而且所有设备都连接到 Internet 上,但其目标不尽相同,并且都会带来不必要的风险。我们将 IoT 系统定义为：一个由一组互连的智能设备组成的复杂系统,可超越单个用户、团体、区域、单个国家或多个国家；在新的或现有系统中提供服务；分布在 Internet 中；涉及内在固有的风险。

部署用于特定目的或用例的所有设备以及所有底层的基础设施共同构成了一个 IoT 生态系统,总体称为 IoT。对 IoT 进行完全建模,实质上需对网络和事物以及这两者所应用的各种背景环境进行建模。

图 7.1 所示为 IoT 系统中以设备为中心的视图。IoT 设备用于多个领域,跨多个部门或应用领域。每个环代表一个活动范围(例如：本地、邻近周边、区域、州府、国家和全球)；每个环都有一个逻辑边界,表示通过接入点位于不同区域之间进行数据交换。随着逐渐向外围扩展,IoT 实现的范围、规模和可能的效应在不断增加。图 7.1 还描绘了两个在不同行业应用的用例(例如,分别为电力 A 和水力 B 的两个行业),还包括两

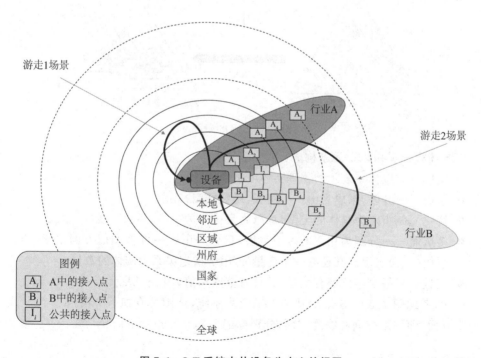

图 7.1　IoT 系统中从设备为中心的视图

个用例/场景,分别用游走[①](Walk)1 和游走 2 来表示。游走 1 是一种面向用户的区域场景,仅使用 A 行业的资源,并且在区域范围内运行;而游走 2 利用既属于行业 A 又属于行业 B 的网络和资源,并在更大的全球范围内运行。

7.3　系统实体结构(SES)模型

正如第 4 章所描述的,研究表明 SES 本体框架可应用于 IoT 系统的建模。SES 理论(Zeigler,1984;Zeigler 和 Zhang,1989;Zeigler、Praehofer 和 Kim,2000)是一种形式化的本体框架,用于捕获系统的各个方面及其属性。SES 通常用于规划复杂信息系统的设计空间。设计空间中的每个配置选项都可应用于特定的用例,从而规定所需的架构(Zeigler 和 Hammonds,2007;Mittal 和 Martin,2013)。基本的 SES 理论提供了将结构代入建模流程所需的约束,这些理论可在 Zeigler(1984)的论文中查阅。完整的 SES 模型形式化地描述了一个解决方案集合,其中包含可应用于实际系统建模的所有排列和组合。图 7.2 给出了 SES 建模流程(Mittal 和 Martin,2013)的概念,显示了完整的解决方案集,这里用大三角形表示理论模型的整体。对于模型的每个实例,将理论模型裁剪为仅是实例所需的那些元素。

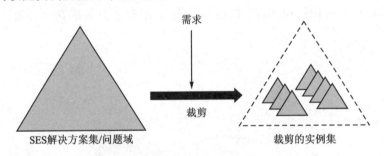

需求

裁剪

SES解决方案集/问题域　　　　　　　　　　　　裁剪的实例集

图 7.2　SES 的应用

SES 建模语义由以下元素构成:
- 实体——以标签表示的物理实体或概念。
- 层面——分解,意思为由……组成,用竖线(|)表示。
- 特化——指定为具体的类型,意思为是……的一类,用双竖线(||)表示。
- 多层面——分解为相似的多个类型,意思为由……许多类似方面组成,用三重竖线(|||)表示。其还有一个变量 n,用于指定关系中实体的数量。
- 变量——每个实体都有变量,其具有范围和值,用"~"表示。

例如,考虑图 7.3 中 SES 表达的 IoT 全集系统,该图可有如下解读:IoT 全集系统有两个方面,即网络方面和物理方面,分别标记为 net – aspect 和 phy – aspect。这些方

---

① 译者注:游走是图论中的概念,指从图上一点到另外一点所经过的可重合的点和不可重合的边的集合。

面在物理上由实体所实现：Network 和 Things。Network 实体连接 connectivity - aspect 方面，其中包括 Connections 和 Resources 实体；Connections 实体由许多 Connection 实体组成；可使用 connect - mode - spec 将 Connection 指定为 Wired 或 Wireless 实体；Connection 实体通过 connect - protocol - aspect 指定具体的 Communication Protocol（通信协议）；Communication Protocol 实体可使用协议规范将其指定为具体的 IP、Bluetooth、ZigBee 或 802. x 实体。Things 由许多 LogicalDevice 实体组成；多层面的 Things 和 Connections 可能包含上百万个 Logical Device（逻辑设备）实体和数百万个 Connect 实体。

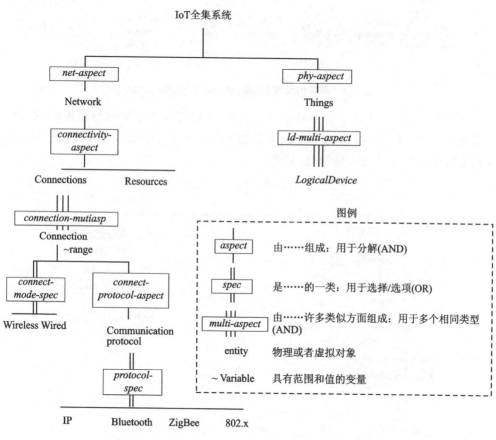

图 7.3　IoT 全集系统的标识

包括所有的选择，IoT 全集系统 SES 仅代表技术解决方案的高层抽象的所有可能架构。从排列和组合的角度来看，假设我们有 10 个事物，而这 10 个事物之间有 50 个连接（尽管总共可能的连接有 100 个），则 IoT 全集系统大约有 4 000 种配置选项（2 个连接×4 个通信协议×10 个事物×50 个连接）。为简便起见，本示例中尚未描述资源实体。

裁剪的实体结构(PES)模型

SES 支持以形式化的方式表达任一特定系统所涉及的各种语义的排列和组合。

为了系统性地探究特定用例(又称为场景)的各种实现选项,完整的 SES 模型将裁剪为仅与方案相关的基本要素。这时所产生的 SES 称为裁剪的实体结构(PES)。我们可对 PES 进行连续裁剪并减少可能的选项,使其更接近于当下的问题。图 7.4 所示为裁剪的流程。所产生的 PES 作为参考架构,因为它提供了足够的约束来表示一系列架构中的特定域,裁剪流程结束于由 PES 产生不需要进一步裁剪的组件实体结构(CES)。CES 成为解决方案的架构,在多个文献中已经表明将 SES、PES 和 CES 应用于仿真模型的方法(Mittal 和 Martin,2013;Zeigler 和 Sarjoughian,2017)。

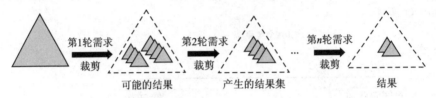

图 7.4　裁剪的流程(来源:Mittal 和 Martin,2013)

　　如图 7.3 所示的 IoT 全集系统的设计空间,当针对特定用途进行裁剪时,例如 10 个事物和 50 个连接,将产生如图 7.5 所示的 PES。有了 PES 后,便可构建各种用例,从而支持使用 PES 进行实体导航(游走)。

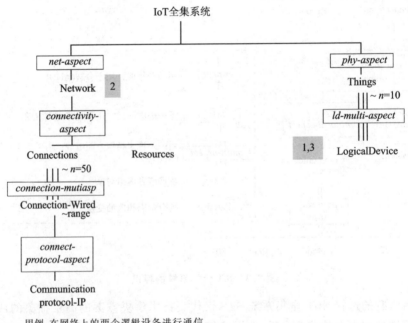

用例:在网络上的两个逻辑设备进行通信。

图中的游走(按顺序):

1. 逻辑设备;

2. 网络;

3. 逻辑设备。

来自叶节点的通信,沿着层级结构向上,直到找到与目标叶节点共同链接的父节点。

图 7.5　IoT 全集系统的 PES

在 SES 中执行涉及实体的用例称为游走。在语义上,游走代表实体之间信息流动的顺序。类似于 7.2 节中的图 7.1 所示的游走。图 7.5 显示了一个游走,其中有两个 LogicalDevice 通过 Network 通信。游走使用 PES 实体上的数字序列来表示。由于 PES 仍然包含许多排列,因此在 PES 中游走是一种更高的抽象层次。随着 PES 的不断裁剪(见图 7.4),最终产生一个非常具体的实现:具有实际组件(物理实例)的 IoT 全集系统的架构,由此将 PES 转变为 CES(Mittal 和 Martin,2013)。图 7.5 显示了 PES 的简单的两个设备的 IoT,图 7.6 则表示将 PES 转换为 CES,并将多层面转换为链接实体的实际实例的层面。

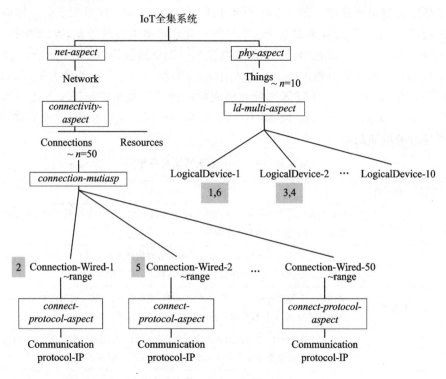

用例:在网络上的两个特定逻辑设备使用 IP 协议进行通信。

图中的游走(按顺序):

1. LogicalDevice-1 发送请求;

2. Connection-Wired-1 链路;

3. LogicalDevice-2 接收请求;

4. LogicalDevice-2 发送回复;

5. Connection-Wired-2 链路;

6. LogicalDevice-1 接收回复。

来自叶节点的通信,沿着层级结构向上,直到找到与目标叶节点共同链接的父节点。

图 7.6 IoT 全集系统的组件实体结构(CES)

7.4 IoT 模型

为在环境中对 IoT 进行建模,我们使用 14 种视角(见表 7.1),对 SES 的各个方面建模。每个视角对于理解 IoT 多维度的特征都是必要的。表 7.1 中给出的视角描述了一个抽象的 IoT 全集系统的表达。每个视角针对 SES 某个方面进行建模。SES 模型可帮助识别 IoT 部署解决方案需要考虑的各种 IoT 视角之间的关系,并由图 7.5 和图 7.6 所示的游走所描述。图 7.7 所示为 IoT 全集系统 SES 模型的示例。该模型具有以下选项(其中假设的数量仅用于说明目的):先忽略多方面的数量,有(2 个行为)×(4 个逻辑类型)×(3 个服务)×(2 个连接类型)×(5 个通信协议类型)×(2 个及时性分析类型)×(6 个计算分析 ComputingAnalytics 类型)×(4 个资源项 ResourceItems 类型),因此有 12 000 个 IoT 部署选项和相应的用例。该数量甚至还未考虑与以下实体关联的组合:资源、数据元素、域、能力、攻击效果和组织。可以想象,排列从数千个轻而易举地就能增加到数百万个。

表 7.1 14 种 IoT 全集系统的视角

序 号	视 角	描 述
1	行为	整体描述 IoT 宏观行为。这种行为可能是涌现性的(即 IoT 来源于设备在互联网的连接)或工程化的(即 IoT 来源于工程实践)
2	应用域	识别各种环境变量和特性,监控 IoT 解决方案的使用性及其在单个或多个行业的应用情况,描述特定 IoT 解决方案在行业领域上的应用效果
3	物理结构	描述某一事物的逻辑结构:传感器、作动器、集合器,为了某一输出组合了多个输入,或更具体地说,是具有不同计算能力级别的计算设备
4	服务	描述一个事物在网络上使用或向其他组件提供的各种服务。实质上,IoT 解决了一个业务问题或创造了开发新业务案例的机会,最终形成新的业务流程
5	资源	在 IoT 系统部署中,描述资源、资源管理和供需关系
6	信息	描述资源之间、跨越不同网络以及各种事物之间交换的知识结构
7	网络	描述两个事物之间的网络结构。两个事物之间的地理距离和相对兼容性,最终可能决定在某一路径上调用何种资源
8	脆弱性	从多个视角描述 IoT 部署中的脆弱性,需在此列表中定义的各种视角交界处的脆弱性。各种计分系统,如公共脆弱性计分系统(CVSS)(First,年代不详)、通用弱点计分系统(CWSS)(Coley,2014)等用于评估 IoT 部署中固有的脆弱性
9	组织	描述针对给定 IoT 部署具有既得利益的各种组织。多个组织可能参与多个需共享服务、资源、信息和应用的 IoT 部署
10	安保性	描述安保机制和技术
11	隐私性	描述隐私机制和技术

序 号	视 角	描　　述
12	分析	描述在 IoT 部署中确定正确功能所需的分析,涉及宏观和微观两个层面,可从整体上看待某个事物相对于特定应用领域或行业的影响和作用。最终,这种分析框架将用于关键基础设施层级的配置和控制
13	策略	描述多个视角之间的关系,用于指定和定义适用于不同利益相关方的各种视角交接位置的交互和关系
14	用户	描述 IoT 部署中涉及的用户(或利益相关方),可能包括最终用户、临时用户(即将其作为第三方服务,间接使用 IoT 的用户,例如市场服务)以及在典型 IoT 部署中使用该应用的各类组织

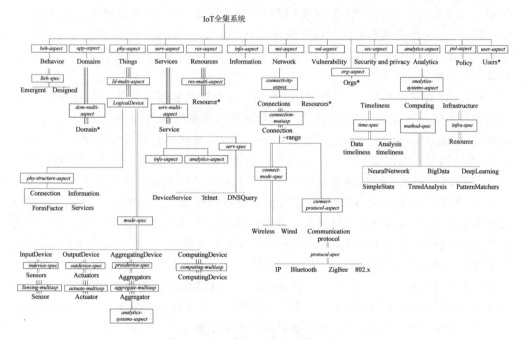

图 7.7　IoT 全集系统 SES 模型的示例

如前所述,可将上述排列中列举的每个结构选项作为有效的系统架构来实现。该探索还涉及每个节点的约束和评分,可能有助于整体风险的评估。对高层模型中的每个选项都进行性能和风险分析,这将耗费大量资源且成本高昂。随着在裁剪过程中增加更多的约束,IoT 模型更接近于特定的解决方案,因此,无论从可视化方面还是从数学方面,都将更加容易地对风险进行量化的表示。

该理论模型针对基础的 IoT 全集系统提出了 14 个视角,表明各种实体如何建立不同的交叉参考。将各种脆弱性类型、风险评分与抽象模型中的各个实体相关联,从而产生所需的抽象层级,用以理解宏观层级的风险影响。进一步的约束规范可帮助我们理解一系列 IoT 全集系统的风险。

7.5　案例研究：Mirai 攻击

本节将介绍在通常实际案例中使用的 IoT 全集系统的理论模型。

7.5.1　说　明

2016 年 9 月，Mirai 病毒针对 Internet 上的特定目标开启大规模的分布式拒绝服务（DDoS）攻击。虽然 DDoS 攻击不是什么新鲜事，但这次攻击规模是前所未有的（620 Gbps），几乎是之前攻击流量记录的两倍（由 Akamai 报告，主要研究此类攻击的组织），而且卷入参与攻击的受 Mirai 僵尸网络控制的 IoT 设备数量惊人（Shugrue，2016）。以前，DDoS 攻击的僵尸网络的大多数成员都是传统的端点，例如便携式计算机和服务器。现在，由 IoT 设备组成的 Mirai 僵尸网络已参与其他多种 DDoS 攻击，据称流量最高可达 1.2 Tbps（Loshin，2016）。

Mirai 病毒和相关的僵尸网络代表了 IoT 攻击场景事例中非常简单的类型，攻击目标设备的唯一显著的功能就是它们具有发送网络流量的能力（当然，除了易受到攻击之外）。在这方面，Mirai 攻击的目标设备并不考虑它是烤面包机还是重要的工业控制系统，唯一需要考虑的是，病毒是否能进入这些存在问题的设备（Krebs，2016）。攻击本身主要依靠"暴力"方式，使用类似于基本 DDoS 的技术，通过网络流量来淹没目标的 Internet 服务（Dobbins，2016），同样没有依赖设备的特定功能。相反，Mirai 僵尸网络之所以如此有效，除与设备本身固有功能的原因之外，还有其他更多的原因。第一个重要原因是，这些设备便于远程调试，首先是因为缺少通常 PC 上采用的安全软件，如防病毒软件。第二个重要原因是，目标设备支持 7×24 全天运行，这与一般的 PC 常常在工作日下班时关闭不一样（MalwareTech，2016）。这意味着攻击者能快速展开其僵尸网络，通常是易受攻击的设备在连接到网络后的 10 min 内就被感染（Dobbins，2016），并且在任何给定的时间点，其中相当数量的受攻击设备又可参与到攻击中。

自从 2016 年 9 月份的攻击以来，恶意软件作者发布了 Mirai 恶意软件的源代码，而且被该恶意软件破坏的设备数量已增加一倍以上（Mimoso，2016）。将来不可避免地会有人采用此恶意软件及其变种进行攻击，且有可能难以缓解这一形势。根据所选定的目标，将来可能会遭受更大的影响。

7.5.2　使用 IoT 的 SES 模型对 Mirai 用例建模

现在，我们将使用 IoT SES 模型对 Mirai 用例进行建模，并演示针对通用 IoT 的 SES 模型的裁剪过程，从而开展 Mirai 案例研究的特定用法。裁剪的主要目的是减少设计选项，并转而为给定问题提供架构的实体结构。

如裁剪过程中所述，仅从 SES 特化选项中选择其一，然后使用父实体对其进行标记。有关裁剪过程的更多详细信息请参见 Zeigler 和 Hammonds（2007）的论文。使用

图 7.7 当作基本的 SES,在裁剪过程中采用以下活动,从而产生与正常 IoT 运行用例相关的 IoT 全集系统的 SES。

图 7.8 提供了以下部分选择的概要视图。

① 在 beh - aspect 层面:将 Behavior 特化为 Designed,从而产生新的实体标签 Behavior - Designed,代替初始的 Behavior 实体标签。

② 在 app - aspect 层面:将 Domains 特化为 InfoTech,后者可将 Capability 实体特化为 Capabilities - Desired,而 AttackEffect(攻击效果)的规范未变化。

③ 在 phy - aspect 层面:将 LogicalDevices 特化为 ComputingDevices。IPCameras 实体类型对应有许多 ComputingDevices。这些新信息在父 SES 中并不存在。初始的 SES 为我们提供了抽象的结构,允许在任何实体层级进行扩展。

④ 在 serv - aspect 层面:未有变化。

⑤ 在 res - aspect 层面:将资源 Management 实体特化为 Configuration(配置),因为可能出现在配置管理中。当前案例中没有涉及 Person,因此删除 Person 实体。但是,资源项仍有信息、系统和角色实体的选择。这表明裁剪过程仍然可以保留选项,而不必在最低的叶层级进行特化。System 实体不变,将 Software 实体特化为 CameraSoftware 实体。

⑥ 在 info - aspect 层面:未有变化。

⑦ 在 net - aspect 层面:将 Connection 特化为 Wired,而将 CommunicationProtocol 特化为 IP;并且当指定 ResoureItem 实体时,Resource 树将使用 System 实体。

⑧ 在 vul - aspect 层面:未有变化。

⑨ 在 org - aspect 层面:未有变化。

⑩ 在 sec - aspect 层面:未有变化。

⑪ 在 analytics - aspect 层面:将 analytics - systems - aspect 特化为 SimpleStats 实体,而将基础架构特化为 Resources 实体。

⑫ 在 pol - aspect 层面:未有变化。

⑬ 在 user - aspect 层面:未有变化。

以上的简化将产生(不计入多层面):(3 个 Service)×(2 个 DataElement)×(3 个 System 类型)×(5 个 Router 类型)×(4 种 AttackEffect 攻击效果类型)×(3 个 Organization 类型)×(2 个 User 类型),共计产生 2 000 个设计与评估的选项,比初始抽象 SES 中 480 万个选项减少了 3 个数量级。

图 7.9～图 7.13 所示为 Mirai 系统所捕获的其他的 PES 裁剪/特化功能。请注意,图中灰色标号在下面描述的"中性游走"用例中引用。中性游走说明,对于 IoT 设备正常的运行用例,Mirai 的 PES 是如何导航的,即最终用户采用远程应用,通过 Internet 向 IP 摄像机请求图像。

中性游走序列:

① End User 通过发送请求,开始程序;

② End User 打开 Application;

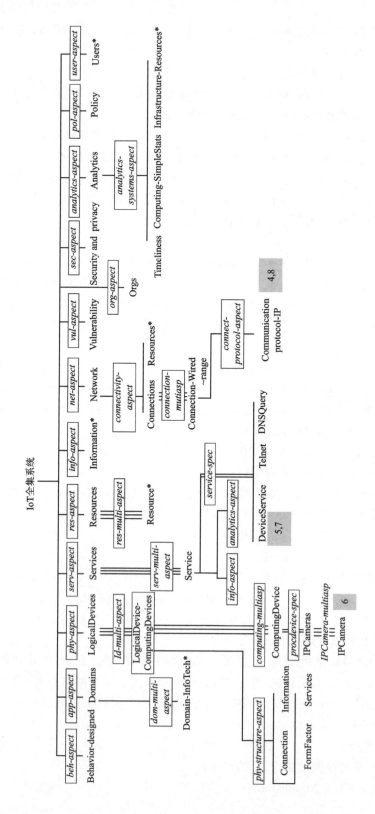

图7.8 Mirai系统的IoT全集系统的PES

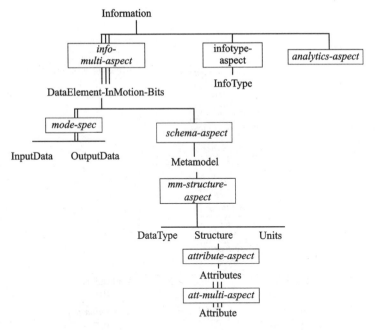

图 7.9　Mirai 系统 PES 的 Information PES

③ Application 是 CameraSoftware；

④ Application 调用 Communication Protocol - IP；

⑤ DeviceService 收到请求；

⑥ DeviceService 与 IPCamera 通信，通知 IPCamera 拍摄图片；

⑦ IPCamera 将图片送回 DeviceService；

⑧ DeviceService 调用 Communication Protocol - IP，将图片发送给 Application；

⑨ Application 接收图片；

⑩ End User 接收图片。

在 Mirai 攻击的情况下，一旦 IoT 设备（例如 IP 摄像机）被加载了 Mirai 恶意软件，IoT 设备服务就会触发 DNS 查询（请参见图 7.8 中的 DNSQuery 服务节点），从而开始对 DNS 服务器攻击。大规模受损的 IoT 设备带来针对 DNS 服务器的 DDoS。在步骤⑤和步骤⑥之间插入突出显示的步骤⑤*，此插入将中性游走序列转换为攻击游走序列。

攻击游走序列：

① End User 通过发送请求，开始程序；

② End User 打开 Application；

③ Application 是 CameraSoftware；

④ Application 调用 Communication Protocol - IP；

⑤ DeviceService 收到请求；

⑤* DeviceService 使用 DNSQuery 服务，与 DNS 服务器通信；

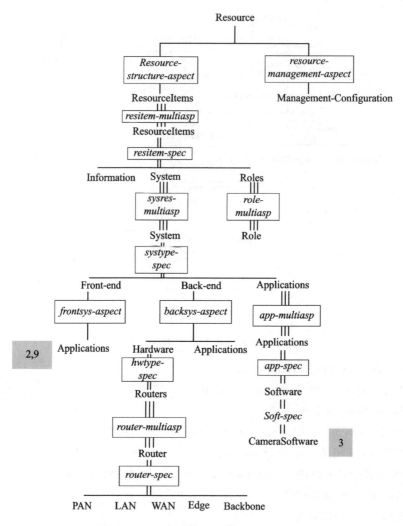

图 7.10　Mirai 系统 PES 的 Resource PES

⑥ DeviceService 与 IPCamera 通信,通知 IPCamera 拍摄图片;

⑦ IPCamera 将图片送回 DeviceService;

⑧ DeviceService 调用 Communication Protocol-IP,将图片发送给 Application;

⑨ Application 接收图片;

⑩ End User 接收图片。

攻击游走序列仅说明如何修改现有的正常游走序列,对影响整个系统的新行为的攻击进行建模。虽然所示的攻击序列不能描述整个系统的运行方式,但确实可表明概念性 Mirai 系统 PES 在设备层级实施 DDoS 攻击的必要细节。可构造包括 DNSQuery 服务在内的更多相关游走,对整个 Mirai 案例研究进行建模。这可作为后续的练习。

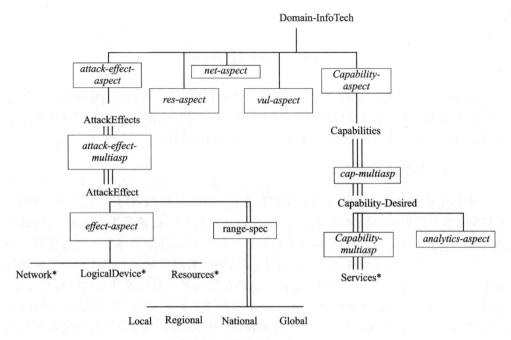

图 7.11　Mirai 系统 PES 的 Domain – InfoTech PES

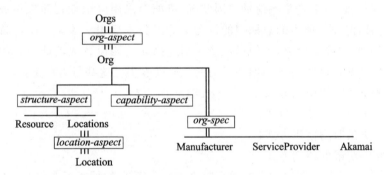

图 7.12　Mirai 系统 PES 的 Orgs(组织)PES

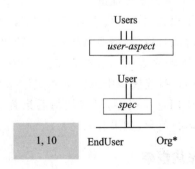

图 7.13　Mirai 系统 PES 的 Users PES

7.6　IoT 的风险

IT 和 OT 各自都有成熟而鲁棒的风险评估和管理方法。然而,当前这些研究团体由 IoT 连接在一起,而这些团体对风险的视角有所不同,可能会在开发完全的解决方案时出现问题而不能充分应对 IT 和 OT 方面更复杂的问题。

7.6.1　IoT 技术后果

许多团体(包括 IT 和 OT)都将风险表达为非期望事件的可能性和事件影响的严重性的组合。更简洁地说,此概念表示为:风险＝可能性×造成后果。然而,尽管就构成风险的概念达成了广泛共识,但风险特征的详细信息在各个团体之间也可能存在很大差异。某一个团体可能会接受某种结果,而这种结果对于另一个团体来说可能是最坏的状况。由于表达任一定量的严重性都会需要规定某一研究团体的风险视角,因此在尝试建立涵盖多个团体的综合理解时,这种定量方法并不是一个好的起点。因此,在开始时,IoT 技术后果规范将以定性形式来表达。据悉,确定性程序支持识别这些后果的特征,可能开发出由 IT 和 OT 团体共同接受的风险理解工具。

人们试图了解 IoT 全集系统的风险状况,可能会采用确定性程序来生成系统中出现的技术后果,但技术能力的非期望的行为会导致技术后果。为了产生与特定设备或功能单元相关联的技术后果,人们尽可能详细地描述与该设备或功能单元相关的技术能力,然后将这些功能映射到非期望行为的一段列表中。这些行为可是:

- 允许非期望的使用方式;
- 阻止所期望的使用方式;
- 滞缓所预期的使用方式;
- 改变所期望的使用方式。

每个能力与每个非期望行为的组合都会产生一系列的技术后果,对于给定设备或功能单元的能力而言,理论上至少是可能的。

理解与设备或功能单元相关的潜在技术后果,只是理解与这些设备相关的运行风险过程的一部分。为了理解运行风险,需要将技术后果转化为运行后果,这些后果需以其对整个 IoT 全集系统的影响来表示。这样做需要了解发生给定技术后果的背景环境,可通过将技术后果与 IoT 系统模型中的元素相关联来提供这样的背景环境,如由 SES 模型所描述的。通过使用这一模型,可将技术后果置于需要的背景环境之中,了解该技术后果可能导致的运行后果(如果有的话)。

7.6.2　综合风险评估框架

前面各节所提出的概念可合并到理论风险评估框架之中,步骤如图 7.14 所示。

① IoT 理论模型——描述在 SES 框架中 IoT 系统按计划使用的一系列运行场景。

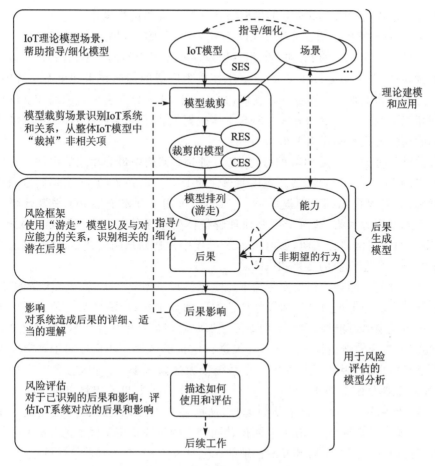

图 7.14　组合的风险评估框架

② 模型裁剪——SES 产生 PES 和/或 CES。

③ 风险框架——PES 或 CES 中的设备和/或功能单元对应的一系列技术能力和按计划使用的游走。一系列非期望的行为将应用于所产生的游走的功能中,这就会导致一系列潜在的技术后果。

④ 影响——在游走出现的背景中检查所产生的技术后果,人们可得到与这些游走相关的一系列运行后果,并可直接用于风险评估。

7.7　结　论

CPS 和 IoT 都包含 3 个基本元素:传感、计算和作动。基于 CPS 和 IoT 用例场景,这些元素由具有不同特征的网络通道连接。IoT 与 CPS 在多个层级的规模上有所不同:数据、用户、网络、风险状况等。IoT 是 CPS 更加复杂的版本。在实验室环境中,针对 CPS 和 IoT 的各种丰富特征进行建模,是一项非常复杂的工作,仅仅因为需要建模的环境是多层面的,所以 CPS/IoT 模型需要从多个视角进行描述。

本章以 SES 模型的形式介绍了 IoT 理论模型,作为识别 IoT 系统风险的一种潜在方法。该模型包含 IoT 的 IT 和 OT 组件以及这些元素周围的环境,并提出了以设备为中心的世界观,在不同运行环境中,这对于在更为广泛的面向技术的生态系统中,理解设备所扩展的影响是必不可少的。我们认为,基于 SES 的方法论是识别和理解模型元素之间相互依赖关系的恰当方式。SES 本体框架提供了一个健壮的框架,以可视化和结构化的迭代方式来构建 IoT 模型。

裁剪过程有助于广义 SES 的特化,以识别 IoT 架构中最为相关的组件。这些组件包括 IoT 的 IT 和 OT 特性,通过应用概念性的 IoT 全集系统的 14 个不同方面进行进一步确定,为最终提出模型而提供了一个起点,可用于开发描述 IoT 及其环境基本要素的一系列通用的术语,这对于更好地理解整体生态系统和相关风险是至关重要的。Mirai 僵尸网络案例研究表明,如何从 SES 描述中构建僵尸网络模型,并有可能用于进一步了解 IoT 生态系统的后果和风险。

在将本章所述的理论框架实际用于风险评估某一环节之前,需完成大量的工作,甚至对运行后果的理解也只是整体风险评估的一部分工作;还需要某一种方式来了解给定后果在系统中的可能性,避免人们专注于那些看似最具破坏性而本不会发生的后果;最终,还需通过规定严重性来对运行后果进行定量的理解。严重性对于确定风险的优先级是必不可少的,因此资源可集中在系统最大风险来源上。但是,在 IoT 全集系统中,这种严重性分配需要 IT 和 OT 实践人员的支持。如果希望将重点放在技术后果上,这些团体将商定一个共同的研讨起点,从而使双方对风险的严重性达成共识。因此,技术后果为了解满足 IT 和 OT 团体共同需求的风险奠定了坚实的基础。

未来的研究可能会扩展到开发详细的风险计算方法、自动裁剪算法等这类工作上,从静态(设计)和动态(实现)视角适应 IoT 实施的变化,并最终创建自动化风险评估和缓解策略。但是应注意,从通用模型到自动化风险评估和缓解策略的路径并不是一蹴而就的,后续的研究得有益于 IoT 复杂组织体提升其稳定性和强韧性,充分发挥工业和商业应用,以及了解提高态势感知能力的潜在途径。

致　谢

2002 年美国《国土安全法》(PL 107 - 296 的 305 节,在 6 USC 185 中规定),在此称为法案,授权国土安全部(DHS)部长指派分管科学和技术的助理部长具体执行,建立一个或多个由联邦资助的研究和开发中心(FFRDC),提供对国土安全问题的独立分析。MITRE 公司根据合同 HSHQDC - 14 - D - 00006 为国土安全部运行管理国土安全系统工程和开发研究院(HSSEDI)。

HSSEDI FFRDC 为政府提供了必要的系统工程和开发专业知识,用以进行复杂的采办规划和开发:概念探索、实验和评估信息技术;信息技术、通信和赛博安保的流程/标准/方法和协议;系统架构和集成;质量和绩效审查、最佳实践经验及绩效测度和措施;独立测试和评估活动。HSSEDI FFRDC 还与构成国土安全复杂组织体的其他的联邦、州、地方、部族以及公共和私营部门组织合作并提供支持。HSSEDI FFRDC 的研究

是在与 DHS 共同认可的情况下进行的,并且组织成为一系列分散的任务。该报告涉及以下方面的研究和分析工作:

任务单号:43161204;

任务标题:HSHQDC - 16 - J - 00526;核心研究计划,IoT 建模;

任务单赞助方:国土安全部、国家保护和计划局;

目的陈述:此研究的目的是开发一个 IoT 的理论模型,并描述如何在 IoT 中心系统中使用此模型开展风险评估。

本报告中提出的结果不一定反映国土安全部的官方意见或政策。

备 注

该软件/技术数据是根据合同号 HSHQDC - 14 - D - 00006 为美国政府生产的,并且受联邦采办法规第 52.227 - 14 条"数据权——一般条款"的约束。根据 27.409(b)(1)的规定,增加以下条款及适当的其他条款:

数据中的权利——一般(2014 年 5 月,偏离)。

未经 MITER 公司明确的书面许可,除根据条款授予美国政府或代表美国政府用途之外,没有其他任何使用授权。

有关更多信息,请与 MITER 公司合同管理办公室联系,地址是:7515 Colshire Drive,McLean,VA 22102 - 7539,(703)983 - 6000。

批准公开发布;发行无限。公开发布案例。

编号 19 - 0575/DHS,参考编号 16 - J - 00526 - 01。

参考文献

[1] Berg C. (1973). Hypergraphs. North-Holland, Amsterdam: American Elsevier Publishing Company.

[2] CASAGRAS. (n. d.). RFID and the Inclusive Model for the Internet of Things. http://www. rfidglobal. eu/userfiles/documents/FinalReport. pdf (accessed 28 December 2016).

[3] CERP-IoT. (n. d.). Internet of Things: Strategic Research Roadmap. http:// www. grifs-project. eu/data/File/CERP-IoT%20SRA_IoT_v11. pdf (accessed 28 December 2016).

[4] Cisco. (n. d.). The Internet of Things: How the Next Evolution of the Internet is Changing Everything. CISCO IBSG. http://www. cisco. com/web/about/ ac79/docs/innov/IoT_IBSG_0411FINAL. pdf (accessed 28 December 2016).

[5] Coley S. (2014). Common Weakness Scoring System (CWSS). McLean, VA: MITRE. https://cwe. mitre. org/cwss/cwss_v1. 0. 1. html (accessed 30 April 2019).

[6] Dobbins R. (2016, October 26). Mirai IoT Botnet Description and DDoS Attack Mitigation. Arbor Networks. https://www.arbornetworks.com/blog/asert/mirai-iot-botnet-description-ddos-attack-mitigation (accessed 8 January 2017).

[7] Domingue J, Fensel D, Traverso P. (2008). Future Internet - FIS 2008: First Future Internet Symposium. Vienna, Austria: Springer.

[8] First.org. (n.d.). Common Vulnerability Scoring System v3.0: Specification Document. https://www.first.org/cvss/specification-document (accessed 30 April 2019).

[9] Group, UK Future Internet Strategy. (2011, May). Future Internet Report. https://connect.innovateuk.org/documents/3677566/3729595/Future+Internet+report.pdf (accessed 28 December 2016).

[10] Haller S. (n.d.). Internet of Things: An Integral Part of the Future Internet. http://services.future-internet.eu/images/1/16/A4_Things_Haller.pdf (accessed 28 December 2016).

[11] Huang, Y., & Li, G. (2010). Descriptive Model for Internet of Things. International Conference on Intelligent Control and Information Processing, Dalian, China.

[12] Jazdi N. (2014). Cyber Physical Systems in the Context of Industry 4.0. IEEE International Conference on Automation, Quality and Testing, Robotics, Cluj-Napoca, Romania. IEEE. doi:https://doi.org/10.1109/AQTR.2014.6857843.

[13] Krebs B. (2016, October 16). Hacked Cameras, DVRs Powered Today's Massive Internet Outage. Krebs on Security. https://krebsonsecurity.com/2016/10/hacked-cameras-dvrs-powered-todays-massive-internet-outage/(accessed 8 January 2017).

[14] Lee GM, Park J, Kong N, et al. (2011). IETF-The Internet of Things: Concepts and Problem Statement. Internet Draft, IETF.

[15] Loshin, P. (2016, October 28). Details emerging on Dyn DNS DDoS attack, Mirai IoT botnet. TechTarget. http://searchsecurity.techtarget.com/news/450401962/Details-emerging-on-Dyn-DNS-DDoS-attack-Mirai-IoT-botnet (accessed 8 January 2017).

[16] MalwareTech. (2016, October 3). Mapping Mirai: A Botnet Case Study. MalwareTech. https://www.malwaretech.com/2016/10/mapping-mirai-a-botnet-case-study.html (accessed 8 January 2017).

[17] Mckinsey. (n.d.). The Internet of Things. https://www.mckinseyquarterly.com/High_Tech/Hardware/The_Internet_of_Things_2538 (accessed 28 December 2016).

[18] Mimoso M. (2016, October 19) Mirai Bots More Than Double Since Source

Code Release. Threatpost. https://threatpost. com/mirai-bots-more-than-double-since- source-code-release/121368 (accessed 8 January 2017).

[19] Mittal S, Martin J L R. (2013). Netcentric System of Systems Engineering with DEVS Unified Process. Boca Raton, FL: CRC Press.

[20] National Intelligence Council (NIC). (n. d.). Disruptive Technologies Global Trends 2025. http://www. fas. org/irp/nic/disruptive. pdf (accessed 28 December 2016).

[21] Sehgal V K, Patrick A, Rajpoot L. (2014). A Comparative Study of Cyber Physical Cloud, Cloud of Sensors and Internet of Things: Their Ideology, Similarities and Differences. IEEE International Advance Computing Conference (pp. 708-716). Gurgaon, India. IEEE.

[22] Shugrue D. (2016, October 5) 620+ Gbps Attack- Post Mortem. Akamai. https://blogs. akamai. com/2016/10/620-gbps-attack-post-mortem. html (accessed 8 January 2017).

[23] SIG IoT. (2013). Internet of Things (IoT) and Machine to Machine Communications (M2M)Challenges and opportunities: Final paper May 2013. Technology Strategy Board- IoT Special Interest Group.

[24] Sundmaeker H, Friess P, Guillemin P, et al. (2010). Vision and Challenges for Realizing the Internet of Things. European Research Project. CERP-IoT: Brussels.

[25] Voas J. (2016). Network of"Things". NIST Special Publication. (pp. 800-183). https://doi. org/10. 6028/NIST. SP. 800-183.

[26] Zeigler B P. (1984). Multifaceted Modeling and Discrete Event Simulation. London, UK: Academic Press.

[27] Zeigler B P, Hammonds P E. (2007). Modeling and Simulation-Based Data Engineering: Introducing Pragmatics into Ontologies for Net-centric Information Exchange. Academic Press. https://www. elsevier. com/books/modeling-and-simulation-based-data-engineering/zeigler/978-0-12-372515-8 (accessed 10 August 2019).

[28] Zeigler B P, Praehofer H, Kim T G. (2000). Theory of Modeling and Simulation: Integrating discrete event and continuous complex dynamical systems. Academic Press.

[29] Zeigler B P, Sarjoughian H. (2017). Guide to Modeling and Simulation of System of Systems (Simulation Foundations, Methods and Applications). Springer. https://www. springer. com/gp/book/9783319641331 # aboutBook (accessed 10 August 2019).

[30] Zeigler B P, Zhang G. (1989). The system entity structure: knowledge repre-

sentation for simulation modeling and design. In L. Widman，N. Nielseen，& K. Loparo（Eds.)，Artificial Intelligence，Simulation and Modeling（pp. 47-73). Hoboken，NJ：Wiley.

[31] Zimmerman R，Restrepo C E.（2009). Analyzing Cascading Effects within Infrastructure Sectors for Consequence Reduction. IEEE International Conference on Technologies for Homeland Security. Waltham.

第三部分
基于仿真的 CPS 工程

第 8 章　支持 CPS 嵌入式控制器高效开发的仿真模型连续性

Rodrigo D. Castro[1]，Ezequiel Pecker Marcosig[2] 和 Juan I. Giribet[3]
1 阿根廷布宜诺斯艾利斯大学 FCEyN 计算科学系、CONICET 计算机科学研究所
2 阿根廷布宜诺斯艾利斯大学 FIUBA 电子工程系、CONICET 计算机科学研究所
3 阿根廷布宜诺斯艾利斯大学 FIUBA 电子与数学工程系、CONICET 数学研究所

8.1　概述与动机

IoT 和灵活生产系统相结合的市场处于高速发展之中，在此驱动下 CPS 的嵌入式控制器高效开发面临着前所未有的压力（Marwedel，2018）。显著的特性是需求的不确定性和快速演进，而这种情景的出现是由传感器、执行器（作动器）和嵌入式计算平台的低廉成本和强大技术的普及所推动的。

数十年来，软件工程领域投入巨大的精力来创建形式化的方法和工具，用以开发嵌入系统的控制器，特别是针对那些具有混合特性以及实时约束的控制器。现代的混合控制器设计方法倾向依赖于统一的建模框架，从而在应用中获得并结合这类众所周知的建模技术的强大表达能力，如混合自动机等（Branicky 以及所参考的文献，1998）。

然而，现有的大多数方法仍然费时费力并难以扩展到实际应用中。基于模型和基于仿真的技术（Jensen 等，2011）提供了越来越大的吸引力，并具有快速、强大的原型设计以及确保嵌入式系统最终交付（Wainer 和 Castro，2011）的能力。最近，人们开始意识到模型驱动的工程（MDE）是促进混合模型组合应用的强大的备选方法，同时可降低建模人员面对的基本的复杂性（Tolk 等，2018）。

但是，当继续采用基于仿真的控制方法时，我们不可回避地需要依赖数学模型来描述所控制的 CPS 行为及其环境，其中环境通常又是不可预测的，而模型应精确到控制所需的品质。对于待定的精度，精准的细节又该达到怎样的程度呢？牺牲细节的简化意味着考虑了不确定性，这时将未建模行为有目的地引入模型中。又如何将这些知识代入鲁棒控制器的设计步骤中呢？当到了备选模型的验证、确认和认证阶段时，不可避免地会在期望行为和所观察到的行为之间出现误差，因此必须定义接受或拒绝模型的准则。模型是否需要重做，并应该退回到哪个阶段？是否应归咎于那些未建模动态行为的分析？还是我们只是造成模型不够鲁棒？

我们认为这些问题并没有统一或直观的答案，因此，需要一种方法论以帮助 CPS

控制器的设计者,通过定义明确的阶段,不断地迭代来找到针对每种状况的恰当的解决方案。

另外,CPS可看作控制装置和物理装置的混合,并需要做到受控。混合反馈回路在CPS中普遍存在,集成了算法域和物理域,在此计算过程和物理领域中相互作用和影响。在有限的计算资源条件下,事实上这也是一项挑战,特别是对于减少能耗的关键要求。在这些情况下(Marcosig等,2017),为了适应不可预测的环境干扰,需要在物理稳定性难题和算法能力之间针对稀缺的计算资源进行安全可靠的权衡。

本章提出的基于连续性的模型方法,可用于混合控制器的迭代开发,包括在CPS的控制方面和物理方面之间的权衡考虑。

8.1.1 赛博物理系统的控制

对于应用于CPS的典型闭环控制系统(见图8.1),其组成包括:受控的物理系统、获取系统信息的传感器、调节物理系统行为的作动器(执行器)以及执行控制算法的处理器(控制器)。

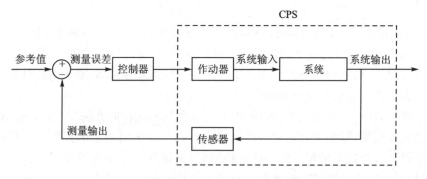

注:系统输出作为反馈以补偿系统的不确定性和提高稳定性。

图8.1 闭环控制系统图

在控制工程文献中(Ozbay,1999),物理系统、传感器和作动器的结合称为装置(Plant)。在许多应用中,与物理系统(传感器和/或作动器)的接口包括本身的赛博和物理组件,例如无线传感器和作动器网络(WSAN)。装置自身是具有复杂动力学的CPS,控制算法在于调节物理系统的动力学行为,以便输出符合参考的运动轨迹。测量输出与期望输出(参考值)之间的差异反馈到控制器,计算出作动器的命令信号。

控制系统的设计问题,特别是对于CPS,通常涉及三类的活动(Sánchez‐Peña等,2007)。**实验活动**直接作用于自装置。但直接从装置开始,不可能进行严谨和系统化的分析或设计。此外,在许多情况下,系统实验可能费时费力或存在危险。因此,在实验前开展其他的活动是必不可少的。

基于仿真的活动操作装置的计算模型,计算模型很好地表达了系统,但由于计算能力有限,因此在许多情况下不可避免地需要作出简化的近似。但是,使用计算模型,而不直接对物理系统进行实验,可降低风险和成本。

仿真活动背后的理念是,在考虑可用计算能力的情况下,尽可能逼近所仿真的物理系统。而对于设计控制系统策略的符号分析方法而言,基本的数学模型可能过于复杂。因此,必须采用新的方法进行简化,以便于应用数学工具进行控制器的分析和设计,从而开展**分析设计活动**,从理论的角度对问题进行研究。

实际系统与理论模型之间的差异可量化并作为模型的不确定性,在设计控制器时需考虑这些差异。尽管控制器设计基于理论模型,但它必须提供一定的鲁棒性来应对不确定性。在某些情况下,可提供系统鲁棒性的理论结论(Sánchez‐Peña 和 Sznaier,1998 年);而在其他许多情况下,可通过如蒙特卡洛仿真来验证鲁棒性。

理论模型和实际系统之间的差异,在设计控制器时并不是必须考虑的唯一的不确定因素,还存在一些扰动,例如传感器噪声或作动器延迟。此外,执行控制算法的硬件和/或软件也会代入一些不确定性,这在 CPS 中尤其重要。在该系统中,控制器与实体之间可能存在复杂的交互,并且在开发控制算法时有时认为就是不确定性,或在控制器设计的某些情况被忽略,而由此带来的后果会在以后的仿真或实验验证中才能得以进一步的探究。

控制算法的鲁棒特性,确保它在实际应用中是可行的,但需要在鲁棒性和性能之间进行权衡。在较大的不确定性的情况下,为保证系统的运行,通常会以牺牲性能为代价,例如,控制操作对于装置变化的反应有一定的延迟。为了提高性能,需要更好地理解系统,例如,可将作动器的迟滞作为不确定性,并设计一种即使在最坏情况下也能操控系统的控制算法。在这种情况下,无需事先了解延迟。但如果能很好地描述延迟,可在分析活动中利用它来进行控制律的设计。有时与通常的假设刚好相反,某些系统延迟的存在实际上却改善了控制器的性能(Moyne 等,2008)。

控制器设计的三类活动是相互关联的,并且为达成所需的性能或控制品质,常常有必要在它们之间进行迭代,如图 8.2 所示。

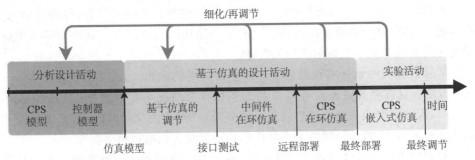

图 8.2　CPS 控制设计流程的典型活动和阶段

理想情况下,在分析设计活动中获得结果并通过仿真予以验证,然后再通过实验确保系统具有预期的行为。如果所提出的控制器设计无效,则必须对其进行更进一步的调节,或最终从分析设计活动重新开始,当然这也只是理想的情况。但实际上,工程决策是在缺少理论背景的全面支持情况下开展的,并通过数值仿真进行证明或通过实验测试进行验证。

如图 8.2 所示,仿真活动可支持不同的阶段。软件在环(SIL)仿真支持在实际环境中验证软件。为验证软件的正确性,该策略对于研究控制器性能降级的情况十分有用,例如,由于软件调度或等待时间而导致的降级。当中间件是控制系统的组件时,这种情况特别有用,将在之后给予说明。

在多种情况下,利用仿真和实验活动的结合来设计控制器。硬件在环(HIL)的仿真对于在仿真环境中测试系统集成非常重要,如接口和通信。仿真方法可在 CPS 的某些组件(控制器、传感器或作动器)上执行实验性的测试,而物理系统被计算模型取代。当无法进行装置的实验测试时,这点尤其重要。为此在控制设计工作流程的实验验证之前执行 HIL 仿真,将发现问题并最终重新设计控制器,从而降低成本、减少开发时间以及降低风险。

控制设计的不同阶段之间存在着相互的交互,因此鼓励使用快速原型的设计策略来开发控制系统。该方法的基本思想是使用仿真环境开展模型开发和验证控制算法,然后将控制器转换为实时控制系统原型,自动创建并在装置的实际运行条件下通过原型来验证算法。

在从仿真环境到实验测试台(testbed)的过渡中,在控制系统设计期间可能忽略一些问题,例如未建模的传感器和/或作动器的延迟、传感器噪声、作动器饱和、非线性等。但是,还有另一个组件可能会影响控制系统的性能。在从仿真环境到实验硬件的过渡中,控制算法会进行转换,例如从仿真环境迁移到嵌入式硬件的 C 代码。然后,在仿真环境中评估的算法通常与在实验测试期间所评估的算法有所不同,其会引入新的延迟,这可能会影响控制器而降低系统的性能。

8.1.2 DEVS 作为建模和仿真的形式化方法

离散事件系统规范(DEVS)(Zeigler 等,2018)以数学上合理的方式来结合离散事件、离散时间和连续动态。DEVS 模型是具有基于块单元的独立行为,可通过输入/输出端口进行互连,从而创建了块的模块化和层级结构的拓扑形式。有关 DEVS 方面的详细阐述请参见 8.2.1 小节中的相关内容。

集成软件开发的最佳实践提供了产品生命周期的控制,已成功用于基于 M&S 的 DEVS 方法。这在频繁更改且难以预测的系统行为情况下尤为重要(如 Bonaventura 等,2016),因此需要面临的主要挑战是系统复杂性、严格的交付时间、所开发模型和工具的质量和灵活性、跨学科团队关于结论的沟通以及大数据规模分析等。

我们的方法旨在构建端到端的方法论,基于 DEVS 模型连续性来设计混合控制器(Hu 和 Zeigler,2004)。我们的主要思路是,控制器的 DEVS 仿真模型可从基于桌面的仿真环境中透明地演变到最终的嵌入式目标机中,而无需中间重新编码或重新实现。在这种情况下,DEVS 仿真引擎充当 DEVS 模型的"虚拟仿真机"。模型连续性是一种在控制器开发过程中减少引入错误的有效方法,模型连续性策略日益得到认可(Cicirelli 等,2018),其中 DEVS 框架也被当作 CPS 的备选的技术(最近由 Marcosig 等验证,2017)。

在 DEVS 研究团体之前的工作中(Henry 和 Wainer,2007;Castro 等,2009、2012;Moncada 等,2013;Niyonkuru 和 Wainer,2015),当处理嵌入式仿真时,在仿真执行和底层硬件之间(如装载或未装载底层的操作系统)采用了多种方法来解决实时管理或协调问题。

但我们认为,目前这些工作中最薄弱的环节在于更低层级传感器和作动器模型之间的连接,对应链接表示关键的软件抽象和物理平台之间的接口层。通常,设备驱动程序应满足此需求。但作为底层平台专用的软件制品,重新编程或替换设备驱动程序可能是一个繁重的过程,不仅需要专门的技能,而且通常会超出控件设计人员所掌握的技能。

8.1.3　仿真模型连续性的方法

我们提出了一个概念化和实践的框架,以帮助减少上述困难。我们将仿真技术与软件中间件结合,从而抽象出传感器和作动器更低系统层级的细节。

在图 8.3 中,我们提供了参考的仿真驱动蓝图,目标是为依赖模型连续性的嵌入式控制器提供端到端开发流程的指导:从样机和调节阶段到最终部署阶段,控制模型从不与仿真执行所分离。即使注入到目标嵌入式平台,都不会修改(或翻译/转换)模型中的任何一行代码。

图 8.3 所示为 4 个典型阶段或场景,包括图 8.2 中描述的仿真驱动(基于模型)的控制开发的阶段。

阶段 1:基于仿真的控制器设计。我们假设依赖之前开发的受控系统的分析模型,要么应用来自于物理学的基本原理,要么应用来自于黑盒的识别技术,然后将分析模型实现为仿真模型。CPS 模型代表实际目标的 CPS,基于此 CPS 模型,控制器模型负责控制装置的输入,以使其输出期望的运行方式。在图 8.3 的阶段 1 中,我们描述了装置模型和控制器模型之间的闭环。这是典型的仿真场景,工程师在无风险的环境中测试不同版本的控制策略,直到仿真结果达到满意为止。

阶段 2:通信中间件在环。认为阶段 1 是理想的状态,考虑了装置及其控制器之间理想的通信。当引入真实的通信时,如电路和/或网络中不仅会有延迟,而且还会导致拥塞、信息丢失、数据损坏和其他许多并非理想的状况,背景环境仍然是运行着某操作系统(OS)的标准 PC。我们整合了两种软件实体,它们分别运行于仿真器内外。输入和输出仿真模型(图 8.3 中六边形图标中的 I、O 标识)负责与仿真器外部的通信实体进行消息交换。后者为作动器、传感器和控制器实体(分别对应于带有 A、S 和 C 的圆圈),认为是抽象中间 CPS 的通信中间件的基础。在这种新情况下,之前设计的控制器可能需要进行调整,用以考虑非理想特性并确保所需的控制品质。

阶段 3:CPS 远程仿真驱动的控制。接下来的场景摆脱了 CPS 模型,并由实际的 CPS 替代。我们假定 CPS 具有某种单板计算机(SBC)的能力,能够运行通信软件并与 PC 环境中相连的装置交换信息。注意,只是从回路中将 CPS 模型移出来。现在,控制模型必须应对真实 CPS 的非建模行为,而在阶段 1 的控制设计中并未遇到。同样,新

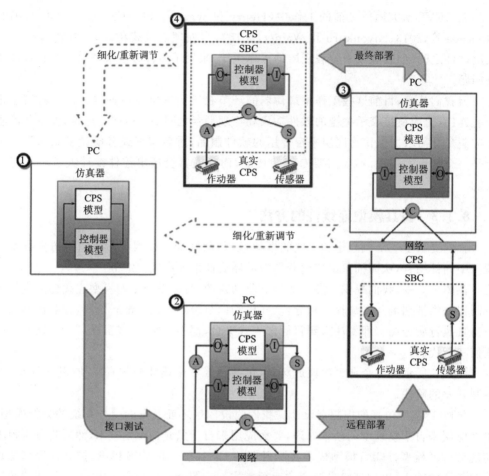

图 8.3　端到端模型的连续性

的设置可能会明显影响闭环的 CPS 性能,在快速原型开发的情况下可能会出现这种情况。在这一阶段,随着新的实证证据的出现,有必要对仿真模型进行完善或调节,然后返回到阶段 1 进行更安全、更快速的实验。

阶段 4:受控 CPS 的嵌入式仿真。在目标嵌入式平台上运行与先前阶段相同的控制器模型。对于仿真控制器,没有任何变化,因为无论在什么平台上运行,它始终具有相同的 I/O 接口,可将仿真器当作运行在特定 SBC 上的仿真虚拟机。

8.2　相关技术背景

本节将简要介绍一些概念,这在本章是非常有用的。

建模和仿真是理解混合系统行为的关键,结合了相互交互的离散和连续动态的系统。CPS 肯定应属于此类,并且在大多数实际情况下,所得到的混合模型不是封闭形式的分析方案。

离散事件系统规范（DEVS）是描述混合系统的数学形式化方法。我们将看到 DEVS 还能描述由离散动力学和连续微分方程表达的系统。同时，PowerDEVS 是一个可与 DEVS 模型共同使用的仿真环境，具有面向块设计的图形用户界面。

机器人操作系统（ROS）是元操作系统，是在操作系统之上运行的软件中间件，其提供了一组用于机器人开发的库和工具（广义上）。我们将利用该中间件进行快速原型的开发。

本部分工作表明，上述 3 种技术是构建基于仿真方法论的关键。

8.2.1　DEVS 框架

DEVS 是模型描述的形式化框架，具有独立于所描述系统特性的抽象仿真算法。DEVS 可精确地描述任何的离散系统和近似连续系统，并且具有任意所需要的精度，因此能够用于仿真在有限时间区间内、历经有限数量状态变化的任何类型的混合系统（Zeigler 等，2018）。

在 DEVS 建模应用中，将系统定义为模块化和层级化的子模型的组合，子模型可以是行为的（原子的）或结构的（耦合的）类型，通过输入/输出端口发送消息，以及面向块进行交互。

就行为而言，DEVS 原子模型 A_M 由以下元组定义：
$$A_M = \{S, X, Y, \delta_{int}, \delta_{ext}, ta, \lambda\},$$
式中：S 是状态集；X 是接收到的输入消息集；Y 是可用的输出消息集。

这里使用 4 个动态函数来定义行为：ta、δ_{int}、δ_{ext} 和 λ。$ta: S \rightarrow \mathbb{R}_0^+$ 是状态持续的时间周期，表示每个状态 $s \in S$ 的生命周期。经 $ta(s)$ 时间后，将触发由内部转换函数 $\delta_{int}: S \rightarrow S$ 给出的内部转换（假设没有外部输入事件到达）。当外部事件到达时，$\delta_{ext}: S \times \mathbb{R}_0^+ \times X \rightarrow S$（外部转换函数）被触发。还有一个参数 e，表示给定状态 s 所经历的时间，且 $0 \leqslant e < ta(s)$。当每次计算新状态 s'（通过调用 δ_{int} 或 δ_{ext} 时），都将会重新计算新的周期 $ta(s')$，并将运行所经历的时间 e 重置为 0。最后，$\lambda: S \rightarrow Y$ 是输出函数，可调用其发出输出消息。

在随后的章节中，我们将看到 DEVS 的动态功能——如何与 DEVS 模型中的作动器/传感器之间进行消息交互，其中 DEVS 模型承担输入或输出映射器的角色。

就**结构**而言，DEVS **耦合**模型 C_M 通过其输入/输出端口将原子组件和耦合组件相互连接。可用如下的元组来描述：$C_M = \{X, Y, D, EIC, EOC, IC, Select\}$，其中，$X$ 和 Y 分别是输入和输出消息的集合；D 是组件的名称集；IC 是 D 成员之间的内部耦合集；EIC 是外部输入的耦合关系（外部输入端口和内部组件之间的链接）；EOC 是外部输出耦合关系；Select 是一个选择的功能，可在同一仿真时间内，根据执行的优先级别对多个内部或外部转换进行调度。

在耦合方面，DEVS 形式化方法是闭合的：DEVS 原子模型和耦合模型的任一层次组成都定义了等效的原子 DEVS 模型。根据定义，DEVS 是一种异步的形式化表示，其中每个原子模型都自己控制自己的时钟(时间周期 ta(s))。将几个原子模型组合成一个较大的耦合模型时,可保持时序的独立性。

在我们提出的模型连续性方案中,这种灵活的耦合方式支持使用简单的过程来连接或重新连接基于控制的模型。

对于实际的建模和仿真,我们采用 PowerDEVS 工具套件(Bergero 和 Kofman, 2010),下面将对其进行进一步介绍。

8.2.2 PowerDEVS 仿真器

DEVS 仿真工具种类众多,例如 ADEVS、CD＋＋、DEVS Java、PythonPDEVS 和 PowerDEVS 等,在此不再一一列举。鉴于此,我们将选用 PowerDEVS,即使用户不熟悉 DEVS,PowerDEVS 也易于上手,并且在混合系统仿真方面具有高效的性能(Van Tendeloo 和 Vangheluwe,2017),因此适用于控制领域的应用。

PowerDEVS 基于开源的 DEVS 仿真器,适于混合系统建模和实时仿真(Bergero 和 Kofman,2010)。其中,图形化设计界面是个显著的特征,原子模型和耦合模型可由简单的拖拽操作来表达那些连接和彼此交换的块。因此,由于隐藏了形式化的内部知识,故特别适合非 DEVS 专家使用,而面向块的可视化的形象表达,也非常匹配于控制工程领域广泛使用的块图形式。

PowerDEVS 还是量化状态系统(QSS)[①]数值方法中的旗舰工具(Cellier 和 Kofman,2006),可在离散事件仿真中有效地求解常微分方程。由此,通过 QSS 方法,PowerDEVS 提供了一个统一的框架,表示单个耦合模型的混合系统中的离散和连续的动态性,同时具有实时仿真的功能。

PowerDEVS 由各种独立程序组成:模型编辑器、原子编辑器、预处理器和仿真,首先是用于仿真模型编辑和配置的 IDE(集成开发环境);其次是用于 DEVS 原子模型的图形编辑器;再次是用于预处理器负责将模型编辑器文件转换为独立执行程序;最后是图形化仿真控制界面,允许用户与模拟执行的交互。仿真器使用 C++编程,每个原子模型(通过图形界面或文本编辑器构建)都映射到与主仿真器链接的 C++文件。

8.2.3 机器人操作系统中间件

尽管其名称为机器人操作系统(ROS),但它并不是一个真正的操作系统,而是在操作系统之上所提供的抽象层的中间件库(Quigley 等,2009)。ROS 支持专家和非专家采用与底层硬件层无关的方式为机器人应用开发软件(但不仅限于此)。ROS 提供了促进可复用的、代码共享的通用接口。即使存在其他中间件选项,ROS 还是被广为接受的中间件库,其拥有庞大且持续增长的开源团队。

---

① 量化状态系统(QSS)是一种新的动力系统类型,是时间连续系统,其中,输入轨线是分段函数,状态变量轨线本身也是分段线性函数。在 DEVS 方法的框架下,QSS 可用离散事件模型精确地表达和仿真。在近似 QSS 中,当量化值为零时,QSS 的解趋于原系统的解。(译者注)

ROS 的运行系统由若干进程组成,进程又称为节点,ROS 节点是执行不同功能的软件应用。由于采用模块化结构,因此可随时开启或停止节点,便于程序的调试。ROS 允许节点通过网络无缝地进行通信,节点之间提供两种通信机制:主题和服务。主题遵循发布者/订阅者的架构,允许多对多的单向通信,而发布者和订阅者并不关心彼此的存在。与主题不同,服务适用于节点之间同步的请求/应答的交互。主题和服务都使用 ROS 消息——严格类型化的数据结构。

ROS 依赖一个主节点来跟踪网络上的所有节点以及节点可订阅的服务和主题。如果节点对特定数据感兴趣,则它必须订阅相应的主题。而后,当该主题每次发布消息时,每个侦听节点的回调函数(callback)都会执行。ROS 已有一系列的并还在不断增加的工具,这些工具可实现数据和网络拓扑的可视化显示、管理节点参数和消息转换、监测主题的带宽等,在此不一而足;同时也为 ROS 配有数据包的存储功能,因此可再次回放那些真实的数据。由于 ROS 已被广泛应用并得到了长期的支持,因此我们也将动态地接受 ROS。

8.3 应用 ROS 的 DEVS(DoveR): 基于模型连续性的方法论的实现

8.1.3 小节介绍了模型连续性的概念,本节将描述模型连续性蓝图方法论的特定实现方式。在具体的实践中,我们将做出一些关键的假设:

① 目标 CPS 系统是一个机器人平台,该平台可自行构建,装置模型本身也是潜在错误的来源;

② 机器人由运行标准嵌入式 Linux OS 的单板计算机(SBC)控制;

③ 模型开发平台是常规的 PC,运行标准的台式机 Linux 系统;

④ PC 和 SBC 之间的通信使用局域网络基础结构,采用标准技术(如 Ethernet/WiFi)。

从非严格意义来看,在该工作中的实时概念其实是弱实时的。若是采用更严格的实时方式,还有另外的几种可选方法。如采用 DEVS 仿真器明确地考虑消息截止时限的概念(Henry 和 Wainer,2007),或者采用依赖 RTOS(实时操作系统)的 DEVS 仿真器(Bergcro 和 Kofman,2010),确保最坏情况下的时限要求,而这些方式也只是为最终产品带来更好的时限特性。从这个意义上讲,我们将立足于"商业货架产品"的场景,研究在操作系统初始环境下可达成的目标。换言之,我们所接受的实时仿真方式仅对消息时间戳做到尽力而为(best-effort)的收发,否则将发生通信流量超载的情况(即仿真时间滞后于实际时间,Cellier 和 Kofman,2006),可能严重影响控制器的品质。

为了在嵌入式系统中应用基于模型连续性的方法论,我们采用 ROS 中间件抽象表达硬件和子系统通信的微妙问题。当前活跃的研究团体开发了各种各样的传感器和作动器模型,封装在大量的 ROS 软件包中,可免费使用。通常,软件系统依赖于定义明确的抽象层(见图8.4),每个抽象层都用于特定的任务,并针对相邻层提供标准接口。ROS与硬件抽象层(HAL)(由OS内核提供)可共同从用户层/应用层有效地抽象出更低的层。同时,混合控制器位于应用层上,基于DEVS的仿真引擎弥补了两者之间的空缺。

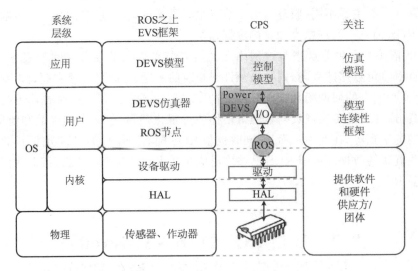

图 8.4 提供分离关注的抽象层

我们将基于ROS的DEVS的组合称为DoveR中间件。在我们的工作中,通过扩展PowerDEVS工具包来实现DoveR。

总体解决方案旨在为控制自动化团体提供一个充分开发混合系统并能透明地与基础硬件链接的仿真平台。即使有在ROS之上增加抽象层(Crick等,2017)的建议,我们也可依赖于PowerDEVS,因其针对连续和离散模型并具有块(block)的模块化互连特征(自动化研究团体广为欣赏和自然接受的一种范式),又因具有出色的性能特征(Van Tendeloo和Vangheluwe,2017),特别适合实时的场景。同样,Monteriù(2016)提出了一种类似的方法,但是用于开发控制器还缺乏具体步骤的引导、增量递进和端到端的设计活动顺序。

DoveR设计方法论涵盖以下阶段:

阶段1:基于仿真的控制器设计。在此阶段,我们仅选用PowerDEVS作为我们的建模和仿真工具包。

阶段2:DoveR在环。在这一步中,我们采用DoveR作为中间件,支持与实际系统进行通信。输入和输出DEVS模型I/O是特定的DEVS原子模型,具有与来自仿真引擎外部的信息进行交互的能力(参见8.3.1小节)。

阶段3:CPS在环的DoveR远程仿真驱动的控制。显而易见,下一步是将系统模型由机器人代替(见图8.5)。然后,我们必须处理那些严重影响闭环回路性能的非建模行为。即使我们尝试使用可接受的模型,也始终存在着一些未考虑到的影响。如前所述,我们正在提供一种快速原型方法,因此,不建议花费大量时间来尝试开发出完美的模型。

阶段 4:在受控 CPS 上的 DoveR 嵌入式仿真。最后,将用在各个步骤中的相同的控制器模型,在 PowerDEVS 上予以实现,并运行在最终的嵌入式平台上(见图 8.5)。对于仿真控制器没有任何变化,是因为它所遇到的接口与之前各个阶段的相同,就好像其已在 PC 上运行一样。可将 PowerDEVS 看作在 SBC 上运行模型的虚拟机。

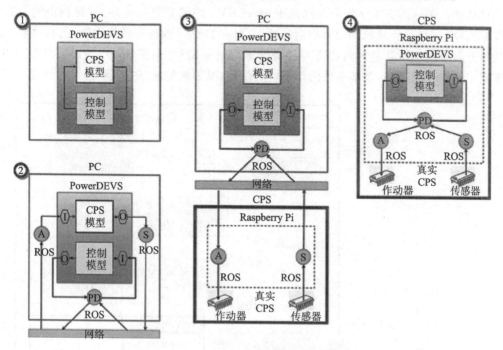

图 8.5　DoveR 端到端模型连续性

步骤 1:独立的基于仿真器的设计(DEVS 工具包);
步骤 2:加入 DoveR,采用 ROS 的 DEVS 以及网络在环;
步骤 3:连接到目标,机器人在环仿真;
步骤 4:嵌入式仿真,具有 DoveR 框架的嵌入式控制器。

8.3.1　PowerDEVS 引擎与 ROS 中间件之间的通信

为了在 PowerDEVS 和 ROS 之间建立通信联系,我们选用 UDP 网络套接字。我们在此回避使用 TCP,因其是面向连接的特性,会在机器人应用中增加毫无价值的、额外的通信开销,在这种情况下,重发丢失的消息通常是没有意义的(新的采样应优先于旧的)。

在实时仿真执行时(Cellier 和 Kofman,2006),内部事件会遵循实际时间。DEVS 框架中的根协调器(root-coordinator)跟踪原子模型表明即将到期的最早的状态持续的时间周期(也称为临近模型)。在等待上述的最早临近的时间戳时,DEVS 根协调器处于空闲状态,并有机会处理来至 ROS 中间件的消息。

当仿真运行开始时,DoveR 原子模型请求侦听特定的 UDP 端口,并将其注册为该端口的侦听器。每个 UPD 端口都分配给一个单独的线程,在整个仿真周期中始终处于侦听状态。每个 UDP 端口及其相关联的线程可由多个原子模型所共享,这些原子模型根据请求可添加到端口的侦听器列表中。

对于侦听器线程与 PowerDEVS 主线程之间的进程间通信,我们依赖于 Linux IPC 消息队列。单一的 FIFO 队列对到达 PowerDEVS 的消息进行排序,并标识出消息来源的 UDP 端口号。从队列中弹出消息后,会触发 DEVS 的外部转换功能,读取关联的端口并将所到达消息通知到侦听器订阅的每个原子模型(见图 8.6)。因此,在 DEVS 框架中 ROS 消息起到外部事件的作用,包含到达原子模型的某一值和某一时间戳。

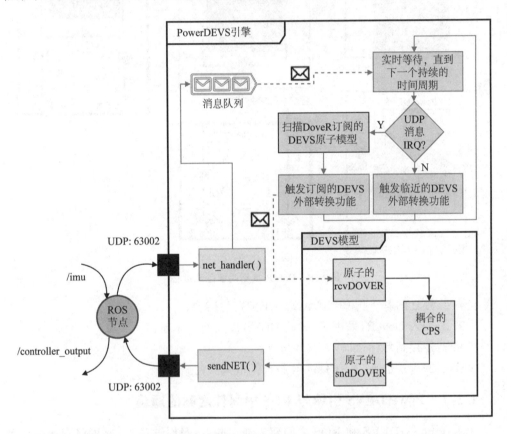

图 8.6 在 ROS/PowerDEVS 接口上的网络消息传输,消息发到订阅的原子节点上

相反,PowerDEVS 的传出消息(见图 8.7)直接从相应的 UDP 端口发出(见图 8.8)。然后,ROS 接收 UDP 数据包,符合 ROS 规则的正确消息则发布在相应的主题上(见图 8.9)。注意,图 8.7 中的 ta、dint、dext 和 lambda 分别对应 8.2.1 小节中定义的状态持续时间周期、内部转换、外部转换以及输出函数(功能)。

在 DEVS 中,我们通过使用量化状态系统(QSS)的类似方法来近似地表示连续系统(Kofman 和 Junco,2001)。通过此类系统,我们使用分段多项式来近似连续的轨线。

```
void    sndROS::init (double  t, ...) {va_list parameters;
va_start (parameters, t) ;

port  = atoi (va_arg (parameters, char* ) ) ;...
sigm a  =  INF;}
double    sndROS::ta (double t) {return sigma;}
void        sndROS::dint (double t) {sigma = INF;}
void        sndROS::dext(Event  x, double t) {
double    * xv;
char    msg[200]; xv  = (double*) (x. value);
sprintf(msg, "%f", xv[0]); sndNET(port,  ip,  msg,  strlen(msg)); sigma =0;}
Event    sndROS::lambda (double t) {return;}
```

图 8.7　sndROS 原子模型函数

```
void sndNET (int port, char* ip, char* data, int size) {...
/ *  Create new socket. */
int      sockfd = socket (AF_INET, SOCK_DGRAM, 0) ;
bind (sockfd,  (struct sockaddr *)  & local_addr, sizeof (struct sockaddr_in) ) ;
int    result = sendto (sockfd, data, size, 0, (struct sockaddr*) &
        remote_addr, sizeof (remote_addr) ) ;
close (sockfd); }
```

图 8.8　sndNET 方法 (PowerDEVS 引擎)

```
def   main():
...
rospy.init_node ( ' PowerDEVS_Control ' ) #ROS node declaration
udpport_read_yaw=62002 #Port to read the Control Action for the yaw angle
udp_server_socket_yaw=socket.socket(socket.AF_INET,socket.SOCK_DGRAM
        ) #UDP socket
udp_server_socket_yaw.bind ( ( " ", udpport_read_yaw) )
#New ROS topic  (where  controller    output   will   be published  )
ROSpublisher = rospy.Publisher( ' controller_output', Twist,
        queue_size=10,latch=True) #ROS Publisher object
msg_read_list=[server_socket_yaw] # UDP ports to listen to
while   True: read,_,_=select.select(read_list
    , [ ], [ ], 0.001) # timeout = 0.001 for s in read:
        yaw_ctrl_msg, addr = s.
    recvfrom(18) # UDP message with controller output from PowerDEVS
        rospy.loginfo ( "[PowerDEVS-Ctrl] Message received from
    PowerDEVS." ) yaw_ctrl_msg = Twist() # create empty ROS message
        yaw_ctrl_msg.angular.z = float (yaw_ctrl) # fill in ROS message
        ROSpublisher.publish (yaw_ctrl_msg) # publish message to ROS topic
        rospy.loginfo ( "[PowerDEVS-Ctrl] Message succesfully
    published in  ROS topic. " )
continue
```

图 8.9　DoveR 的 ROS 节点的节选

这些多项式更新的瞬间是异步的,由 QSS 精度控制的动态决定。但是,根据给定的时间段 T,我们必须周期性地向 ROS 发送序列化消息。每当 T 到期,对向 ROS 发送各种信号所对应的每个多项式进行采样,并遵循 UDP 格式将采样组装成数据包。

在图 8.10 中,我们可看到 PowerDEVS GUI 的屏幕截图,其中包含 DEVS 特殊的原子模型 rcvROS 和 sndROS,分别用于 DoveR 框架中消息的输入和输出传递。

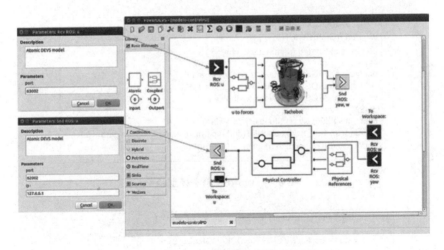

注:DoveR 原子模型——深灰色(接收)和浅灰色(发送)。

图 8.10　PowerDEVS 屏幕截图

8.3.2　Raspberry Pi 的嵌入式仿真

我们将 PowerDEVS 部署到运行 Ubuntu Xenial 16.04 的 Raspberry Pi 板上。在 PC(我们开发模型的平台)上生成仿真模型文件,并在网络上使用 ssh 将其部署到 SBC 中。SBC 中仅需要 PowerDEVS 的预处理器和仿真接口模块。同样,我们安装了 ROS - Base(不具备 GUI 支持工具)。可从 SourceForge 存储库下载 PowerDEVS 软件,并且在 SBC 上安装该软件也非常简单。但需要采取一些预防措施:存储库中的某些库已针对 PC 架构(amd64 和 i386)进行了预编译,为了在 Armv 7l 架构上运行必须重新编译;而且,必须已安装 Qt 库中的 qmake 软件包;最后,PowerDEVS 将 Scilab 程序包用于复杂数学运算(适用于 Debian 和 Ubuntu)的数值后端支持。在成功安装后,需要 Back-Door 工具套件打开 PowerDEVS 和 Scilab 工作区之间的通信通道。

即使不是强制性的,我们也利用了 PowerDEVS 和 Scilab 之间的标准链接,后者能使 PowerDEVS 执行更复杂的数值运算,并在真实的 CPS 在环中标记、标绘和分析实验期间记录的数据,这极大地促进了快速原型方法的应用。

8.4　机器人实验平台:硬件和模型

TachoBot 称为混合对象控制的测试组合装置(Marcosig 等,2018),是一个定制化的实验平台(见图 8.11(a)),由现成的商品化的组件组装而成。我们使用 TachoBot 作为典型的 CPS 来检测我们的方法论。

TachoBot 是具有 3 自由度(3 - DOF)的载机,用于研究赛博物理系统的混合控制策略。该载机作为特定的机器人具有 8 个侧向的螺旋桨,可控制载机的平面移动以及绕垂直轴的旋转。其中螺旋桨作为作动器对安装在载机的侧向,从而产生作用于机器人的 4 个独立的力(见图 8.11(b))。载机中央的两个螺旋桨分别顺时针和逆时针旋转,所产生的升力可抬起约 3 kg 的质量,最大限度地减少了载机与底面的摩擦,这样即使控制力非常小也可轻松移动。按照基于模型的设计(MBD)方法,使用数学模型来设计与实际装置相连接的控制器(Jensen 等,2011)。如前所述,即使使用简单的数学模型也能设计出很好的控制器。在系统和控制器的同步设计中,通过迭代不断改进控制器的模型。

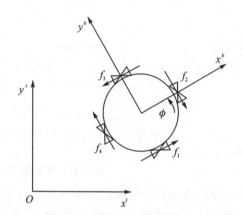

(a) 实现的装置 (b) 物理模型,包括3-DOF刚体机身,受到4个外作用力的作用

图 8.11 TachoBot:混合对象控制的测试组件

8.4.1 连续的机器人模型和离散的调节控制器

将机器人视为具有 3 自由度的刚体,载机固定框架 b 上受到力 $\boldsymbol{F}=[f_1,f_2,f_3,f_4]^T$ 的作用(见图 8.11(b))。因此,可使用牛顿-欧拉方程(8.1)得出描述其运动的动力学方程。状态向量 $\boldsymbol{x}(t)\in\mathbb{R}^6$ 表示载机的**姿态**:$\boldsymbol{x}=[x,v_x,y,v_y,\phi,\omega]^T$,其中,$x$、$y$ 和 ϕ 为线性位移和偏转角(对应于给定的惯性坐标系 i,见图 8.11(b)),v_x、v_y、ω 为相应的线性位移速度和偏转速度;参数 M、R 和 I_z 分别为 TachoBot 的质量、半径和转动惯量;$\dot{x}$ 为状态向量 $\boldsymbol{X}$ 的时间导数,也就是线性位移、偏转的速度和加速度。

$$
\dot{\boldsymbol{x}}=
\begin{bmatrix}
0 & 1 & 0 & 0 & 0 & 0 \\
0 & 0 & 0 & 0 & 0 & 0 \\
0 & 0 & 0 & 1 & 0 & 0 \\
0 & 0 & 0 & 0 & 0 & 0 \\
0 & 0 & 0 & 0 & 0 & 1 \\
0 & 0 & 0 & 0 & 0 & 0
\end{bmatrix}
\boldsymbol{X}+
\begin{bmatrix}
0 & 0 & 0 & 0 \\
\cos\phi/M & \sin\phi/M & -\cos\phi/M & -\sin\phi/M \\
0 & 0 & 0 & 0 \\
\sin\phi/M & -\cos\phi/M & -\sin\phi/M & \cos\phi/M \\
0 & 0 & 0 & 0 \\
R/I_z & -R/I_z & R/I_z & -R/I_z
\end{bmatrix}
\boldsymbol{F}
$$

$$(8.1)$$

这是一个时间连续的非线性系统。有了该模型,我们就能研究其瞬态响应(上升和稳定时间、超调等)、稳态响应(零增益、稳态误差等)以及饱和极限。此外,我们可确定需要测量的变量(系统输出)和改变系统行为的变量(系统输入)。另外,我们可识别出有可能影响系统的扰动。从方程(8.1)中可以看到输入是力 F,而输出 $y=[y_x, y_y, y_\phi]^T$ 涉及状态向量 x 的某些分量,而这些分量受到了传感器噪声的影响,更具体地说, $y_x=x+\eta_x, y_y=y+\eta_y$ 以及 $y_\phi=\phi+\eta_\phi$,其中, $\eta=(\eta_x, \eta_y, \eta_\phi)$ 是传感器的噪声。对于 CPS,关于期望的响应 y^{des},我们总会有一个规范。使用控制器 C 自动生成以及反馈系统的输出,就是确定系统能够得到期望的响应(见图 8.12),其中控制器 C 的设计过程也是所谓的**控制问题的设计**(control problem design)。

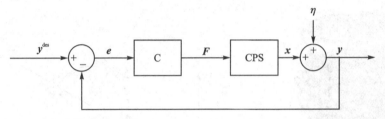

注:由机器人或 CPS 装置、控制器 C、加法器、期望的响应 y^{des}、误差 e、装置输出 y 以及装置输入 F 组成。

图 8.12　理想的闭环控制

我们通常使用微分方程或 DESS(离散事件系统)(Zeigler 等,2018)描述物理系统,而控制器通常在计算机或嵌入式系统上执行,因此以离散方式来运行,称为 DTSS(离散时间系统)。在众多的反馈控制策略中,我们选择了比例-积分-微分(PID)控制策略(Ozbay,1999),因其简单和直观的操作方式,迄今为止此类控制器仍最常用。实际上,我们考虑设计 3 类 PID 控制器来生成 $F(t)$,以此使输出 $y(t)$ 遵循所期望的响应 $y^{des}(t)$。PID 输出由向量 $u^{pid}=[u_x, u_y, u_\phi]^T$ 给出,每个输出由误差 $e^i=y_i^{des}-y_i$ 及其积分和导数的线性组合所组成,其中 $i \in \{x, y, \phi\}$。

这 3 个 PID 输出 $u^{pid}=[u_x, u_y, u_\phi]^T$ 与方程(8.1)中的系统输入 F 相关,并使用转换矩阵 T,由方程(8.2)给出。为将控制器输出转换为系统输入,我们使用 Moore-Penrose 伪逆 $T^\dagger$,它给出了最小能量控制作用,而这些力可转换到 8 个螺旋桨上。

$$u^{pid}=\frac{1}{2}\begin{bmatrix} 1 & 0 & -1 & 0 \\ 0 & -1 & 0 & 1 \\ 0.5 & -0.5 & 0.5 & -0.5 \end{bmatrix} F \tag{8.2}$$

8.4.2　硬件描述

控制板选用 Raspberry Pi 3(B 型号)计算机,其中包括四核 64 位处理器、1 GB RAM、32 GB 外部闪存和内置 WiFi 模块。它运行 Ubuntu Xenial(16.04)操作系统,并通过 I²C 总线与传感器、作动器进行通信。方程(8.2)中的每个力 f_i,都由一对直流无芯电动机驱动螺旋桨产生,电机由脉冲宽度调制(PWM)控制器 PCA9685 生成的单个 PWM 信号控制。零推力对应于一对以 50% 效能工作的电动机。直流电动机驱动器由功率场效应晶体管(MOSFET)组成,而中央螺旋桨则使用商用的电子速度控制器

(ESC)。角度和角速度的测量是由一个三轴加速度计、陀螺仪和磁力计组成的惯性测量单元(IMU)承担。选用 ROS 节点上可用的 MPU9250 传感器,最后由装载机器人上的两颗锂聚合物(LiPo)电池提供能量。

当 TachoBot 处于悬停模式(浮在平面)时,所有 8 个侧向螺旋桨均以 PWM 的50%效能运行,目的是使用电动机的线性区域,任何低于或高于该值的细微差异都可能导致机器人产生旋转和/或移位。

8.5 实验性案例研究:以模型连续性为中心的方法论支持控制器的开发

此后,我们将按照 8.3 节描述的步骤,针对 TachoBot 机器人开发 PID 控制器,PowerDEVS 仿真器的运行采用 Raspberry Pi 嵌入的实时模式。通过安装在旋转平台上的 TachoBot 进行实验,隔离轴向位移并仅处理角度的动态特性,从而将偏转角度稳定在参考值为 1 rad 的附近。

在阶段 1,我们在纯仿真环境中构成闭环,从第 8.4 节中的时间连续非线性系统模型开始。由于侧向螺旋桨的工作区间约为 50%的 PWM(参见 8.4.2 小节),因此可以假设 PWM 信号与作用力之间呈线性关系。我们调整 PID 增益,直到获得所期望的响应,然后保留得到的 PID 增益。在图 8.13 中,我们可以看到角度(实线)遵循参考的 1 rad,而角速度(虚线)达到零。

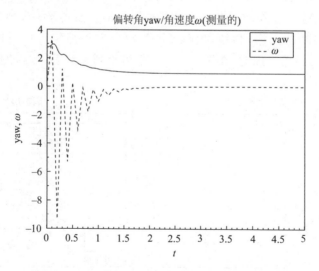

图 8.13 基于仿真控制器设计的闭环响应(阶段 1)

将无线网络和 ROS 中间件引入回路中,在阶段 2 中可能需对 PID 进行另外的调整。第二阶段的仿真模型屏幕截图如图 8.10 所示。图 8.14 中的结果曲线与图 8.13 中的并不相同,这是因为在 PC 上运行了两个新增的 ROS 节点所带来的延迟,一个用于 PID 控制器,另一个连接着机器人模型。

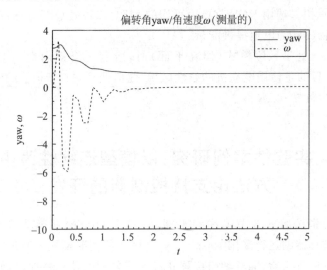

图 8.14   引入 ROS 和网络的闭环响应(阶段 2)

　　还在阶段 2,在 PC 上运行仿真器和 ROS 的情况下,我们需要评估 ROS 中间件代入的延迟。为此,由 PowerDEVS 源模块生成斜波信号,通过 ROS 回路发送回 Power-DEVS。在这种情况下,考虑两个节点都在 PC 上运行:一个连接到 PowerDEVS,另一个充当回路。延迟是由发送信号和接收信号叠加后之间的差所引起的。从图 8.15(a)中可以看出,对于该测试,ROS 中间件引入的延迟约为 7 ms。

　　由于此时的延迟几乎是恒定的,因此可采用 Smith 预测器等经典控制技术对其进行补偿(Ozbay,1999)。下一阶段,我们将两个 ROS 节点都移到 Raspberry Pi 上,两者合并为一个 WiFi 网络。因此,在图 8.15(b)中可看到大约 80 ms 的更大但非恒定的延迟。

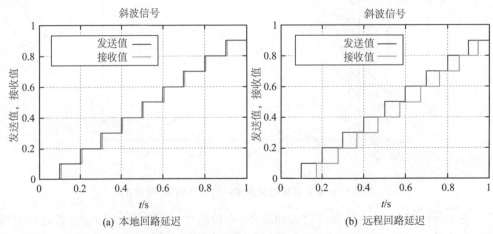

(a) 本地回路延迟   (b) 远程回路延迟

图 8.15   延迟是引入 ROS 后发送信号和接收信号之间的测量差

在阶段 3 中,我们将在回路中引入 TachoBot 并替换系统模型。首先,我们评估所使用的具有网络延迟的模型、ROS 中间件的有效性以及由硬件与操作系统引入的潜在问题。基于这一点,我们为系统模型和 TachoBot 提供了方波,并测量所产生的偏转度和角速度。我们对模型参数进行了调整,使测量结果(见图 8.16(a))和仿真结果(见图 8.16(b))非常相近。作为手动识别的环节,模型参数的调整导致 PID 控制增益的重新调节。

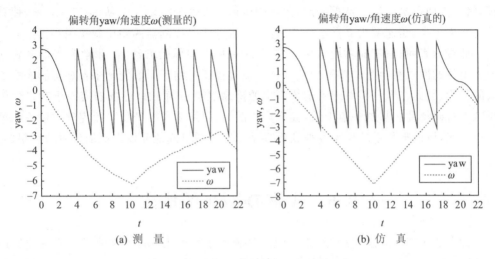

图 8.16　通过参数调整来细化模型(阶段 3)

最后,在阶段 4 中,我们将 PID 控制器仿真模型嵌入 Raspberry Pi 的 PowerDEVS 仿真器中。

在图 8.17 中,我们将看到使用模型连续性方法获得的响应结果。

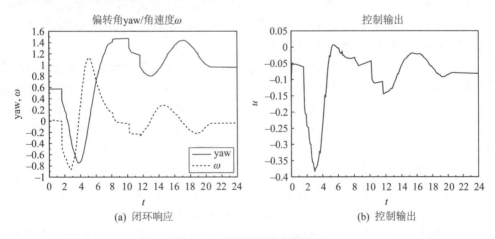

图 8.17　嵌入式仿真(阶段 4)

在图 8.17(b)中,我们得到了由控制模型生成的信号,并将该信号送到实际的螺旋桨。在图 8.17(a)中,我们得到了 TachoBot 的响应:实线对应于我们希望遵循的 1 rad

参考值的角度,而虚线表示趋于零的角速度。在开始时,由于初始化的原因,大约会延迟 1 s。1~2 s 之间,由于旋转平台上的静摩擦,偏转角速度保持为 0。同时,由于 PID 积分项,控制器输出(见图 8.17(b))开始以负斜率增加。一旦克服了摩擦,机器人就会开始运动。随后,在 2~4 s 的间隔中,由于原始模型未捕获到的机械问题(之后检测到的是电动机的故障),机器人开始相反方向的移动。在 8.3~10.4 s 之间,由于静摩擦,角度仍然保持不变,但是在这种情况下,控制器输出开始以正斜率增加。一旦克服了摩擦,机器人便再次运动。从那时起,角度响应似乎表现为欠阻尼。从 20.5 s 开始,偏转角再次停下来,角速度为 0 并接近参考点,可看到此时控制器的输出斜率很小。

此过程表明,我们成功地应用了基于 DoveR 中间件的方法,以非常直观的方式获得了最终的嵌入平台上的偏转角控制器。该过程还有助于了解旋转平台如何影响机器人的行为,因此在 8.4 节并未考虑模型中的静摩擦项。而 PID 控制器表现出对未建模影响的鲁棒特性。从这一点上看,如果需要的话,可从阶段 1 开始应用完整方法论的第二轮迭代,用以丰富系统模型并捕获更多动态以及增量式地开发出更加鲁棒的控制器。

8.6 实施 DoveR 的挑战

如在 8.3 节中所述,我们的方法假定是依赖于标准 Linux OS 的嵌入式系统的运行来执行 PowerDEVS 和 ROS 的。虽然在某一操作系统(OS)上可运行的微控制器并不少见,但这方面的确是一种明确的需求。但是,基于 Linux 的 OS 具有若干的优点,可简化控制器的开发过程。实际上,这不是方法论的限制而是简化的需要。我们可采用 DoveR 来生成代码,并可在 ARM 微控制器的裸机上运行,只需最小的修改,而无需任何形式的操作系统。这一想法得到 Moncada 等(2013)的支持,并且其提出了 PowerDEVS 的扩展,可基于 ARM 嵌入式系统自动生成代码。如 8.2 节所述,每次在 PowerDEVS 中运行仿真模型时,都会生成一个 C++ 文件。

缺乏强大的实时性的保证,可能会引起类似的争论。由于时间推进的功能与操作系统的时钟有关,这实际上决定了 PowerDEVS 的运行方式。但 PowerDEVS 也可在实时 OS 上运行,提供进程的显性时间保证,从而最大限度地减少因进程竞争而导致超速运行的可能,并已在 Linux RTAI 环境中针对延时界限进行了测试(Bergero 和 Kofman,2010)。

同时,在 DEVS 背景的各种实时约束条件下,出现了多种可供使用的嵌入式系统开发方法(Hong 等,1997;Xiaolin 和 Zeigler,2001;Henry 和 Wainer,2007;Song 和 Kim,2005;Furfaro 和 Nigro,2009;Moallemi 和 Wainer,2010;Wainer,2016)。例如,Moallemi 和 Wainer(2011)引入的非精确 DEVS(I-DEVS),基于 DEVS 形式化方法来开发实时、嵌入式系统,并集成了非精确的计算以提高瞬态过载的可预测性。I-DEVS 使模型设计人员可为模型行为分配优先级别,并根据分配的优先级别来平衡执行。

在 ROS 方面,并没有实时性的保证。但目前正在开发的 ROS2,自始至终都将实时作为关键功能予以考虑(Maruyama 等,2016)。

8.7 结 论

我们提出了促进仿真模型连续性的框架,用于开发赛博物理系统的混合嵌入式控制器。

该框架也附了一个案例的端到端方法,其中将仿真器当作仿真模型的实时虚拟机。因此,所需的控制器模型可从基于桌面的模拟环境透明地演化到最终的嵌入式目标机,而无需中间重新编码或重新实现。

我们采用 DEVS 形式化方法对混合系统进行建模和仿真,这在以前认为是可行的嵌入式系统模型连续性技术,但在硬件/软件接口上处理更低层级复杂性的问题成为灵活仿真驱动开发的瓶颈。我们选择 ROS 中间件来解决此问题,使硬件/软件接口尽可能的模块化,并对 DEVS 仿真引擎和 DEVS 控制器模型的开发人员来说,易于重用。然后,控制设计人员通过选择自己喜欢的工作流程,自由地研究备选控制器的性能,而无需成为 DEVS 专家或 ROS 开发人员。典型的工作流程包括在纯仿真的环境(例如非实时 PC)中关闭控制回路,或通过网络与真实机器人进行交互(现在是实时)时将控制器留在 PC 上,或者直接将控制器部署到目标嵌入式平台上,从而对真实系统进行完全的嵌入式控制。ROS 节点可轻松地在平台之间来回移动,评估引入的延迟和数据的负载开销。

我们在一个案例中测试了 DoveR 策略和工具,其中一个定制的、精心制作的机器人系统与其控制器的设计同步构建,成功地验证了这一方法论的有用性和灵活性。从 PowerDEVS 工具包中实现的控制器模型的角度来看,传感器和作动器 ROS 节点提供了所需的抽象。ROS 和 PowerDEVS 在 PC 平台和 Raspberry Pi 嵌入式目标之间透明的可移植性是一个关键特征。

PowerDEVS 引擎中所引入的修改,符合 DEVS 实时抽象仿真器的标准,可平滑地通过 UDP 套接字与 ROS 节点进行基于消息的通信。这为在基于 DEVS 的自动控制研究中复用之前的工作提供了可能性,并使它们平滑地适应机器人(或一般物理装置)的实际使用情况。

后续步骤包括对 DoveR 引入的延迟所造成的实时性能限制进行全面的表述;我们还将研究 PowerDEVS 和 ROS 之间除网络套接字之外的其他通信机制;此外,我们将利用 ROS 的记录功能,提供从机器人到 PC 的即时反馈,从而实现控制器参数的系统优化;最后,我们将开发机器人的位置跟踪控制。

致 谢

Ezequiel Pecker Marcosig 感谢 Peruilh 基金会博士奖学金的支持。

参考文献

[1] Bergero F，Kofman E.（2010）．PowerDEVS：A Tool for Hybrid System Modeling and Real-Time Simulation. Simulation，87(1-2)，113-132.

[2] Bonaventura M，Foguelman D，Castro R.（2016）．Discrete Event Modeling and Simulation-Driven Engineering for the ATLAS Data Acquisition Network. Computing in Science and Engineering，18(3)，70-83.

[3] Branicky M S，Borkar V S，Mitter S K.（1998）．A Unified Framework for Hybrid Control：Model and Optimal Control Theory. IEEE Transactions on Automatic Control，43(1)，31-45.

[4] Castro R，Kofman E，Wainer G.（2009）．A DEVS-based End-to-end Methodology for Hybrid Control of Embedded Networking Systems. IFAC Proceedings Volumes，42(17)，74-79.

[5] Castro R，Ramello I，Bonaventura M，et al.（2012）．M&S-Based Design of Embedded Controllers on Network Processors. In Proceedings of the 2012 Symposium on Theory of Modeling and Simulation DEVS Integrative M&S Symposium，2012.

[6] Cavanini L，Cimini G，Freddi A，et al.（2016）．rapros：A ROS Package for Rapid Prototyping. In A. Koubaa（Ed.），Robot Operating System（ROS）：The Complete Reference（Volume 1）（pp. 491-508）．Cham，Switzerland：Springer International Publishing.

[7] Cellier F E，Kofman E.（2006）．Continuous System Simulation (1st ed.). New York，NY：Springer Science & Business Media.

[8] Cicirelli F，Nigro L，Sciammarella P F.（2018）．Model Continuity in Cyber-Physical Systems：A Control-Centered Methodology Based on Agents. Simulation Modelling Practice and Theory，83，93-107.

[9] Crick C，Jay G，Osentoski S，et al.（2017）．Rosbridge：ROS for Non-ROS users. In H. I. Christensen & O. Khatib（Eds.），Robotics Research（pp. 493-504）．Cham，Switzerland：Springer.

[10] Furfaro A，Nigro，L.（2009）．A development methodology for embedded systems based on RT-DEVS. Innovations in Systems and Software Engineering，5(2)，117-127.

[11] Hong J S，Song H S，Kim T G，et al.（1997）．A Real-Time Discrete Event System Specification Formalism for Seamless Real-Time Software Development. Discrete Event Dynamic Systems，7(4)，355-375.

[12] Hu X, Zeigler B P. (2004). Model Continuity to Support Software Development for DistributedRobotic Systems: A Team Formation Example. Journal of Intelligent and Robotic Systems, 39(1), 71-87.

[13] Hu X, Zeigler B P, Couretas J. (2001). DEVS-on-a-chip: implementing DEVS in real-time Java on a tiny internet interface for scalable factory automation. In Proceedings of the 2001 IEEE International Conference on Systems, Man and Cybernetics (vol. 5, pp. 3051-3056). IEEE.

[14] Jensen J C, Chang D H, et al. (2011). A model-based design methodology for cyber-physical systems. In Proceedings of the 2011 7th International Wireless Communications and Mobile Computing Conference (pp. 1666-1671). Istanbul, Turkey.

[15] Kofman E, Junco S. (2001). Quantized-State Systems: A DEVS Approach for Continuous System Simulation. Transactions of the Society for Modeling and Simulation International, 18(3), 123-132.

[16] Marcosig E P, Giribet J I, Castro R. (2017). Hybrid Adaptive Control for UAV Data Collection: A Simulation-Based Design to Trade-off Resources Between Stability and Communication. In W. K. V. Chan & others (Eds.), Proceedings of the 2017 Winter Simulation Conference, Las Vegas, USA (pp. 1704-1715). Piscataway, NJ: IEEE.

[17] Marcosig E P, Giribet J I, Castro R. (2018). DEVS-over-ROS (DOVER): A Framework for Simulation-Driven Embedded Control of Robotic Systems Based on Model Continuity. In M. Rabe (Ed.), and othersProceedings of the 2018 Winter Simulation Conference (pp. 1250-1261). Piscataway, NJ: IEEE.

[18] Maruyama Y, Kato S, Azumi T. (2016). Exploring the performance of ROS2. In Proceedings of the 13th International Conference on Embedded Software (pp. 5:1-5:10). Pittsburgh, PA: ACM.

[19] Marwedel P. (2018). Embedded System Design: Embedded Systems Foundations of Cyber-Physical Systems, and the Internet of Things (3rd ed.). Cham, Switzerland: Springer.

[20] Moallemi M, Wainer G. (2010). Designing an interface for real-time and embedded DEVS. In Proceedings of the 2010 Spring Simulation Conference (pp. 154-161). Orlando, FL, USA: SCS.

[21] Moallemi M, Wainer G. (2011). I-DEVS: imprecise real-time and embedded DEVS modeling. In Proceedings of the 2011 Spring Simulation Conference (pp. 95-102). Boston, MA, USA: SCS.

[22] Moncada M, Kofman E, Bergero F, et al. (2013). Generación Automática de Código para Sistemas Embebidos con PowerDEVS. In Proceedings of the XV

Workshop on Information Processing and Control（RPIC）.

［23］Moyne J R，Khan A A，Tilbury D M．（2008）. Favorable Effect of Time Delays on Tracking Performance of Type-I Control Systems. IET Control Theory and Applications，2(3)，210-218.

［24］Niyonkuru D，Wainer G A．（2015）. Discrete-Event Modeling and Simulation for Embedded Systems. Computing in Science and Engineering，17(5)，52-63.

［25］Ozbay H．（1999）. Introduction to Feedback Control Theory（1st ed.）. Boca Raton，FL：CRC Press.

［26］Quigley M，Conley K，Gerkey B，et al.（2009）. ROS：An Open-Source Robot Operating System. In Proceedings of the Open-Source Software Workshop of the International Conference on Robotics and Automation（ICRA）.

［27］Sánchez-Peña R，Quevedo-Casín J，Puig-Cayuela V.（Eds.）（2007）. Identification and Control. The Gap between Theory and Practice（1st ed.）. London，UK：Springer.

［28］Sánchez-Peña R，Sznaier M．（1998）. Robust Systems：Theory and Applications（1st ed.）. New York，NY：Wiley.

［29］Song H S，Kim T G．（2005）. Application of Real-Time DEVS to Analysis of Safety-Critical Embedded Control Systems：Railroad Crossing Control Example. Simulation，81(2)，119-136.

［30］Tolk A，Barros F，D'Ambrogio A，et al.（2018）. Hybrid Simulation for Cyber Physical Systems：a panel on where are we going regarding complexity，intelligence，and adaptability of CPS using simulation. In MSCIAAS：Spring Simulation Multi-Conference（pp. 681-698）. Baltimore，MD：SCS.

［31］Van Tendeloo Y，Vangheluwe H．（2017）. An Evaluation of DEVS Simulation Tools. Simulation，93(2)，103-121.

［32］Wainer G，Castro R．（2011）. DEMES：A Discrete-Event Methodology for Modeling and Simulation of Embedded Systems. Modeling and Simulation Magazine，2，65-73.

［33］Wainer G A．（2016）. Real-Time Simulation of DEVS Models in CD＋＋. International Journal of Simulation and Process Modelling，11(2)，138-153.

［34］Yu H，Wainer G A．（2007）. eCD＋＋：An Engine for Executing DEVS Models in Embedded Platforms. In Proceedings of the 2007 Summer Computer Simulation Conference，Piscataway，NJ，USA：IEEE.

［35］Zeigler B P，Muzy A，Kofman E．（2018）. Theory of Modeling and Simulation：Discrete Event and Iterative System Computational Foundations（3rd ed.）. San Diego，CA：Academic Press.

第 9 章 预测慢性病症状事件的 CPS 设计方法论

Kevin Henares[1],Josué Pagán[2],José L. Ayala[1],Marina Zapater[3] 和
José L. Risco - Martín[1]
1 西班牙马德里康普顿斯大学
2 西班牙马德里技术大学
3 瑞士洛桑联邦理工学院

9.1 概 述

本章将针对疾病症状性的临界期,提出一种鲁棒的适用于复杂系统预测模型和优化的方法论,在此所提出的方法不受数据可用性的限制。该系统包括一个框架,可从多源数据中产生知识,并收集来自多个异构来源的数据,以确定疑点的可靠性。从知识的产生中,我们可预测和构建一个复杂系统(例如神经系统疾病)而无需分析性的描述。在接下来的章节中,我们将描述一个真实的案例研究:偏头痛。

9.1.1 移动云计算与健康中的预测建模

在过去的 20 年中,使用信息和通信技术(ICT)产生的数据与日激增,这引发众多领域进入新工业时代,例如农业、通信或健康。前所未有的知识呈指数性增长,这同样需要大数据分析解决方案。

物联网(IoT)以垂直方式包含异构架构、方法论和许多不同场景的元素,涉及那些始终处于联网的设备的数据获取和传递。当这些始终联网的设备满足云计算要求时,我们称其为"移动云计算(MCC)";当 MCC 框架应用于健康医疗时,称为 eHealth;当 eHealth 使用智能手机、可穿戴设备或平板电脑等移动设备进行健康理疗时,又称为移动健康(mHealth)。

在 eHealth 应用中,可区分出 MCC 网络的 3 个主要元素:无线人体传感器网络(WBSN)、中间元素或网关(例如智能手机)和大型计算设施(例如数据中心)。在 WBSN 中,传感器放置于人体表面上,并以不显眼的方式记录人体生理和环境的状况。在 mHealth 范式中,病人被称为数字患者,对其进行远程监控、自我跟踪和自我诊断。eHealth 应用的影响巨大,因为到 2020 年,eHealth 应用中可穿戴的医疗设备将达到

300 亿台,2014 年至 2019 年间的复合年增长率达到了 42.9%。[1]

为确保这种增长顺利地延续,mHealth 面临 3 个主要方面的挑战:实施非临床的、便携的动态数据采集;提供精准的预测、检测或诊断;增强监视设备的自主性(见图 9.1)。

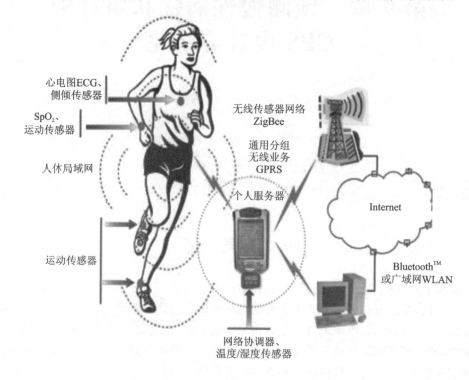

图 9.1　移动云计算网络应用实例(图片来源:OFSRC UL,2018.)

本章提供了一个真实案例研究,该案例使用真正的动态设备来采集多个来源的数据;相反,当前文献中的大多数方法都使用了较少的变量,或者从数据库收集数据,或者未能以动态方式进行监视。此外,我们建议使用主观的和个性化的疼痛量值,而不是传统的疼痛度量方式。

据此,针对偏头痛,我们提出了一种复杂系统的预测方法论,而其中无需定性的分析性描述。在文献中,大多数预测和检测问题都聚焦在具有明确症状的疾病上,例如糖尿病、心律不齐或癫痫病。我们使用基于模型的系统工程(MBSE)框架描述这种预测建模方法论。MBSE 支持灵活的、模块化和快速原型,并结合 DEVS 形式化方法的使用,使我们能够研究监视节点的行为,并在最终工业实现之前开展实时的预测。

9.1.2　IoT 的能源效率

当前电池技术的外形参数限制了 WBSN 的自主性(Vallejo、Recas、Del Valle 和

---

[1] https://rockhealth.com/reports/the-future-of-biosensing-wearables。

Ayala,2013)。尽管使用了低功率微控制器和更有效的无线通信接口,但在监视设备和网络等元素中仍有提高能源效率的空间。而且,监控设备的持久的可用性仍然是一个挑战。

近年来,智能手机的计算能力显著提高,可执行复杂的计算任务但并不一定总是连接到后端(即数据中心),而是将任务装载到智能手机设施中。但针对工作负载的平衡会带来一定的后果,并且须从整体角度予以解决。

在实践中,通过实践新的技术(例如雾计算和边缘计算——Fog computing 和 Edge computing)来应对此问题。这些最新的技术,可通过更接近数据源而不是数据中心的小型计算设备来实现计算负荷的分载。但本章将在 MCC 应用场景中对待真实案例的能源利用影响问题。MCC 中能源效率面对的主要挑战是当前基础架构的优化和大规模部署。在现有技术中,有许多方法可处理这一问题,主要工作集中在数据处理、无线接口和负载平衡这 3 个方面。以下各节将介绍我们针对这些主题的研究成果:

- 数据处理:在监视节点中具有能耗主动处理策略,并结合优化的感知模型和预测模型生成。
- 射频接口:在射频无线电和处理能力之间开展权衡,并预测运行在监视设备中的预测模型的准确性。
- 负载平衡:在真实节点的真实场景中进行整体能源优化,解决实际问题并进行负载平衡。

9.1.3　偏头痛疾病

偏头痛是最易致残的神经系统疾病之一,欧洲人口中大约 15% 和全球人口中 10% 的人们深受其害(Stovner 和 Andree,2010),从而带来私立和公共健康系统的高额经济成本。2012 年,欧洲每名偏头痛患者每年的费用为 1 222 欧元(Linde 等,2012),而最近的研究报告称,偏头痛慢性病患者每人每年的平均费用为 12 970 欧元(每月疼痛超过 15 天),患者发作期间的费用高达 5 041 欧元,相当于造成约 60% 的劳动力的下降(Research 和 de Sevilla,2018)。

偏头痛主要是由遗传性因素造成的,它也是一种社会性疾病,对妇女的影响比对男子的影响更大。目前偏头痛尚无有效的治疗方案和药物,当患者感到疼痛时已为时晚矣。偏头痛不仅涉及一系列的疼痛,而且与一系列的神经系统过程有连带的关系。有些偏头痛患者在疼痛前的三天到几小时会出现症状(Giffin 等,2003),这些症状称为先兆症状,是主观的和非特异的,如恶心、打哈欠、流泪等。一些患者还患有先兆预感。先兆预感是客观的和特定的感觉器官障碍,例如视力丧失,通常会在疼痛发作前 15~30 min 内发生。终止该过程并避免痛苦的最有效方法是提前服用特定药物。因此,药物作用机制能在症状出现之前将其阻断。甚至在发作后,偏头痛患者仍会出现宿醉现象,即包括所谓的前驱症状的阶段。其中一些是疲劳、恶心或头晕。

由于当前用于治疗急性期偏头痛药物的代谢动力学原因,先兆症状和先兆预感有时无助于止痛,因为难以估计疼痛的发作。Goadsby 等(2008)证实,摄入药物越早治疗效果越佳。此外,Hu、Raskin、Cowan、Markson 和 Berger(2002)证明,特定的偏头痛治疗法(如利扎曲坦)可在 30 min 内中止偏头痛。其他特定的治疗方法(例如舒马普坦)可将这段时间减少到临界开始前的 10 min。

众所周知,当出现偏头痛时,血液动力学变量会发生变化。其中,血液动力学变量由自主神经系统调节,例如体温、皮电活动(EDA)、心率(HR)或血氧饱和度并且已有证据证明,在疼痛开始之前这些变化的发生(Pagán 等,2015),其发展水平超过了现有技术水平(Ordás 等,2013;Porta‐Etessam、Cuadrado、Rodríguez‐Gómez、Valencia 和 García‐Ptacek,2010)。我们使用动态且便捷的 WBSN:测量疼痛之前、之中和之后的人体状况;提出一种新的疼痛客观化的标识方法;对偏头痛发作的可预测性进行研究。

由于没有任何机制可掌握疼痛的发作,因此必须建立一个预测系统。预测发作将使患者能够提前采取行动,以避免疼痛或显著降低其强度。案例研究分析了将这种预测机制应用于 2% 的欧洲偏头痛患者的结果,得出的结论是,将节省超过 1.272 亿欧元(考虑到 76% 的预测准确性)(Pagán,Zapater 和 Ayala,2018)。

9.1.4　CPS 设计中的建模与仿真

现在我们所处的时代,是将以前深入研究的嵌入式、实时的控制系统集成到大规模的 CPS 中。主要挑战之一是如何将不同团体开发的技术集成到一个融合、鲁棒和能量感知的 CPS 中。本章使用基于模型的不同方法、工具和方法论,应对当前复杂 CPS 的设计和实现问题,从而实现如性能以及赛博和物理子系统的平滑集成、鲁棒性和减少能耗等目标。

我们通过应用基于模型的系统工程(MBSE)原理,描述概念构思、设计、综合和分析的整个流程。这使我们能够直接与参与最终产品设计的所有利益相关方进行共享的交流。此外,使用如离散事件系统(DEVS)形式化方法之类的 M&S 标准,促进模型的组合以及与物理系统的交互(Zeigler、Praehofer 和 Kim,2000)。此外,由于 DEVS 将模型与仿真器分离,并且可利用世界范围内的各种仿真引擎,因此无需再构建仿真器,让我们更加聚焦于模型。

以下各节将详细介绍整体的方法、架构和某些结论。

9.2　一般的架构

本节将介绍组成系统的不同模块的架构和概念。首先,将架构描述为概念设计,9.3 节将描述实际的实现。总之,提出的方法论在整个 MCC 网络中掌握载机的能量和负载平衡的效能。

所提出的方法论用于设计和实现所谓的**关键事件鲁棒预测系统**(CERPS)。CERPS 由 3 个计算预测子系统所组成:数据采集系统(DAS)、鲁棒预测系统(RPS)和专家决策系统(EDS)。这些系统基于不同类型的来源进行异构数据收集以及数据的处理,从而预测重要的事件。这些预测集中在单个 EDS 中,将与一个或多个 DAS 收集数据一同执行。另外,根据这些数据的特征,可在 DAS 和 EDS 之间包含 RPS。图 9.2 所示为 CERPS 架构模型的高层分布形式。

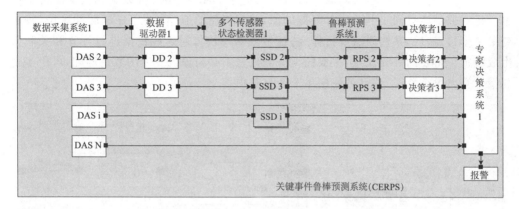

CERPS 是可扩展的,并具有多个所需的 DAS 和 RPS。

图 9.2　CERPS 架构模型的高层分布形式

以下各小节将详细说明各个子系统。

9.2.1　数据采集系统

每个数据采集系统(DAS)的架构和实现都取决于数据源,它们通常分布在独立的单元中。应指出,我们正在处理异构的数据源,因此,将一些 DAS 实现为物理监视节点,而将其他 DAS 实现为远程 Web 服务。此外,该系统可同时提供来自多个传感器或服务的信息,在必要时组合各种数据。根据数据的用途,将有一个或多个 RPS(甚至没有,直接驱动 EDS)用于预测目的。

然而,由于需要数据的关联,DAS 的分布特征在系统设计工作流中设置了某些限制。如有必要,稍后将在上述的"数据驱动器"中解决此问题。

9.2.2　鲁棒预测系统

鲁棒预测系统(RPS)是架构中最重要的组件,其由 4 个子系统组成:数据驱动器(DD)、传感器状态检测器(SSD)、预测系统(PS)和决定者。其中,预测系统(PS)代表着 CERPS 的核心(见图 9.3)。

RPS 是最重要的子系统,并且可是独立的实体,存在于系统之外。

图 9.3　组成鲁棒预测系统架构的元素

9.2.2.1 数据驱动器

数据驱动器预先处理 DAS 获得的数据。它们由不同的模块组成,如图 9.4 所示。拆分器首先会生成(变量,时间戳)数组对,对应于 DAS 使用所有数据源收集的每个样本。每对值都通过同步器验证时间戳的值,并将变量的值存储在 FIFO 缓冲区中(每个变量一个)。然后,某些语法解析器/特征生成器模块将对这些数据进行计算和关联并生成特征。重要的是要注意,生成的特征的数量不必与输入变量的数量匹配,可由多个变量计算出单个特征,并且可使用单个变量获得多个特征。

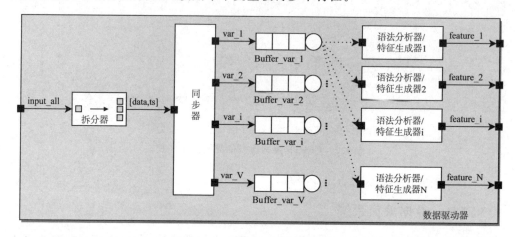

表明一个测量变量如何产生在后续模块中使用的功能特征(一个或多个)。

图 9.4　数据驱动器架构实例

这些模块将依赖于不同的接收数据(定性或定量数据)的类型。定量数据通常对应于随时间变化并以一定速率采样的物理量值的测量值;定性数据主要表示与时间无关的信息,例如偶然发生的事件或动作。

此外,根据特定的使用案例,可将数据驱动器放置在传感器状态检测器之前或之后。如果数据驱动器放在传感器状态检测器前面,则输入是数据和时间戳的矩阵,而输出是同步特征的数组(可能包含误差);相反,如果数据驱动器放在传感器状态检测器后面,则输入是数据和时间戳的无误差的矩阵,而输出则是可靠的同步特征的数组。

9.2.2.2　传感器状态检测器

实际场景中的测量通常是不可靠的,容易丢失数据并有可能受到多种错误源的干扰。传感器状态检测器负责为系统提供鲁棒性,检查测量信号中是否存在错误,并在出现问题时发出警告。在时间上它们会基于历史数据缓冲的统计信息来修复信号,信号修复组件如图 9.5 所示。

在未检测到错误的情景下,输出数据与输入信号相对应并不会触发警告。此外,来自数据驱动器或直接来自 DAS 的输入信号由 3 个误差检测器(饱和、跌倒和噪声检测器)进行分析。所有这些组件都会生成各自独立的警告,它们的激活取决于简单的阈值,或者它们可能是更复杂过程(如模糊逻辑算法)的计算结果。这 3 个警告被分组在

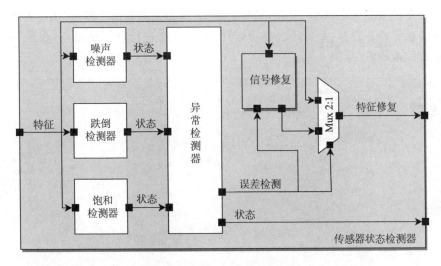

检测数据误差和警告其他模块维持预测的精准度。

图 9.5   传感器状态检测器架构

"异常检测器"组件中,这将引发一个确定的警告,将信号中存在的错误通知到之后的组件。当发生这种情况时,信号修复组件就会被激活。

当检测到错误时,就会导致预测的可靠性较低、产生错误方案和故障警告。为了避免这种情况出现,直至错误解决后信号修复组件才生成数据的估算值,或经过足够长的时间而等待可靠的估算。此组件激活后,驱动多路复用器将其输出送到传感器状态检测器的主输出。

解决上述问题的一些方案是更换损坏的传感器,或者避开嘈杂的环境或过度的移动。信号修复模块的操作基于对历史采样的应用,使生成的信号遵循错误之前传输趋势值。所应用的算法取决于使用案例。考虑到计算能力和修复过程的准确性,对于在受限计算能力设备上进行信号修复的过程,时序算法适用于恢复操作。相反,如果运行在高性能的远程服务器上,则可使用更复杂的算法,例如高斯过程机器学习(GPML)算法。重要的是要注意,根据所使用的算法,它不仅会使用当前传感器状态检测器所管理信号的历史样本,而且会使用外部样本,例如,具有外部输入的时间序列模型,使用过去信息的其他功能,而 GPML 只需要自身的历史数据。

9.2.2.3   预测系统

预测器是计算预测的组件,它由 3 个不同的子系统组成:传感器相关模态选择系统(SDMS2)、一组预测器和线性组合器。

如上所述,当在传感器状态检测器中检测到某些错误时,将激活信号修复系统。但由于它基于以前的样本,因此这一过程仅在特定时间内是可靠的。一段时间后,历史数据就不可靠了,无法再生成预测,故而必须丢弃正在用于修复的损坏数据。在这些情况下,如果缺少输入,则预测模型将不起作用。而提出的方法论考虑了这一点,并且为每个输入子集都定义了不同的预测模型。如此,当丢弃一个输入数据时,为了生成预测,可使用余下的变量来激活另一预测模型。因此,作为先前的信号修复,此过程可提高系统的整体鲁棒性。这样,系统不会停止运行,而会继续进行计算预测,并在预测中保持一定程度的准确性(见图 9.6)。

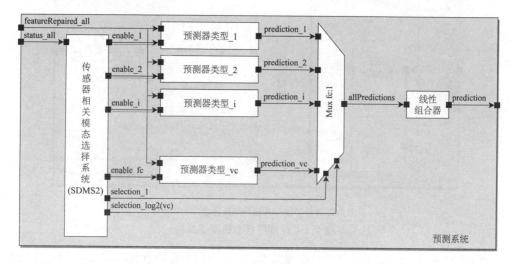

注:SDMS2 是核心模块,检测受到影响的特征并从中选择合适的变量。

图 9.6　预测系统架构

因此,有多少支持的活动特征组合,就有多少预测器组件。SDMS2 选择要使用的那个,基于传感器状态检测器触发的警告信号激活相应的预测器组件。在最坏的情况下,当所有 V 变量(或特征)中有一个受到影响时,创建的预测模型将有 VC 种可能的变量组合:

$$VC = \sum_{i=1}^{V} \binom{V}{i}$$

在这些情况下,由一两个特征生成精准的预测的既不常见也不可能准确,因此也不用予以考虑。因此,通常选择 vc ⊂ VC 的子集,生成 vc 预测器模块。

每个预测器组件均包含一个或多个预测模型,由此计算出它们输出的超前 h 步(秒、分钟等)——h 预测周期(即事件假设声明与事件发生之间的时间)。这允许包含考虑不同预测周期和组合的模型。此外,预测器组件中可包含几种类型的预测算法,有多种适用于时间序列数据的算法,例如状态空间算法、时间序列分析、人工神经网络或语法演变。

在之前的研究中,已经证明预测(由不同预测模型产生的)组合可提供更准确的结果和更长的预测周期(Pagán 等,2015)。这种组合是在线性组合器中进行的,该组合器权衡活动预测器组件的预测,生成某一个结果并传递给决策器。

9.2.2.4　决策器

决策器获得 RPS 生成的统一的预测,并使用它们激活专家决策系统将接收到的 local_alarm 信号。根据这一情况,它将使用最后的预测或最后的 N 个预测(积累在缓冲区中)。图 9.7 所示为决策器的架构。

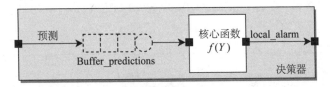

该模型基于核心函数产生的本地警告(local alarm)。

图 9.7　决策器架构

可使用若干种数学函数来发出警告(见图 9.8)。其中一些是:① 二进制阈值决策器,如图 9.8(a)所示,当现行的预测或缓冲中预留的预测的加权平均值超过阈值时,发出本地警告;② 一般的双曲函数情况,如图 9.8(b)所示,视为二进制警告逻辑的平滑形式;③ 模糊逻辑函数,表示根据当前预测或单个历史预测的模糊结果而产生的警告(见图 9.8(c))。

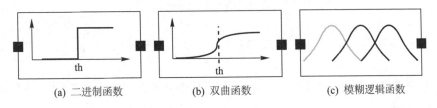

(a) 二进制函数　　　　(b) 双曲函数　　　　(c) 模糊逻辑函数

图 9.8　决策器模块核心功能的 3 种案例

系统中若只有一个 DAS 和 RPS,则决策器产生的输出对应于那些通告紧急事件的最后的警告信号。在拥有多个决策器的更复杂的系统中,信号会送到 EDS,由这个系统最后的模块产生最后的决策。

9.2.3　专家决策系统

专家决策系统(EDS)模块是在 CERPS 中触发最终警告的模块,这是一个基于计算机的系统,决策器的警告信号和前面模块的输出均送到这里,如图 9.2 所示。由于这些输入可能会受到数据丢失或未标记数据等问题的影响,因此自动决策生成算法并不合适,而应使用主动学习(AL)算法。主动学习(AL)算法是一种半监督的机器学习,在特殊情况下(如新的未标记数据的到达),通过所提供的输出与用户(或其他信息源)进行交互。它可与更多种算法一起使用,如支持向量机算法、基于决策树的算法和自适应神经模糊推理系统。对于 CERPS,此决策模型确定了新的关键事件的发生。

9.3　软件模型和物理实现

如前几节所述,将 CERPS 架构应用于偏头痛疾病的预测。具体地,提出系统的目的就是通过充分的前导时间来预测偏头痛的发作。为此动态地监测偏头痛患者,检测4个血液动力学变量:皮温(TEMP)、皮电活动(EDA)、心率(HR)和血氧饱和度(SpO₂)。图9.9所示为6个小时监视时段的示例。

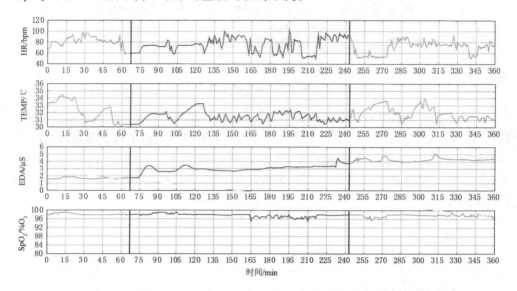

图9.9　偏头痛发作期间(两条垂线之间的曲线),同步采集和预处理之后的血液动力学变量值

为了预测病症的临界期,第一步是生成偏头痛的疼痛模型。为此,在实验过程中对记录的主观疼痛曲线进行调整。正如所知的,疼痛的加剧要快于疼痛的缓解,因此,将症状曲线建模为两条半高斯曲线,符合患者的主观反应。除了疼痛发展过程中的离散标记之外,患者还应在偏头痛发作期定出两个时间点:第一个时间点表明检测到疼痛的发作;第二个时间点表明疼痛的结束。利用所有这些信息,可生成两条半高斯曲线,如图9.10所示。$\{(\mu_1,\sigma_1),(\mu_2,\sigma_2)\}$是定义症状曲线所必需的两个半高斯曲线的参数。症状曲线包括疼痛期,其反映偏头痛过程中的某些变化。结果函数的示例如图9.10所示,也使用到了实际的数据。

现在,我们将CERPS应用于实际环境中,遵循MBSE范例的最佳实践,通过软件模型对CERPS偏头痛系统进行仿真。接下来,经验证后在物理设备中予以实现。

在此,介绍一个细粒度的偏头痛预测模型,用方程(9.1)表示:

$$\hat{y}[k+\Delta t]=f\{\text{TEMP}[k-p_1],\ \text{EDA}[k-p_2],\ \text{HR}[k-p_3],\ \text{SpO}_2[k-p_4]\},$$

$$(9.1)$$

在方程(9.1)中,y是预测未来时间周期$k+\Delta t$中偏头痛的信号。该预测模型是上述血液动力学变量的函数f,是在参数p_i定义的某一历史时间窗口中测得的。f是以不同的方式实现的函数。在我们的研究中,我们测试了预测建模的其他几种可选的方案。状态空间模型和语法演变(GE)展示出最好的结果,在本章的后续部分中,我们将介绍这两种方法的实现过程。状态空间模型与血液动力学变量的变化相关,并通过使用矩阵的无法测量的疼痛状态(Pagánet 等,2015)以及GE应用血液动力学变量的数学

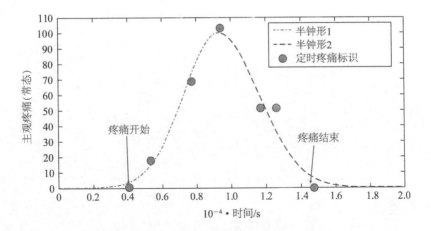

将疼痛描述为两条半高斯曲线。

图 9.10 主观疼痛演变曲线的真实数据建模

函数直接预测疼痛值(Pagán、Risco‑Martín、Moya 和 Ayala,2016)。

图 9.11 所示为偏头痛预测系统的实际实现的块图。以下两小节将详细介绍如何解决 CERPS DEVS 软件模型和对应的 CERPS 的物理实现。

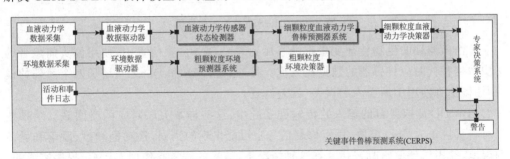

存在 3 类数据源:其中两种执行细颗粒和粗颗粒的预测,而第三种支持专家决策系统的预测。

图 9.11 偏头痛预测系统的实际实现的块图

9.3.1 软件模型

图 9.12 所示为应用 CERPS 架构,表明预测系统 DEVS 软件模型中的具体细节(Pagánet 等,2017)。接下来,在验证系统后,系统适于使用 VHDL 来实现(Henares 等,2018)。尽管必须做出某些决定来适用于系统,但由于 DEVS 和 VHDL 均具有模块化特性,故可显著简化实现过程。

DEVS 仿真的一般视图如图 9.12 所示。这仅指的是使用血液动力学变量进行的粗粒度的偏头痛预测。由图 9.12 可看出,它由四个 DAS、四个 DD、四个 SSD、一个同步器、一个预测器和一个决策器组成。为了分析系统的运行,在设计中添加了一个附加的模块——EFgt。附加的模块用于同步提供每次发作中真实的疼痛值,并将其与 EFgt 模块中生成的预测值进行对照比较。

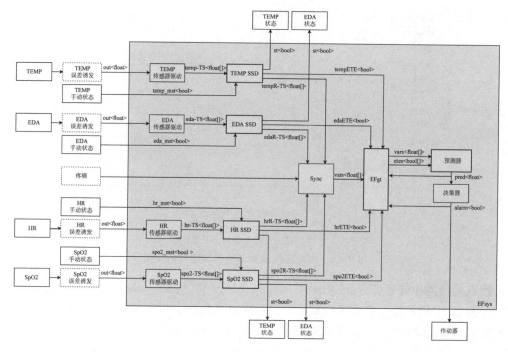

图 9.12　DEVS 仿真的一般视图

　　每个所监视的生物特征变量都被添加到某一 DAS。在仿真中,使用偏头痛患者的历史数据替代对应传感器的数据输入流。另外,在 DAS 和 DD 之间增加四个另外的模块,用以仿真使用中所引入的误差(误差诱发)。

　　四个 DD 读取各自的输入并传输到系统中,这些样本关联对应的时间戳。结果数据对将直接送入 SSD 模块,用以修复信号中可能出现的错误,检测饱和度、跌落和噪声的误差,并用估计值暂时替代。在这种情况下,信号的修复是使用 GPML 程序完成的。使用 GPML 实现的平均适配度从 SpO_2 的 73.4% 到 EDA 的 93.2% 不等。

　　在软件仿真中适于执行 GPML 进行信号的修复,但对于实时的信号修复,实现实时监控节点具有高昂的计算成本。在这些情况下,将使用自回归(ARX)模型。ARX模型对于处理时间序列模型只需要较低的计算需求。GPML 信号修复仅需要自己的历史数据,而 ARX 模型需要使用其他变量中的历史数据,因此,如果损坏了多个信号,系统将无法修复其中的任何一个。图 9.13 中应用两种均用于 HR 信号且有错误的可选方案,表明信号修复的工作方式。

　　四个 SSD 的输出作为输入提供给同步器。同步(Sync)模块同步并缓冲数据,同时将四个生物识别变量的值提供到耦合模型 EFgt。疼痛值也会与其他变量(如果有)一同分组。在此信息模块之后,在预测器模块中处理同步的信息。在此情况下,预测器使用状态空间模型来生成预测(使用 N4SID 方法求解),并计算五个不同的模型集(Pagán等,2015)。当所有变量都没有误差时,它们中的每一个都运行在理想的情况下。使用有一个受影响信号的变量集(三个运算变量的组合)训练其他四个来生成预测。因此,

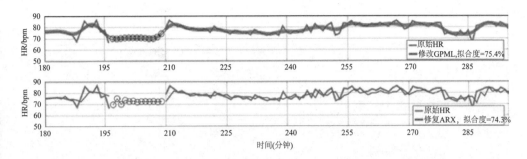

图 9.13　应用于 HR 信号的高斯过程机器学习(GPML)和时间序列算法(ARX)示例

无法使用两个或更少的生物变量来生成可靠的预测。每个模型集都包含三个 N4SID 模型,经训练可生成具有三个不同时间范围的预测。这样做是为了提高由线性组合器模块生成组合预测的有效性。在这种情况下,此模块仅对三个预测取平均值(但根据情况,可对它们进行加权)。

最后,预测器输出到决策器。该模块负责根据二进制功能激活警告信号。所使用的阈值为 32,表示最大疼痛程度的 50％概率(见图 9.10)。由于决策器是系统的唯一决策者,因此不需要 EDS 以及对应于最终警告的信号。

一旦测试并验证了软件模型(见 Pagán 等,2017),便在硬件中实现该模型。正如我们看到的,由于物理实现和目标设备的某些特性,必须对软件模型进行某些修改。

9.3.2　物理实现

如前所述,在减少实现成本、时间、人力和物力方面,仿真可节约更多的成本。在物理实现之前,仿真是 MBSE 设计中的自然而然的环节,因其加快了调试发现错误的速度,并且支持方法论的验证。在将实际设备在硬件中实现之前,使用到包含硬件在环(HIL)的硬件/软件(HW/SW)的协同仿真。这将确保实际硬件传感器在出现故障并存在物理作动器的情况下,系统还能有所运行并准确发出警告,如仿真系统所预测的那样。本小节将讨论使用 FPGA 将 DEVS 模型转换为 VHDL 实现过程中的变化和考虑因素。此实现的根组件如图 9.14 所示。

首先要考虑的是各种 DAS。由于实现中要设计真实的传感器,因此需要采用某些接口将它们链接到真实的系统。TEMP 和 EDA 传感器都是模拟量,因此需要模/数转换器。具体而言,选择了 Pmod AD2,具有 4 个通道和 12 位的精度,并通过内置集成电路(I^2C)协议进行通信。其他的生物值变量(HR 和 SpO_2)使用串行通信,通过 OEM - Ⅲ平台[①](由 NONIN®)读取。它具有几种操作模式,所选设备每秒传输各变量的整数测量值。

由于在此情况下只有两个 DAS,因此我们需要为每个都配有 Pmod AD2 转换器和 NONIN OEM Ⅲ模块,系统还包括两个 DD。由于在这种情况下必须获得真实的传感

---

① OEM－Ⅲ:http://www.nonin.com/OEM-III-Module(2018 年 12 月查阅)。

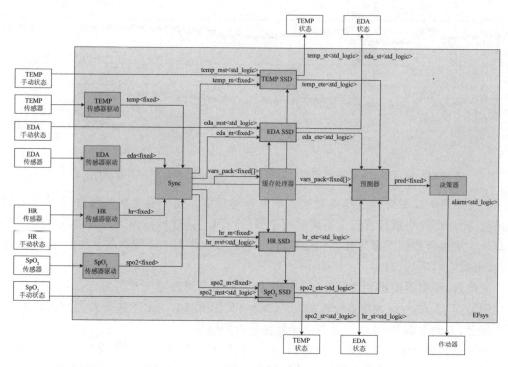

图 9.14 使用 VHDL 在 FPGA 中实现的偏头痛裁剪系统的根部件

器读数,因此它们还有通过适当通信协议进行交互的额外工作。第一个 DD 使用 I^2C 协议读取 TEMP 和 EDA 值,必须每秒发送 3 次读取请求(3 Hz 的采样率);第二个 DD 通过串行通信读取 HR 和 SpO_2 值,等待并读取 OEM Ⅲ 模块发出的数据(每秒一个数据包)。此外,两个模块都还须调整数据格式,使其与系统使用的数据类型相匹配。

信号修复模块在硬件中运行,并基于具有外因输入的(ARX)自回归模型。对这些模型的评估更为有效,并且也提供了可接受的结果,但上述过程的缺点是每个信号修复模块都需要系统所有变量之前的信息。因此,增加了一个附加模块(缓存处理器,BuffersHandler),对信息进行分组,并将其作为系统所有 SSD 模块的输入(见图 9.14)。

此外,由于从传感器获得的数据具有不同的采样率,因此将 SSD 置于同步器模块之后,这将导致缓冲区按分钟存储数据。这样,ARX 模块的输入得到同步并包含有相同数据速率的变量。

由于在生成预测中无需涉及大量的时序需求,因为每分钟只是处理一个数据集,因此将预测器模块合为一个模块。它从独立部署的内存模块中加载适当的模型,并以顺序的方式产生三种预测。该过程由 SDSM2 模块控制,逐一安排预测请求,并在生成时逐渐累积在线性组合器中。此更改允许 FPGA 组件的复用,使得资源得到优化利用。

经训练的模型可提前 30 min 预测到偏头痛。当适配测度的准确率达到 70%,平均预测率为 76% 时(考虑到传感器的可用性),误报率还是相当低的。

决策器模块的操作方式与 SW DEVS 仿真方式相同。

图 9.15 给出了两个预测结果,当所有传感器都可用(见图 9.15(a))时,使用 N4SID 模型对应的警告;当某一个传感器发生故障(见图 9.15(b))时,SDMS2 可改变所使用的预测模型。

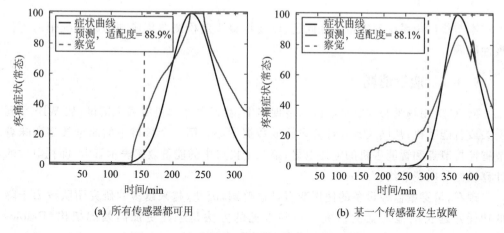

(a) 所有传感器都可用　　　　　　　(b) 某一个传感器发生故障

图 9.15　测试的结果:某个受训练病人的症状期

由于浮点数在 FPGA 中需要更多的计算处理(除非使用专用模块),因此在该设计中使用定点数。定点数针对整数和小数部分分配固定的位数;因此,必须控制精度的损失,从而避免在获得的结果中代入明显的误差。这种方式采取两种措施:一种是从传感器读取的值,在存储的数据类型中具有若干个小数位,足以避免精度的损失;另一种是用于执行信号修复和生成预测的中间数据类型,在分析中保留适当的小数位的长度。为此,RMSE 的计算中具有一定长度的小数位,并且所选的最小长度位需保证 RMSE 误差小于 2%,其结果如图 9.16 所示。

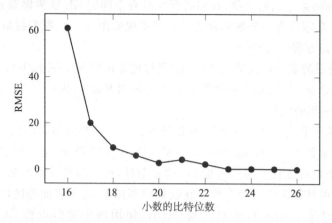

图 9.16　预测的 RMSE 取决于预测器中所使用的中间计算变量的小数对应的比特位数
(与仿真器使用浮点数据类型结果的比较)

当程序和方法论的可行性得以证实后,下面将说明如何使其更具能量效率优势及如何解决可扩展性的问题。

9.4 能量消耗和可扩展性问题

本节将讨论系统的能量消耗问题,以及将偏头痛检测器集成到健康系统中的可扩展性问题。

9.4.1 能量消耗

MCC 应用场景必须是经济的。在现实中,我们可考虑使用两个接口:从 WBSN 到网关或智能手机;从网关到高计算设施或数据中心。第一个接口中的能量效率意味着节省监控节点和智能手机的电池电量;第二个接口中的能量效率表示省电,即耗电大的计算设施的电费节约。

现在,可穿戴监控设备的使用变得日益普遍,因此,越来越多的研究团队致力于降低功耗并延长电池寿命的研究。一些常见的方法是创建更加高效的架构(Braojos Lopez 和 Atienza,2016),开发新的数据处理技术(Ghasemzadeh、Amini、Saeedi 和 Sarrafzadeh,2015)或应用预处理技术,如感知信息的压缩等(Braojos 等,2014)。本小节将介绍一种用于优化第一类接口(从 WBSN 到网关)能耗的方法,重点用于实时预测偏头痛发作的监测设备。该方法着重解决两个主要能耗的优化问题:降低物理设备中处理的复杂性(在这种情况下使用 FPGA),从而缩短执行代码所需的时钟周期;使用最少数量的传感器,减少外围设备的能耗。针对这个多目标优化问题,可将多目标函数表述为

$$\min(-\operatorname{fit}, \sharp \operatorname{clk}, E_{\text{sensing}}) \tag{9.2}$$

为使多目标函数达到最小值,我们将开发具有不同的 GE 预测模型 m_i 的偏头痛系统。将每个 m_i 都定义为一个数学表达式。当系统使用 m_i 时,我们提取如下三个优化目标,这些目标如方程(9.2)所示。

① m_i 预测值的准确性或适配度(适配度与规范化的 RMSE 相关);

② 预测模型 m_i 在 FPGA 中计算所需的时钟周期数 $\sharp \operatorname{clk}$;

③ 传感器感测的能耗。

优化过程基于非支配排序遗传算法 II(NSGA-II)(Deb 等,2002),该算法生成一组非支配解(通常称为 pareto 前沿面)。计算 FPGA 中模型 m_i 运算所需的时钟周期数和传感器能耗来执行优化。通过考虑 m_i 的复杂性,可容易地计算出第一个参数;考虑传感器的能耗,可计算出第二个参数。在我们的测试中,皮肤表面温度(TEMP)使用热敏电阻(0.32 mJ/4.9 dBm),皮电活动(EDA)使用两个差分电极(0.32 mJ/−4.9 dBm),使用两条导线和参考值(396 mJ/26 dBm),由心电图(ECG)提取心脏速率(HR),血氧饱和度(SpO_2)测量使用 8000R SpO_2 传感器。

有了这些参数,可获得 MCC 环境能耗的几种模型。结果是我们获得了两个三维的 Pareto 前沿面。由于该方案用到了非支配算法,因此具有同样的优势,选择最大的

那个适配度。图 9.17 描述了由两名患者数据得到的 Pareto 前沿面结果的 3D 和 2D 投影。它们在整体上是凸形的，趋于误差、时钟周期数和传感器操作能耗的最小化。所选方案用圆圈绘出。这种方法论可节省超过 90% 的执行时间，直接降低了系统的能耗，但以牺牲模型的精确度为代价。

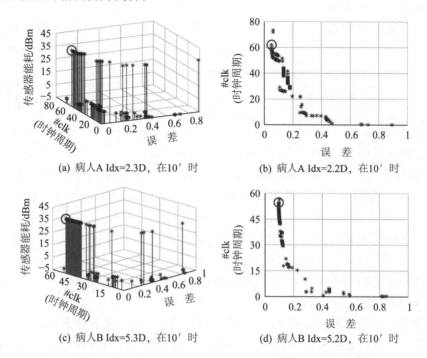

(a) 病人A Idx=2.3D，在10′时　　(b) 病人A Idx=2.2D，在10′时

(c) 病人B Idx=5.3D，在10′时　　(d) 病人B Idx=5.2D，在10′时

图 9.17　Pareto 前沿面的 3D 和 2D 视图，系统能耗优化过程的结果

9.4.2　可扩展性问题

MCC 场景中的大规模人口监控系统更加接近现实。智慧城市将 ICT 服务和 ICT 资源相结合，以改善城市环境并改善市民的生活状况。在这种情况下，有一些研究领域给出的案例正在采用监视和模型生成来优化流程和改进技术。例如，在运动领域，将监控用于生成团队运动的预测（Groh 等，2014）。在医疗领域，多个项目也遵循这样的趋势。一些应用包括：远程诊断、疾病警告生成（Alemdar 和 Ersoy，2010）和心房颤动预测（Milosevic 等，2014）等。尽管这些示例聚焦于特定的案例，但如今，更大的监测网络已成为现实。但这些网络必须依赖于适当的架构，以支持其逐步地扩展和持续地改进。

本小节将探讨以偏头痛预测为核心的大规模监控网络的推断性部署，该网络覆盖 2% 的欧洲偏头痛患者，可推断先前研究的数据真实性和仿真的结果。其结果，通过偏头痛的预测，据计算该网络的应用可节省 12.72 亿欧元。

方案中提出的网络包括三个主要部分：传感节点、协调器和数据中心。三种网络元素都可在多种模态下运行，如传感节点可收集、传输和处理数据；协调器可接收、传输和处理数据并执行预测；数据中心也可处理数据并执行预测。能量效率策略考虑了这些可能性,最大限度地降低整个系统的功耗。为了清楚起见,在情景的所有组合中,从能量的角度来看,下面的五个因素更为重要,如表9.1所列。

表 9.1　五种应用场景的负载平衡策略

因　素	传感器设备	协调器	数据中心
SC1	收集＋传输数据	接收＋传输数据	处理数据＋执行预测
SC2	收集＋传输数据	接收＋处理＋传输数据	执行预测
SC3	收集＋传输数据	接收＋处理数据＋执行预测＋传输数据	—
SC4	收集＋处理＋传输数据	接收＋传输数据	执行预测
SC4	收集＋处理＋传输数据	接收数据＋执行预测＋传输数据	—

在这些场景中,传感器节点可工作在两种不同模式:

● 流模态(SC1,SC2,SC3):它们从传感器收集原始信息,并将其中继到控制器。如一个传感器发送即刻的 ECG 信号,而另一个传感器每秒发送一次来自 OEM Ⅲ设备的原始数据。

● 处理模态(SC4,SC5):根据 ECG 信号计算得出 HR,且每分钟发送一次。SpO_2 数据是从 OEM Ⅲ设备中获取的,且每分钟也要传输一次。

考虑使用案例中的数据中心:用于训练和验证模型的高性能计算(HPC)集群;用于在线预测的虚拟云计算集群。

数据中心描述所有在线和离线任务的功率和性能特征,从而考虑执行任务的不同网络设备。离线任务是数据处理(在 GPML 中)以及模型的训练和验证。在线任务包括数据处理(在 GPML 中)和在线预测。模型的训练和验证需要占用大量 CPU 和内存资源,而运行时预测则是一个轻量级计算过程(可由控制器执行)。

在运行时的流程中,使用某些其他策略可最大限度地降低数据中心的能耗。当协调器脱离数据中心的计算时,VM 的数量将减少。当降低处理费用时,此策略将与关闭服务器策略和散热优化结合使用,由此大大降低了数据中心的能耗。

Pagán 等(2018)提供了有关数据中心功能和所执行任务的更详细的介绍。应用此类功能,HPC 和云集群可处理多达 1 393 649 例偏头痛患者(欧洲偏头痛患者的 2%)。在网络中涉及一个渐进过程,规划了四个阶段,所占患者总数的比率分别为 50%、25%、15% 和 10%,总的评估期为 10 周。

为了分析使用控制器为中间元素而引起的差异,对案例 SC4 和 SC5 进行了研究,具体来说,主要考虑了以下的变化:

● SC4(基线的):协调器仅将计算转发到数据中心(不涉及负荷卸载)。离线阶段在 HPC 集群中执行,在线阶段在虚拟化集群中执行。

● SC4(优化的):在数据中心中应用最小化能耗技术,但未采用负荷卸载策略。

● SC5,100%预测:协调器执行数据预处理(即 GPML),但所有预测均在虚拟化云中生成,而离线阶段在 HPC 群集中执行。

● SC5,30%预测:协调器同时执行 GPML 和 70%的预测,剩余的 30%预测在虚拟化群集中进行。

图 9.18(a)显示随着新患者的加入,其中数据中心的利用率。灰点代表逐渐加入患者(50%、25%、15%和 10%),下方的线对应于需要重新训练的模型。

图 9.18(b)反映了在不同场景中虚拟化群集的利用率。可看出,当我们将计算量卸载给协调器时,此时的费用将显著减少。结合关闭数据中心的策略,可大幅度降低功耗;还可看出,由于需要收集和分析大量数据,对 MCC(通常是 IoT)提出了重要的挑战。在所有 MCC 可能的应用中,eHealth 的人口监测给出重要的约束条件,并要求能源最小化策略,用于在人口众多场景下开发大规模的健康医疗解决方案。这里展示了降低节点能耗的多个层级的方法,确保可接受的扩展性水平。

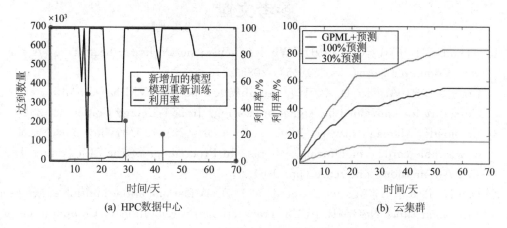

(a) HPC数据中心   (b) 云集群

图 9.18　HPC 数据中心和云集群的利用率

9.5　结　论

无线传感器网络、医疗传感器和云计算的最新进展使 CPS 成为开发预测性和预防性健康应用的理想之选。本章展示了一种基于 DEVS 形式化方法的硬件在环的模型驱动方法,该方法将系统工程应用于面向 CPS 系统,面向防止慢性疾病或复杂系统中的症状事件,而无需进行分析性描述。

由此提出的系统架构,所推导的方法论可应用于针对症状事件进行慢性疾病预测的案例。通过使用所得的系统显著提高了鲁棒性。一方面,检测并修复信号中临时出现的错误;另一方面,所提出的系统支持具有多个模型集并实时选择合适的模型。这样,可使用不同的预测算法和时间范围,并在必要时对其进行加权以提高预测的质量。

例如,应用所提出的架构用于偏头痛预测系统。该系统首先在 DEVS M&S 环境中开发,使我们能够验证设计活动。接下来,利用 DEVS 形式化和 VHDL 语言的模块化方法,将其转换为 VHDL 的实现。

另外,提出几种降低能耗的技术和策略。首先,分析感测节点中使用的算法和传感器的影响,从而降低达 90％ 的能耗。此外,讨论与数据中心和虚拟服务器管理有关的一些技术,在开发的工作流中应用所有的这些技术可显著降低能耗。

最后,讨论扩展偏头痛预测场景推断的大规模网络的部署。对于不同的网络元素和任务进行分类,并用于研究基础架构的利用率,比较使用和不使用中间协调器的方法。

我们展示使用 MBSE 技术和适当的 M&S 标准是如何促进 CPS 设计的各个阶段以及目标的评估的,例如可靠性、效能、鲁棒性和能耗等。从最初的概念到硬件设计,涵盖了 CPS 的完整和直观的设计方法,同时考虑了能耗和最终的大规模部署。

参考文献

[1] Alemdar H, Ersoy C. (2010). Wireless sensor networks for healthcare: A survey. Computer Networks, 54(15), 2688-2710.

[2] Braojos L R, Atienza D. (2016). An ultra-low power NVM-based multi-core architecture for embedded bio signal processing. In ICT-Energy Conference 2016.

[3] Braojos R, Mamaghanian H, Junior A D, et al. (2014). Ultra-low power design of wearable cardiac monitoring systems. In Proceedings of the 51st Annual Design Automation Conference (pp. 1-6).

[4] Deb K, Pratap A, Agarwal S, et al. (2002). A fast and elitist multiobjective genetic algorithm: NSGA-II. IEEE Transactions on Evolutionary Computation, 6(2), 182-197.

[5] Ghasemzadeh H, Amini N, Saeedi R, et al. (2015). Power-aware computing in wearable sensor networks: An optimal feature selection. IEEE Transactions on Mobile Computing, 14(4), 800-812.

[6] Giffin N, Ruggiero L, Lipton R, et al. (2003). Premonitory symptoms in migraine an electronic diary study. Neurology, 60(6), 935-940.

[7] Goadsby P, Zanchin G, Geraud G A, et al. (2008). Early vs. non-early intervention in acute migraine: 'Act when mild (awm)'. A double-blind, placebo-controlled trial of almotriptan. Cephalalgia, 28(4), 383-391.

[8] Groh B H, Reinfelder S J, Streicher M N, et al. (2014). Movement prediction in rowing using a dynamic time warping based stroke detection. In IEEE 9th International Conference on Intelligent Sensors, Sensor Networks and Information Processing (ISSNIP), 2014 (pp. 1-6).

[9] Henares K, Pagán J, Ayala J L, et al. (2018). Advanced migraine prediction hardware system. In Proceedings of the 50th Computer Simulation Conference (pp. 7:1-7:12). San Diego, CA, USA: Society for Computer Simulation International. Retrieved from http://dl.acm.org/citation.cfm?id=3275382.3275389.

［10］ Hu X H，Raskin N H，Cowan R，et al. （2002）. Treatment of migraine with rizatriptan：When to take the medication. Headache：The Journal of Head and FacePain，42（1），16-20.

［11］ Linde M，Gustavsson A，Stovner L，et al. （2012）. The cost of headache disorders in Europe：The Eurolight project. European Journal of Neurology，19（5），703-711.

［12］ Milosevic J，Dittrich A，Ferrante A，et al. （2014）. Risk assessment of atrial fibrillation：A failure prediction approah. In Computing in Cardiology Conference （CINC），2014 （pp. 801-804）.

［13］ OFSRC. UL. （2018）. Security Enabled Pervasive Biometric Sensors. http：// www. ofsrc. ul. ie/index. php/research/3-security-enabled-pervasive-biometric- sensors. （Online；accessed 28 December 2018）.

［14］ Ordás C M，Cuadrado M L，Rodríguez-Cambrón A B，et al. （2013）. Increase in body temperature during migraine attacks. Pain Medicine，14（8），1260-1264.

［15］ Pagán J，Moya J M，Risco-Martín J L，et al. （2017）. Advanced migraine prediction simulation system. In Proceedings of the 2017 Summer Simulation Multiconference （SummerSim 2017）.

［16］ Pagán J，Orbe D，Irene M，et al. （2015）. Robust and accurate modeling approaches for migraine per-patient prediction from ambulatory data. Sensors，15 （7），15419-15442.

［17］ Pagán J，Risco-Martín J L，Moya J M，et al. （2016）. Grammatical evolutionary techniques for prompt migraine prediction. In Proceedings of the Genetic and Evolutionary Computation Conference 2016 （pp. 973-980）.

［18］ Pagán J，Zapater M，Ayala J L. （2018）. Power transmission and workload balancing policies in eHealth Mobile Cloud Computing scenarios. Future Generation Computer Systems，78，587-601.

［19］ Porta-Etessam J，Cuadrado M L，Rodríguez-Gómez O，et al. （2010）. Hypothermia during migraine attacks. Cephalalgia，30（11），1406-1407.

［20］ Research H T，de Sevilla U. （2018）. Impacto y situación de la Migraña en España：Atlas 2018 （pp. 1-183）. Editorial Universidad de Sevilla.

［21］ Stovner L J，Andree C. （2010）. Prevalence of headache in Europe：A review for the Eurolight project. The Journal of Headache and Pain，11（4），289.

［22］ Vallejo M，Recas J，Del Valle P G，et al. （2013）. Accurate human tissue characterization for energy-efficient wireless on-body communications. Sensors，13 （6），7546-7569.

［23］ Zeigler B P，Praehofer H，Kim T G. （2000）. Theory of Modeling and Simulation. Integrating Discrete Event and Continuous Complex Dynamic Systems （2nd ed. ）. Academic Press.

第10章 面向自主应用基于模型的工程

Rahul Bhadani，Matt Bunting 和 Jonathan Sprinkle

美国亚利桑那大学电气与计算机工程系

10.1 概　述

在自主赛博物理系统的设计和部署中，基于模型的设计是一种颇具前景的方法。随着此类系统规模和复杂性的增长，设计人员和工程师已开始在基于模型的工程中采用基于模型的方法（Al Faruque 和 Ahourai，2014）。然而，由于自主赛博物理过程内在固有的复杂性，必须考虑各种条件下 CPS 的动态行为。CPS 系统的复杂性是由其中物理组件时间连续的功能以及赛博组件时间离散的功能导致的。因此，至关重要的是针对复杂的异构特性，解决自主 CPS 建模与系统验证和确认（V&V）回路之间的阻隔。CPS 设计人员采用基于模型的设计方法，在粗颗粒层级上进行大型系统的抽象和 V&V 的实现。这些抽象有不同的类型，如元建模、解释器设计和语言建模以及结构和行为建模（Nordstrom 等，1999；Lédeczi 等，2001；Sprinkle 和 Karsai，2003；Emerson 等，2004；Tolvanen 和 Kelly，2009；Jackson 等，2011；Kelly 等，2013）。

虽然在各种物理学科领域中已经建立了完善的 V&V 方法，但考虑到异构性和外部环境，CPS 中的 V&V 过程还是一项复杂的工作（Zheng 等，2017）。当使用传统方法时，CPS 中经常会忽略所依赖组件发生故障的可能性，在这种情况下，当设计人员使用回路中的硬件或实际用例进行基本集成测试时，模型很有可能会失效。因此，仅依靠代码检查、静态分析、模块层级测试和集成测试也是不充分的。如在自主运载器等安全关键系统中，抽象使设计分析更具管理性。然而，由于对物理世界的交互以及捕获物理过程中各方面考虑得不足，会在运行或部署中暴露出设计或实现方面的缺陷（即错误）。在自主系统的背景环境中，物理过程的随机性及其相互依存关系使形式化 V&V 方法不可或缺，尽管其成本并不低。本章探讨了在自主系统的背景中，应用于形式化验证和确认方法的基于模型的设计技术和架构，尤其对于自主地面运载器的控制。

10.2 背　景

本节将介绍传统 V&V 方法的背景，并描述 CPS 和混合系统的基于模型的设计在

V&V 方面的进展。

10.2.1　验证与确认

开发大规模的基于软件的系统通常将总体设计分解为多个阶段,最终将产生各种组件,通过这些组件的设计、测试和集成(以及后续的测试),最终产品得到客户的认可。当构建系统时,如果需求难以定义或者利益相关方可能并不了解所提的需求会产生相应的成本,这种方法也会无济于事。研究系统总体结构是为了看清各个组件,而应用本章中的方法可以了解结构变化的背景环境。

我们将验证当作以下问题的回答:"所涉及的硬件或软件组件是否符合规范?"为了检验传统的软件组件,有时会通过测试得到此问题的答案。这些过程可能包括输入/输出测试、功能等效或参考实现的对比、回归测试等。众所周知,测试是一种动态的评估形式,只有待测试软件在执行时才能进行,与静态评估技术截然不同,包括设计评审,为了确定需求是否已经满足,在此专家检查代码,并通过代码的逻辑或符号的执行、检查、验证技术进行审查(Tabuada,2009;Anta 等,2010;Ammann 和 Offutt,2016;Clarke 等,2018;Lonetti 和 Marchetti,2018)。

我们将确认当作以下问题的回答:"组件(硬件或软件)规范是否有可能达到预期的结果?"在系统设计和实施的早期和接近结束时都要考虑确认。在早期阶段,意味着设计人员应确定高层需求如何流向底层系统和(最终的)组件。设计结束时,将对组成的系统进行确认,确定集成时各个组件的行为是否满足所需的组成行为。

总而言之,将验证作为"我们在正确地制造产品吗?",将确认作为"我们在制造正确的产品吗?"在"V"的向下分支中,设计需求向下传递,并最终确定设计;在"V"的向上分支中,比较实现与设计需求(确认),并对集成行为进行测试以确保其满足系统更高层级的需求,如图 10.1 所示。

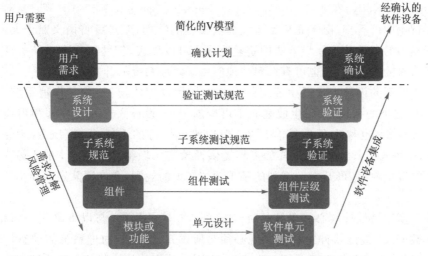

基于 Auto Tech 的综述文献:自主运载器的验证与确认的范围,Rath(2017)。

图 10.1　简化的 V 模型

10.2.2　基于模型的系统方法:关联到 CPS

针对软件开发过程的瀑布、敏捷、螺旋等方法,大量的文献已阐明在执行验证和确认中的缺点。但我们并没有开发新的软件设计流程来降低常规方法开展 CPS 设计的相关风险,而是应用基于模型的设计,在此将参考规范转换为模型,通过模型的执行获得最终的实现。此建模方法通常称为"特定领域建模",在系统中所实施的规范与系统所实现的是相同的(Sprinkle 等,2009)。

模型作为物理系统的抽象概念,我们将探讨如何通过定义明确的设计过程来创建模型。设计过程需遵循一系列的规则,为了以有意义的方式面向特定领域开发这些规则,如在控制工程、制造加工和电路设计等方面。在创建模型时首要的技术方向是元建模,模型可作为特定领域语言的一部分来操控。元模型规定了模型必须遵守的一系列的规则(Sprinkle 等,2010;Garistelov 等,2012)。这为创建支持最终用户可操控的模型指明了技术路线,并且模型遵循某些句法规则——限定所创建模型的类型。通过将设计空间缩小到某一更可能有效的模型,在设计过程的早期就对模型本身进行了验证和确认。当定义了元模型之后,就可使用它来生成后续设计过程中的建模制品,既可以是软件或代码框架,也可以是通过转换过程生成的配置文件。模型转换规则确保模型分析可转换为模型设计,反之亦然。

在细化后,将模型转换为可部署的执行制品,这一过程称为模型集成计算(MIC)(Sztipanovits 和 Karsai,1997;Karsai 等,2003)。一些商业和开源工具能够执行元建模中部分的代码生成或配置生成的工作,例如 Rational Rose(属于 IBM 公司的软件产品,Quatrani,2002;Vidal 等,2009)、Eclipse Modeling Framework(Duddy 等,2003)、Simulink(属于 MathWork 的软件产品,Dabney 和 Harman,2004)、Generic Modeling Environment(通用建模环境,Ledeczi,2001;Davis,2003;Molnár 等,2007)、MetaEdit+(Tolvanen 和 Kelly,2009;Kelly 等,2013)、Modelio(Schranz 等,2018)等。从对元模型的简要讨论中可看到,由于元模型不仅提供模型的结构,而且可将语义赋予元模型,因此基于模型的工程从元模型方法中获益匪浅。可以证实,软件工程中系统验证和确认技术所取得的长足进步,也可有针对性地应用于物理系统的开发中。

基于模型的设计中代码生成支持模型的使用者创建模型,并在物理系统上实现。对于 CPS 之类的系统,代码生成是必不可少的工具,设计人员和工程师利用代码生成器的强大功能(也称为程序综合环境)来构建可执行的系统模型(Ledeczi 等,2001;Tolvanen 和 Kelly,2009)。这样的工具提供抽象的领域概念和规则,并且支持从概念到代码的直接映射,可开发一系列的基于领域知识的规则,允许团队定义异构块之间的关系。

基于模型的设计核心体现及其对 CPS 的 V&V 的影响,与以下事实密切相关:对于大多数 CPS,最终软件组件的实现必须与所感知、受控的物理系统的动态特性紧密集成。因此,如果那些模型可用于生成软件,则设计将从与控制和分布系统相关的特定领域语言中受益。然而,CPS 所需的集成测试通常依赖于异构的建模语言,这些建模语言本身并不能相互配合使用,集成测试将与软件在环测试和硬件在环测试的 V&V 方法联系在一起,以提供两两之间组件集成的测试方法,其可在最终集成系统测试之前安全可靠地执行。

10.2.3 基于模型的 V&V

基于模型的设计中 V&V 方法是始于软件系统,并在研究中得以完善发展的技术领域,其中包括系统抽象的标准、形式化的状态机模型(Harel,1987)以及创建系统规范并由其验证系统的特性和系统组件的交互关系(Garland 和 Lynch,2001;Yilmaz,2017)。

虽然,CPS 需要同时包含时间连续特性和时间离散特性,但常规上研究是在连续域和离散域中分离地开展的。因此,对于 CPS 使用常规的 V&V 流程,可能意味着不能处理 CPS 系统的随机性、异构性和高度耦合的组件,而在安全关键方面,这些组件的故障会导致生命和财产的损失。为了达成关键方面安全这一目标,通常需要高昂的实施预算成本,或者较长的开发周期(Holt 等,2017)。

在硬件系统设计和通信协议方面(Clarke 和 Kurshan,1996),离散状态系统的验证已为人所知,但将这些技术扩展到 CPS 还是个挑战。该领域的突出开发方法是使用混合自动机和定时自动机,目前在 CPS 系统设计中开展确认有了最新的发展(Sanfelice,2015)。

V&V 最近的一项工作包括统计模型检查(SMC)(David 等,2012,2015)。SMC 通过系统仿真、监测以及使用收集数据的统计方法对假设进行证实,并表明系统是否满足需求的可信程度。有一种 SMC 工具称为 UPPAL - SMC,使用定时自动机网络,通过监测复杂混合系统的仿真来对系统特性进行概率性分析。对于通常的多 Agent 的复杂混合系统,形式化验证方法有助于证实模型的安全性和正确性。例如,一个互连的运载器编队可作为一种多 Agent 系统,其中,为了确保此系统行为的安全,需要使用运载器对运载器(V2V)的通信。我们提出一种混合自动机方法,开展此类系统的安全验证,在此,系统的连续特征被封于离散状态中,而离散行为则通过状态的转换来表达(Henzinger,2000)。对于混合自动机模型的改进,是"信念—愿望—意图"(BDI)模型,其中 Agent 基于其信念、目标和一系列事件队列而执行行动。由于 BDI 模型没有根据历史行为来结合学习行为(Kamali 等,2017),因此针对运载器编队背景提出一种可验证的 BDI 方法。在 CPS 的形式化验证领域中的另一项有趣的工作是 ModelPlex(Mitsch 和 Platzer,2016)。基于模型的特性以及确保这些特性可证实应用于 CPS 的实现,Modelplex 聚焦于运行时确认的正确性。Modelplex 利用"构造即正确"的机制来监测 CPS 系统的运行时行为,这也是"特定领域建模语言"的核心原理。

CPS V&V 的另一个突出的发展方向是协同仿真(co - simulation)。在协同仿真中,子系统来自不同的但完全成熟的领域,使用合适的求解器以黑盒方式进行共同的仿真(Neema 等,2014;Zhang 等,2014;Gomes 等,2017)。协同仿真针对耦合的系统并通过仿真器组合方式研究全局仿真的理论和技术。每个子系统均由各自的领域专家开发和测试,并通过某些代数约束进行组合。在此,需要一个主算法或协调器来实现系统的耦合。主算法规定在不同子系统之间如何移动数据。然而,由于存在巨大设计差距,协同仿真并不认同在后端进行耦合。在这种情况下,协同仿真需要包含所有子系统的模型,并在后续阶段进行集成,模型应处于恰当的抽象层级,这样的仿真不仅精确而且高效,还应支持基于模型的原型开发,从而提高可用性(Zhang 等,2014)。同时,通过在不同的协同仿真器之间共享计算负载来验证大规模的系统。协同仿真中的主要挑战是使仿真满足正确性,即如果证明联合仿真单元满足特征 P,那么我们就应确保总体的仿真满足特征 P。Zhang 等(2014)讨论了使用协同仿真开发时间触发自动 CPS 的一个完整案例,感兴趣的读者可参考相关文献。

10.2.4　面向自主的应用

本章将聚焦基于模型的工程的各个方面,并将其应用于自动驾驶,而不是只是针对理论分析和形式化方法。10.3 节和 10.4 节将讨论涉及软件在环(SWIL)和硬件在环(HWIL)测试的设计周期;10.5 节从 SWIL 和 HWIL 的基于模型的工程视角介绍自动驾驶的用例;10.6 节将介绍特定领域的建模语言,用于创建可验证的系统,使用预定义的安全测度来限定特定用例,防止此系统在实际运行中失效;10.7 节将对各节进行总结,包括作者的研究结果以及关于基于模型的工程未来发展的理解。

10.3　基于模型的工程方法

基于模型的工程(MBE)将模型作为系统开发的首要对象。在 MBE 中,模型是开发实践活动的核心制品,它涵盖了从用户需求、系统设计、子系统规范、组件建模、功能建模等所有方面,旨在建立正确的系统以及开展单元测试、组件层级测试、子系统验证和系统确认,检查整个过程是否可实现正确的系统。MBE 的特性通过不同层级的抽象、封装和功能性设计,在模型的不同元素之间提供明确定义的关系。MBE 提供一种有效的方法论,通过集成设计周期的不同步骤来实现,例如系统设备的建模、设备控制器的综合和分析、设备和控制器的仿真及其在物理平台上的实现和部署。模型是设计周期的核心,我们使用时间连续和时间离散的计算构建块来构成预先的功能特征。例如,为了开发物理系统的控制器,我们可将系统抽象为一个黑盒,由此定义系统的状态:

$$x' = f(x,u) \tag{10.1}$$

$$y = g(x,u) \tag{10.2}$$

式中:x 是系统的状态;

u 是系统的输入;

y 是系统的输出;

$f(\cdot)$ 描述系统的动力学特性;

$g(\cdot)$ 描述系统的输出变量。

在此模型中,我们使用抽象来定义系统的结构,但这种模型提供接口而不具有执行语义。为使模型具有可执行性,需要我们定义 f 和 g。为便于描述,我们借用 Walsh 等(1994)的类似车辆机器人的模型 $f(\cdot)$,如:

$$\boldsymbol{x}' = f(\boldsymbol{x}, \boldsymbol{u}) = \begin{bmatrix} v\sin\theta \\ v\cos \\ \dfrac{v\,\tan\delta}{L} \end{bmatrix} \tag{10.3}$$

式中:$\boldsymbol{x} = (x_1, x_2, \theta)^{\mathrm{T}}$,其中$(x_1, x_2)$是笛卡儿坐标位置;

$\boldsymbol{u} = (v, \delta)^{\mathrm{T}}$;

θ 表示车辆的方向;

v 是车辆的速度;

δ 是转向角;

L 是车辆的轴距。

当使用 MATLAB/Simulink 等仿真环境时,该模型是可执行的,能够提供有关车辆位置和方向的状态更新信息,并作为输入可采用直观的方式提供所需的速度和转向角。

该模型不仅可执行,而且比方程(10.1)中的模型更加具体,但仅是在执行环境中提供了设计生成 u 的控制算法,还不能提供测试中的环境采样以及作动器和动力学设计等方法。应用基于模型的工程有助于改善整个流程的复杂性,使各个流程的组合成为可能,可通过定义的接口进行执行和测试。该架构还明确支持替换那些符合接口规范的组件,以便在整个过程中替换、重新设计、独立测试某个单独的组件等。

有多种方式可测量系统的状态,例如使用系统辨识的数据驱动方法和基于物理的模型;或者可使用硬件在环的仿真,并在物理平台/硬件上替换系统的计算模型。当我们抽象出无人驾驶车辆的系统模型时,我们的开发工作将在某一层级上进行简化,其重点放在控制输入、输出行为和控制器开发的需求上。这种基于模型的方法充分利用系统的层级结构,限定系统设计者在任何时候可遇到的复杂性,并减少模型解释期间的探索空间(Abbott 等,1993)。抽象系统的示意图如图 10.2 所示。

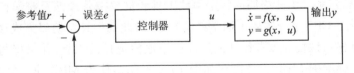

图 10.2 抽象系统的示意图

作为抽象元素开发的各个块称为组件。在 MBE 中,开发出了可组合的组件库,并在抽象的平台层级生成系统模型。例如,MathWorks 的建模工具 Simulink 提供了一系列丰富的组件库,具有许多不同的接口,支持快速原型的开发。这些类型的模型在仿真工具的支持下,可提供快速的原型开发、功能验证、软件测试以及软件/硬件验证(Wilber,2006)。

10.3.1 基于模型的工程的工作流

传统的工作流始于需求分析,在纸面或电子文件上的文档工作。基于文档的方法面临着诸如误解、歧义和信息非结构化表示的局限。随着时间的推移,这将导致软件和硬件团队在发现需求、实现和部署等方面出现明显的脱节(Hahn 和 Brunal,2017;Mall,2018;Ntanos 等,2018)。图 10.3 给出了传统方法的顶层工作流。

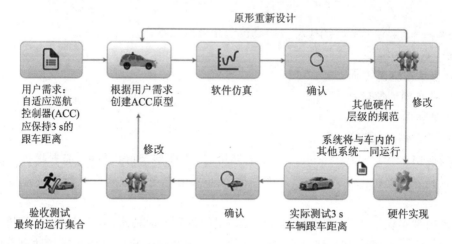

图 10.3　传统方法的顶层工作流

在测试过程中,工程师分析收集的数据,确定测试是否提供了预期结果或出现了某些问题——软件问题还是硬件故障?数据是否超出了预期范围,或者与参考实现相比行为是否匹配?为了解决问题,工程师更新了模型并重新进行测试。在整个过程中,可能很晚才会发现模型中存在某些缺陷,甚至是存在需求的缺陷。显然,这是非常耗时且代价高昂的设计技术。

MBE 的目标是在工作流中实现开发系统的模型表达并通过软件工具转换为可执行的系统。生成的可执行的系统可能包含硬件或软件元素,或两者兼而有之。通常针对各种的目标运行系统和架构,需要它们独立于计算平台。MBE 方法是一种可行的解决方案,提供涵盖系统生命周期的特定领域工具和抽象来管理涉及跨学科主题的 CPS 开发过程。由于 CPS 系统需要不同学科的知识,因此我们日益期望集成这些异构的模型。这样的可移植性使专家和设计人员可使用他们选择的工具,并保持与其他领域模型的兼容性。标准的 MBE 设计过程如图 10.4 所示。作为 MBE 的动机之一,各种可能使用的模型类型部署到 MBE 流程中,从高度抽象到特定领域建模语言(DSML),其分为两类:

① 系统模型:表达所感兴趣系统的抽象,这通常包括但不限于特定系统行为、效能和结构的定义。

② 关于系统各个方面的模型:描述信息或一系列规则,用以定义如何创建特定类型模型的模型,称为元模型(Sztipanovits,2016)。

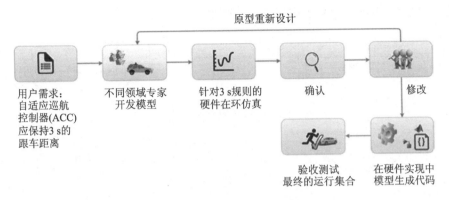

图 10.4　标准的 MBE 设计过程

10.3.2　特定领域建模环境

特定领域建模环境(DSME)可创建自定义的 DSML 并支持模型生成的工具(Nordstrom 等,1999;Ledeczi 等,2001)。通过使用此类工具以及 DSML 模型构造器界面将大幅度缩短开发周期,同时此工具还提供了用于代码生成或分析工具的模型解释(Hemel 等,2010),语言中定义了组件类型和构造规则以及组件之间关系的语法形式化规范。该语法是语言的形式规范,并且规定如何有效地创建领域模型的模型,即元模型。图 10.5 所示为 DSME 中涉及的各个部分之间的关系(Sprinkle 和 Karsai,2003)。图的左上角,通过元模型环境则由领域专家定义元模型,其具有构造 DSML 的广泛知识。此阶段,领域专家了解模型高层组件可能的集合及其关联方式,使用 DSME 自带的元模型形式化的规范(称为元-元模型)构造元模型(Álvarez 等,2001)。不同的 DSME 可能使用不同的模式进行元模型的构建,使用 XML 模式(Schema)或统一建模语言(UML)类图的形式(Kobryn,1999;Routledge 等,2002;Rumbaugh 等,2004)。然后,元模型创建将转换为模型构造和模型解释所需的组件。通常,该阶段使用功能完善的 DSME 来实施,其中需要使用元模型构建模型规则和约束。模型构造器为用户提供了在特定领域中设计模型的界面,这类似于 Simulink 的使用,在此创建并连接各种块。在模型构造过程中,模型构造器界面确保遵循元模型的规则,从而实现模型的构造即正确。需要注意的是,在这种情况下,构造即正确意味着模型始终符合元模型规则,因此在语法上是正确的,但这并不意味着可确保模型行为的正确性。例如,控制系统的 DSML 可能具有一个元模型,该模型可确保节点之间始终保持使用连线的连接,表示负反馈以及完整的微分动力学方程。然而,元模型可能无法保证控制器的稳定性,或者不会超过涉及超调等特定的约束。尽管构造即正确可确保模型遵循特定的语法,但验证是判断是否满足需求的一个重要环节。元层级的转换中的部分工作可通过创建一系列的模板来支持设计过程,可提供一系列的模型解释器。模型解释器类似于代码的编译器,在图 10.5 的右上角,模型可转换为较低层次的制品,可包括工作输出制品,或用于验证工具的制品。由于需要从模型中产生各种制品,所以模型解释将是 DSME 中的关键应用之一,否则模型将仅作为设计而存在。

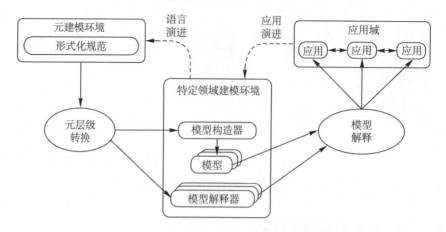

图 10.5　应用 DSME 的 DSML 和模型设计过程
（Sprinkle 和 Karsai,2003）

在图 10.5 的顶端,有两条虚线表示语言演进和应用演进,两者是相似的,并且在不同的 DSME 阶段作为设计反馈。应用演进是从模型中生成输出制品之后,基于反馈需对模型进行修改,可能是通过验证工具观察系统行为的结果。语言演进出现在 DSML 设计人员发现特定领域中的模型无法由元模型获得的情况。在这种情况下,设计人员必须修改对应的元模型,以确保获得正确的领域模型。同样,如果无法建模,则解释器可能无法生成制品,就有可能需要修改元模型。

10.4　基于模型的工程中的建模与仿真

动态行为需要在大量具有不同参数和初始条件的用例中捕获。基于模型的设计对应的仿真工作可确保将这些行为捕获到模型中并进行测试,以确定符合需求和安全要求。其结果是,计算模型日益成为通行的方法,通过使用数值仿真作为构建硬件原型的可选方法,从而降低开发成本并缩短设计周期。当确定了计算模型后,在最终确定实现之前,开展大量的仿真以测试和细化设计,这是软件在环(SWIL)仿真的核心原理。SWIL 允许使用不同的参数进行多轮仿真,否则其他方式不仅成本高昂,而且有时在物理平台上是不可能实现的。在自动驾驶车辆和医疗 CPS 之类的安全关键系统中,仿真可测试不稳定的状况,并且不会对基础设施或人员生命造成任何风险。但是,通常系统某部分的数学建模很复杂,或者它们的动力学特性还不清楚。在这种情况下,我们将传感器或硬件模型与计算模型连接,这种组合的建模和仿真方法催生了硬件在环(HWIL)仿真的应用。

10.4.1　基于模型的工程中的计算建模

使用计算模型进行仿真以及使用数学方程式和物理引擎研究复杂 CPS 过程的行为,可加快系统设计和测试新的控制器及算法。计算建模包含众多的变量,并且在仿真中通常是通过调整一个变量或多个组合的不同变量,从观察中得出推论。使用计算模型的仿真有助于针对系统的特定"假设分析(What−if)"场景作出预测,该场景可能带来投入资金、后勤保障以及生命威胁等方面的挑战。

通过应用 ROS(Quigley 等,2009)和 Gazebo 仿真器(Koenig 和 Howard,2004)开展自动驾驶车辆仿真的案例,可理解上述观点。考虑到设计自动驾驶车辆(AV)跟车的算法,为了测试跟车算法,我们可进行由 AV 和人员驾驶车辆构成的真实实验。跟车算法是让自动驾驶车辆跟随人员驾驶的车辆,并保持安全的跟车距离。对于真实的实验,我们还需激光测距仪设备,如 SICK LMS 291 或安装在 AV 的前保险杠上的雷达。测距仪需估计 AV 与前方人员驾驶车辆之间的距离,并将此距离信息输入到车辆跟车算法中,从而调整速度以保持安全的跟车距离。

真实的实验中需要对跟车算法有一定的置信度,确保 AV 在任何给定点都不会与前车辆发生碰撞。为保证算法的安全性,我们需要在测试前找到某种方法来建立置信度。一种可选的方案是在基于模型的工程中采用计算建模来设计和测试单个组件过程的控制算法。现在的问题是,为了设计和实现跟车算法,我们需要如何建模? 以下将采用基于模型的工程方法,阐述自动驾驶车辆应用所需开展的环境建模、组件建模和传感器建模等工作。

10.4.1.1　环境建模

我们从环境的广义理解开始,参与实验的 Agent 不仅彼此交互而且与外部环境交互。许多用于环境建模的商用和开源工具,如 Gazebo(Koenig 和 Howard,2004)、Carsim(Benekohal 和 Treiterer,1988)、Webots(Michel,2004)以及 V−rep(Rohmer 等,2013)等,不胜枚举。在本章介绍的案例中,我们将使用 Gazebo 仿真器,该环境建模仿真器的界面如图 10.6 所示。在大多数情况下,创建环境设置是为了施加测试用例,由其驱动功能的仿真,而不是针对任何用例的逼真的仿真器。

环境模型到位后,使用者可看到车辆状态(如 (x_1, x_2, θ)、v,见方程(10.3))的分量部分,源自车辆动力学仿真器执行中所收集的。另外,还需要环境模型能够从仿真的传感器中收集真实的数据,获取车辆与其他物体之间的距离,甚至可能是这些物体仿真的运动。

10.4.1.2　组件建模

对于自动驾驶车辆的建模和仿真需要一个计算模型。车辆的粗略简化模型可包括 3D 车身以及运动学方程或动力学方程,如方程(10.3)所述;或者,也可使用 3D 建模软件(例如 Solidworks(2019 年)或 Blender)开发的车架实际 3D 模型。转向机构符合阿克曼转向原理,基于旋转副实现内侧轮和外侧轮的差速转向。为了获得逼真的外观,主

图 10.6　Gazebo 环境建模仿真器的界面

车身的可见部分选择由 Solidworks 所开发的 Ford Escape 的 3D 车架模型。使用 Gazebo 仿真器创建自动驾驶的 3D 模型，设计人员可指定模型的物理属性，例如惯量、摩擦系数，阻尼系数等。图 10.7 给出了在真实设置中用于设计跟车算法模型的示例。在模型中，为了减小计算量，车轮直接建模为圆柱体，否则涉及计算实际轮胎模型的接触力，而轮胎胎面模型则由成千上万个三角网格所构造。

(a) 显示模型的骨架　　　　　　　　　　(b) 显示实体视图

图 10.7　自动驾驶车辆的计算模型

　　另外，需要开发的组件包括控制器，向车辆发出控制命令并解释来自传感器的数据。对于特定领域的方法，可使用如 Simulink 之类的控制软件来设计原型，然后再生成可执行的行为的代码。

10.4.1.3 传感器建模

对于自动驾驶的应用,传感器建模与车辆建模同样重要。对于测距传感器,在 Gazebo 中使用光线跟踪和光线投射的点云模型,其具有包含传感器随机特性的能力,可实现真实的数据采集。传感器建模中应用计算机视觉技术是研究合成视觉系统的一个广泛的主题,这超出了本章的范畴,有兴趣的读者可参考 Lohani 和 Mishra(2007)、Peinecke 等(2008)、Davar 等(2017)发表的论文。在此,我们将概要地研究激光雷达(LiDAR)传感器的建模问题,该传感器是自动和半自动驾驶车辆中广泛使用的组件之一。自动驾驶车辆应用的测试需要真实的 LiDAR 数据,但是由于数理逻辑的问题,LiDAR计算模型的使用将扩大用例的覆盖范围。

LiDAR 的计算建模使用光线投射技术。在光线投射中,使用 3D 向量检查在虚拟环境中与其他几何图形的交点,并记录交点的坐标。使用多个 3D 向量,可构建 LiDAR响应光线的三维图像,光线投射生成的交点坐标集合称为点云。由于并不是所有物理引擎都可并行地进行光线投射解算,因此引擎不得不等待产生可视化的效果,直到360°光线投射完毕。其结果是,建模性能与可用的计算能力相关。只要得到光线投射的坐标点,某些物理引擎就有更新可视化点云的方法。开源库可用于仿真传感器的计算模型,例如 Velodyne 3D LiDAR 和 SICK LMS 291 2D LiDAR。在 ROS 平台支持下,就有这样的开源项目。图 10.8 所示为可视化的光线追踪和点云的仿真。

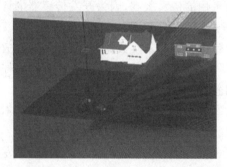 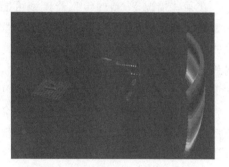

(a) Gazebo World中LiDAR传感器的光线追踪仿真   (b) rviz中LiDAR传感器的可视化点云仿真

图 10.8　LiDAR 传感器建模

10.4.2　软件在环仿真

CPS 的本质特征是异构,并通过众多的传感器和作动装置与物理世界进行交互。我们即使在开发过程中设法完成了物理设备与计算机系统的接口连接,也可能无法处理那些关键和带有风险的用例。

在设计初期和/或为了捕获现实用例中很难出现的各种状况,我们需要使用仿真。仿真必须与软件基础设施紧密集成,用来提高效率并减少歧义,并在部署中确保使用接口开展功能的正常交互。

在为自动驾驶车辆开发控制器的案例中,当每个组件都需要与物理设备或传感器进行交互时,软件组件的开发就变得异常复杂。在开发周期的早期,可采用纯软件的测试来研究交互。当使用传统的软件工程方法测试功能行为之后,就必须转到外部仿真器与仿真器的交互接口。

由于这些限制,虚拟原型(由软件开发)称为"软件在环仿真"(SWIL)过程,提供用于全尺度应用开发和测试的可选方法。这些虚拟原型易于在各种输入和条件下进行修改和测试,而没有任何风险。SWIL 允许测试人员创建更多的测试场景,例如不同的交通状况、道路状况、是否存在其他外部因素等。

10.4.3 硬件在环仿真

软件在环仿真提供了减少系统层级错误的强大功能,并且降低了后期故障排查的成本。当完成 SWIL 测试后,就必须将其中一些 SWIL 原型换成物理硬件。使用代表性的物理设备替换一个或多个软件组件的过程称为硬件在环仿真(HWIL)。

我们可考虑使用传感器数据组件来探讨这一概念。在开发早期阶段开展传感器仿真,无疑是有利的,但如 LiDAR、雷达和照相机之类的传感器可能会受到随机噪声和散粒噪声的影响,由于这些噪声的出现,很难在不牺牲性能的情况下进行精确的计算建模。在这种情况下,我们可能希望用实际的硬件设备替换仿真传感器,同时在适当的其他环节中还将继续使用软件组件(例如,车辆模型)。

在某些情况下,新的传感器模型可能没有可用的仿真版本,因为开发传感器的计算模型是一项艰巨的任务,需要具备物理学和电子学的相关知识。在 HWIL 中可用其等效的物理设备替换虚拟原型,并注入从物理设备中获得的真实数据,从而减少对合成数据集的依赖。在我们的跟车算法案例中,速度控制器需要来自装载在 AV 前保险杠上的 LiDAR 的数据来估算与目标的距离和相对速度。

在 SWIL 方法中,仿真的车辆模型会从仿真的 LiDAR 接收距离信息,该信息不具备数据的随机性,并且不能展现由于出现随机的、非平坦道路状况对数据集的扰动。通过注入装载在真实车辆上的真实 LiDAR 收集的数据,我们可弥补这一缺陷,向开发的控制器提供新的应用场景。

10.5 用例:控制车辆 CPS 的速度

运载器已超越了单纯的机械设备,成为配备有电子组件和控制系统的车辆 CPS。当前的车辆 CPS 存在许多的局限性并面对许多挑战,例如,能否具有收集有关其运行环境的全局信息的能力。车载传感器通常为收集车载信息而设计,收集的数据仅对特定的运行有效,因此不同的控件闭环可能会在下一个采样周期更改数据。

目标是生成提供高可信度的车辆 CPS,确保自动驾驶在移动性以及安全性、可靠性方面具有潜在的优势(Work 等,2008)。在此讨论的一些问题已是研究领域的热点,结合了现有的技术和新兴的技术,例如路边单元(Lochert 等,2008)、专用短距离通信

(DSRC)(Shin 等,2019)、LTE 的使用(Mazzola 等,2016)和 5G 网络(Mavromatis 等, 2018),用于信息的分发、运载车辆的编队和控制等。在本节中,针对自动驾驶车辆的自主性,我们表明 MBE 在组件建模、验证和确认中是如何成为必不可少的工具的,将如何为人类创造下一代的车辆 CPS。

接下来将讨论控制车辆速度的一个特定的用例,旨在开发一个明确定义的系统,用以通过自适应巡航控制(ACC)来确认后续车辆的响应。我们的兴趣在于当反馈控制律未知时,如何确定 ACC 车辆的行为。为了实现这一目标,我们选用两部 ACC 车辆(一个引导和一个跟随)进行了多次测试。引导车辆按照固有的速度前行,它的控制器用来引导跟随车辆的练习,从而推出自己的控制律(目前还未知)。我们开始指定一组输入以及输入如何随时间变化。

将该需求转换为状态模型(在 Simulink Stateflow 中实现),如图 10.9 所示。该模型的输出是车辆速度控制器的输入。首先,在 Simulink 中使用方程(10.3)开发模型,测试车辆模型来检查输出的轨迹。这些软件测试集成到 Simulink 执行环境中,不需要专门生成代码即可测试,Simulink 的执行语义就足够了。

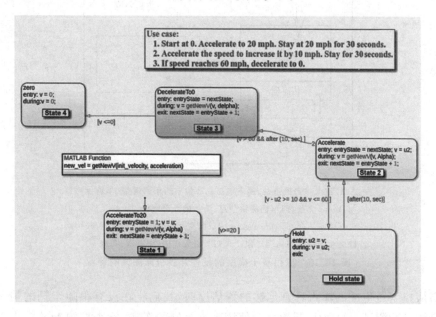

图 10.9　ACC 案例中具有特定输入的状态机,由 Stateflow 软件实现

① 从静止开始;

② 以 0.5 m/s^2 的加速度,加速至 20 mph;

③ 将速度保持在 20 m/s,持续 30 s;

④ 以 10 mph 的增量,进行速度递增;

⑤ 保持速度 30 s;

⑥ 重复步骤④～步骤⑦,直到车速达到 60 mph;

⑦ 以 1.0 m/s^2 的加速度,减速至 0 mph;

⑧ 如果速度为 ε≈0，则停止。

在完成输入/输出测试验证之后，系统测试将在如图 10.10 所示的仿真环境中继续开展 SWIL。为了执行 SWIL 测试，使用机器人系统工具包（Robotic System Toolkit）及其与 Gazebo 环境的接口，将 Stateflow 模型转换为基于 ROS 的 C++组件（Bhadani 等，2018）。对于 SWIL，通过 ROS 在 Gazebo 中使用物理模型、传感器数据（行驶时间、位置和速度）生成车辆动力学特性和传感器数据，控制器的输出是所生成的 C++代码的指令并控制车辆的速度，同时控制器输出共享给 ROS，由 ROS 设定每个车轮的旋转速度以达到所需的车速。通过 SWIL 测试，代码本身并未得到验证，但可发现集成错误。

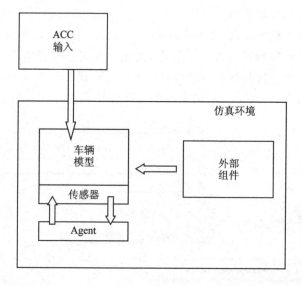

注：ACC 输入状态机模型，提供给仿真环境中的车辆模型；车辆传感器
与 Agent 交互，向车辆提供信息；所示的外部组件与 Agent 类似，但
只有单向的交互，而与 Agent 的双向交互有所不同；此外，与外部组
件交互的精确的物理现象还未对其行为建模（如坡道、雪地等）。

图 10.10　应用基于模型的设计开展仿真测试的装置

当从控制器生成的输入具有足够的置信度时，我们将在没有跟随车辆的情况下对引导车辆进行测试。HWIL 开始完全使用人工控制的车辆，检查控制器的输出并与驾驶员产生的输出进行对比。此类 HWIL 测试确定物理硬件的数据是否具有足够的保真度和频率，并且还可能发现 SWIL 系统中未涉及的累积噪声或扰动带来的某些细微错误。顺利完成 HWIL 集成测试后，我们将对整个系统进行 HWIL 测试，并将控制器输出连接到物理系统。在自定义的速度控制器运行中，我们记录控制器的输出，以便将这些 HWIL 输出作为我们后续设计跟随车辆 ACC 控制器的 HWIL 输入，从而判断跟随车辆 ACC 模型的估算是否精确。

10.6　用例：CPS 设计的特定领域建模语言

通常针对 CPS,需求可能跨越多个设计领域。例如,传统控制器的设计根据摄像机图像的车道追踪来操纵车辆转向,但是,由于联网计算机之间通信或算法执行计算时间的原因,需要考虑延迟。如果系统中存在初始设计行为不正确的问题,则设计人员可能会尝试重新设计控制器使其更鲁棒,或重新设计网络系统以减少延迟,或优化计算算法。针对跨越多个领域的设计独立完成的情况,可能需要每个特定领域的专家。此外,可能还需要每个领域的专家将设计从高层设计转换为低层工作制品,这样的过程很容易发生人为错误,并且可能非常耗时。

领域专家通过特定领域建模语言(DSML)开展设计,并将特定平台上的知识汇集其中(Kelly 等,2013)。DSML 的创建涉及高层模型的语法设计(Chen 等,2005),同时形式化语法与语义映射提供了创建低层制品所需模型的必要表达方式。使用 DSML 可构建可视化的模型表达,并且可与通用建模方法相匹配(Lédeczi 等,2001)。例如,图 10.2 表明了控制系统工程领域的应用。控制系统的简单模型是反馈控制系统的常用模型,并遵循特定的语法和语义映射。每个图形节点代表一个数学公式,每个边都是有方向箭头,有些边还带有标签。从语义上讲,控制工程师了解系统的输入和输出是如何存在的,以及了解设备与控制器的差异和反馈回路的存在方式。Simulink 是 DSML 的一个使用案例,可用于设计控制系统。所实现的专家知识涉及两个方面:用于仿真的 Simulink 模型以及生成 C 代码的低层制品。

代码生成和验证是两个关键的功能,结构完善的 DSML 可支持复杂的安全关键系统的开发周期。用于模型验证的解释器可将模型转换为确保满足需求的制品。如果通过有效的验证工具验证了模型的安全行为,则真正的代码生成器将生成具有安全保证的代码。某些具有验证解释器的 DSML 甚至可特别地阻止执行代码生成功能,直到验证通过为止(Bunting 等,2016)。这种防止生成不安全代码的方式可确保在模型部署前,完成图 10.4 中的迭代设计过程的循环。

WebGME 中的示例 DSML

基于 Web 的通用建模环境(WebGME)是一个示例性的工具,支持使用类似于 UML 的类图直观地定义元模型(Maróti 等,2014;Gray 和 Rumpe,2016)。WebGME 使用 Web 浏览器和具有数据库后端的 Web 服务器来存储 DSML、模型和解释器。由于是基于 Web 的,解释器和其他插件均使用 Javascript 编写,除模型解释之外,其他插件可用于装饰模型对象,以可视化的直观方式表示域中的组件。

图 10.11 所示是使用 WebGME 的简单混合控制器设计器的 DSML 案例,这是一个非常简单的混合控制器表达形式,特别适用于图 10.7 所示的自动驾驶车辆创建行驶路径。混合控制器的元模型在左侧,这是在 WebGME 中使用类似的类图来构建元模

型的外部形式。尽管 WebGME 元模型和类图之间有一些差异，但是熟悉 UML 设计的软件工程师很快就能掌握如何构建元模型。由于 WebGME 是专门为模型构造产生的，因此类之间的某些关系似乎与 UML 中的不同。在设计中，图是包含模式和转换的最高层级的类。状态图设计的转换表示从一种控制模式到另一种控制模式的转变，因此指定从源模式 src 到目标模式 dst 的关系。从标准模式继承有两种特殊的模式，即开始和结束。最后，每种模式都包含一个可进行参数设置的控制器。使用元模型，Web-GME 的模型构造器可让用户设计一个简单的混合控制器模型，如图 10.11 的中间部分所示。该模型是简单的模式序列，显示一个模式的参数。由于使用了模型构造器和元模型，因此可确保正确地构建模式和转换，但控制器的调整可能会呈现出不安全的行为。

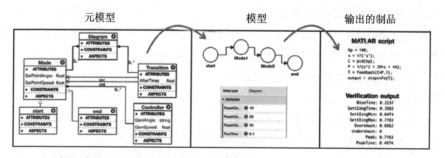

图 10.11 具有验证脚本生成的简单混合控制系统的 DSML 实例

图 10.11 中的右边部分表示从模型生成的 MATLAB 和验证输出制品。对于每种控制器模式，解释器都会生成一个验证的代码，以确保未违反某些安全约束。语言中有两部分需要验证：第一部分是检查是否达到特定目标；第二部分是确保控制器调整不会过度。在顺利验证后，基于混合控制器模型，代码生成器可针对控制车辆生成所需的制品。

该语言构造简单，并不包含混合控制设计的所有通用部分，因为其最终用户不是针对控制领域的专家。这些模型仅针对时间转换和特定控制器类型的已知自主驾驶车辆，因此该语言具有很强的特定领域特性。通过简化设计空间来降低设计的复杂性，即使不是专家仍可设计复杂的 CPS 行为，甚至是大学四年级的学生也可以（Bunting 等，2016）。在这种情况下，非专家只能指定具有正确连接的转换模式，并且只能设置特定的参数。

10.7 结 论

本章探讨了基于模型的仿真和设计在自主赛博物理系统中的作用，以及它们与传统软件系统设计的区别。CPS 的异构性促使软件在环测试和硬件在环测试的应用，以减少通常在集成测试中无法发现的错误，并在设计过程中针对软件组件尽早引入实际误差和噪声状况。重要的是,特定领域语言的应用(例如 Simulink/Stateflow 等广为知晓的事例,或通过 WebGME 开发的某些定制的语言)允许最终用户以更近乎于设计规范的语言来开发参考实现①,并且代码生成将减少由参考实现转为最终的软件组件所需的时间周期。

就系统的安全性以及严格检查构成系统行为相关软件的需要而言,当需要应对社会规模系统的范围和尺度时,自主系统的设计者会面对重要的问题。应继续使用模型来构建那些系统行为,并使用验证工具检查所定义的行为,而不只是依赖于黑盒的实现,因为在灾难性故障发生之前,黑盒方式不太可能发现极端的情况。

致　谢

这项研究工作得到了美国国家科学基金会的资助,获得了 1446435、1253334 的奖励,并得到了 MathWorks 的赠予。特别感谢 Nancy Emptage 对硬件在环实验的支持,由此测试了系统的许多模型。

参考文献

［1］Abbott B,Bapty T,Biegl C,et al. (1993). Model-based software synthesis. IEEE Software,10(3),42-52.

［2］Al Faruque M A,Ahourai F. (2014). A model-based design of cyber-physical energy systems. In Proceedings of the 19th Asia and South Pacific Design Automation Conference (ASP-DAC) (pp. 97-104). IEEE.

［3］Álvarez J M,Evans A,Sammut P. (2001). Mapping between levels in the meta-model architecture. In Proceedings of the 4th International Conference on the U-nified Modeling Language (pp. 34-46). Springer.

［4］Ammann P,Offutt J. (2016). Introduction to software testing. Cambridge University Press.

［5］Anta A,Majumdar R,Saha I,et al. (2010). Automatic verification of control system implementations. In Proceedings of the 10th ACM International Conference on Embedded Software (pp. 9-18). ACM.

［6］Benekohal R,Treiterer J. (1988). Carsim:Car-following model for simulation of traffic in normal and stop-and-go conditions. Transportation Research Record, no. 1194.

［7］Bhadani R,Sprinkle J,Bunting M. (2018,April). The CAT Vehicle Testbed: A Simulator with Hardware in the Loop for Autonomous Vehicle Applications.

---

① 在软件开发过程中,参考实现(references implementation)意味着对于规范的实现,该规范应证明概念的正确性。(译者注)

In Proceedings 2nd International Workshop on Safe Control of Autonomous Vehicles (SCAV 2018), Electronic Proceedings in Theoretical Computer Science (vol. 269). Porto, Portugal.

[8] Blender Online Community (n. d.). Blender: A 3D modelling and rendering package. Blender Foundation, Blender Institute, Amsterdam [Online]. Available: http://www. blender. org.

[9] Bunting M, Zeleke Y, McKeever K, et al. (2016). A safe autonomous vehicle trajectory domain specific modeling language for non-expert development. In Proceedings of the International Workshop on Domain-Specific Modeling (pp. 42-48). ACM.

[10] Chen K, Sztipanovits J, Neema S. (2005). Toward a semantic anchoring infrastructure for domain-specific modeling languages. In Proceedings of the 5th ACM International Conference on Embedded Software. ACM, pp. 35-43.

[11] Clarke E M, Kurshan R P. (1996). Computer-aided verification. IEEE Spectrum, 33(6), 61-67.

[12] Clarke E M, Jr Grumberg O, Kroening D, et al. (2018). Model checking. MITPress.

[13] Dabney J B, Harman T L. (2004). Mastering Simulink. Pearson.

[14] Dassault Systemes SolidWorks Corporation (2019). SolidWorks 2019 Proven Design to Manufacture Solution [Online]. Available: https://www. solidworks. com/.

[15] Davar S A, Chemander T, Jansson M, et al. (2017). Virtual generation of LiDAR data for autonomous vehicles.

[16] David A, Du D, Larsen K G, et al. (2012). Statistical model checking for stochastic hybrid systems, arXiv preprint arXiv:1208. 3856.

[17] David A, Larsen K G, Legay A, et al. (2015). Uppaal SMC tutorial. International Journal on Software Tools for Technology Transfer, 17(4), 397-415.

[18] Davis J. (2003). GME: The generic modeling environment. In Companion of the 18th annual ACM SIGPLAN Conference on Object-Oriented Programming, Systems, Languages, and Applications (pp. 82-83). ACM.

[19] Duddy K, Gerber A, Raymond K. (2003). Eclipse Modelling Framework (EMF) import/export from MOF, JMI. Technical report, CRC for Enterprise Distributed Systems Technology (DSTC).

[20] Emerson M J, Sztipanovits J, Bapty T. (2004). A MOF-Based Metamodeling Environment. Journal of Universal Computer Science, 10(10), 1357-1382.

[21] Garitselov O, Mohanty S P, Kougianos E. (2012). A comparative study of metamodels for fast and accurate simulation of nano-CMOS circuits. IEEE

Transactions on Semiconductor Manufacturing，25(1)，26-36.

[22] Garland S J，Lynch N A. (2001，September 11). Model-based software design and validation. US Patent 6,289,502.

[23] Gomes C，Thule C，Broman D，et al. (2017). Co- simulation：State of the art，arXiv preprint arXiv:1702. 00686.

[24] Gray J，Rumpe B. (2016). The evolution of model editors：Browser-and cloud-based solutions.

[25] Hahn C，Brunal E M. (2017). Matlab and simulink racing lounge：Vehicle modeling. MATLAB and Simulink Racing Lounge［Online］. Available：https://web. archive. org/web/20190109221627/https://www. mathworks. com/videos/matlab-and-simulink-racing-lounge-vehicle-modeling-part-1-simulink-15024-66996305. html.

[26] Harel D. (1987). Statecharts：A visual formalism for complex systems. Science of Computer Programming，8(3)，231-274.

[27] Hemel Z，Kats L C，Groenewegen D M，et al. (2010). Code generation by model transformation：A case study in transformation modularity. Software & Systems Modeling，9(3)，375-402.

[28] Henzinger T A. (2000). The theory of hybrid automata. In Verification of digital and hybrid systems (pp. 265-292). Springer.

[29] Holt S，Collopy P，DeTurris D. (2017). So it's complex，why do I care? In Transdisciplinary Perspectives on Complex Systems (pp. 25-48). Springer. ［Online］. Available：https://doi. org/10. 1007/978-3-319-38756-7_2.

[30] Jackson E K，Levendovszky T，Balasubramanian D. (2011). Reasoning about metamodeling with formal specifications and automatic proofs. In Proceedings of the International Conference on Model Driven Engineering Languages and Systems (pp. 653-667). Springer.

[31] Kamali M，Dennis L A，McAree O，et al. (2017). Formal verification of autonomous vehicle platooning. Science of Computer Programming，148，88-106. special issue on Automated Verification of Critical Systems (AVoCS 2015). ［Online］. Available：http://www. sciencedirect. com/science/article/pii/S0167642317301168.

[32] Karsai G，Agrawal A，Ledeczi A. (2003). A metamodel-driven MDA process and its tools. In Workshop in Software Model Engineering.

[33] Kelly S，Lyytinen K，Rossi M. (2013). Metaedit＋ a fully configurable multi-user and multi-tool case and came environment. In Seminal contributions to information systems engineering (pp. 109-129). Springer.

[34] Kobryn C. (1999). UML 2001：A standardization odyssey. Communications of

the ACM，42(10)，29-37.

[35] Koenig N P，Howard A. (2004). Design and use paradigms for gazebo，an open- source multi-robot simulator. In IROS (vol. 4，pp. 2149-2154). CiteSeerX.

[36] Lédeczi Á，Bakay A，Maroti M，et al. (2001a). Composing domain specific design environments. Computer，34(11)，44-51.

[37] Ledeczi A，Maroti M，Bakay A，et al. (2001b). The generic modeling environment. In Workshop on Intelligent Signal Processing (vol. 17，p. 1). Budapest，Hungary.

[38] Lédeczi Á，Nordstrom G，Karsai G，et al. (2001c). On metamodel composition. In Proceedings of the 2001 IEEE International Conference on Control Applications (CCA) (pp. 756-760).

[39] Lochert C，Scheuermann B，Wewetzer C，et al. (2008). Data aggregation and roadside unit placement for a VANET traffic information system. In Proceedings of the 5th ACM International Workshop on VehiculAr Inter- NETworking (pp. 58-65). ACM.

[40] Lohani B，Mishra R. (2007). Generating LiDAR data in laboratory：LiDAR simulator. International Archives of Photogrammetry an Remote Sensing and Spatial Information Sciences，52，12-14.

[41] Lonetti F，Marchetti E. (2018). Emerging software testing technologies. In Advances in computers (Vol. 108，pp. 91-143). Elsevier.

[42] Mall R. (2018). Fundamentals of software engineering. PHI Learning.

[43] Maróti M，Kereskényi R，Kecskés T，et al. (2014). Online collaborative environment for designing complex computational systems. Procedia Computer Science，29，2432-2441.

[44] Mavromatis I，Tassi A，Rigazzi G，et al. (2018). Multi-radio 5g architecture for connected and autonomous vehicles：Application and design insights，arXiv preprint arXiv：1801. 09510.

[45] Mazzola M，Schaaf G，Stamm A，et al. (2016). Safety-critical driver assistance over LTE：Toward centralized ACC. IEEE Transactions on Vehicular Technology，65(12)，9471-9478.

[46] Michel O. (2004). Cyberbotics Ltd. Webots：Professional mobile robot simulation. International Journal of Advanced Robotic Systems，1(1)，5.

[47] Mitsch S，Platzer A. (2016). Modelplex：Verified runtime validation of verified cyber-physical system models. Formal Methods in System Design，49(1-2)，33-74.

[48] Molnár Z，Balasubramanian D，Lédeczi Á. (2007). An introduction to the ge-

neric modeling environment. In Proceedings of the TOOLS Europe 2007 Workshop on Model-Driven Development Tool Implementers Forum.

[49] Neema H, Gohl J, Lattmann J, et al. (2014). Model-based integration platform for FMI co-simulation and heterogeneous simulations of cyber-physical systems. In Proceedings of the 10th International Modelica Conference (pp. 235-245); March 10-12; 2014; Lund; Sweden, no. 096. Linköping University Electronic Press.

[50] Nordstrom G, Sztipanovits J, Karsai G, et al. (1999). Metamodeling-rapid design and evolution of domain specific modeling environments. In Proceedings of the IEEE Conference and Workshop on Engineering of Computer-Based Systems, 1999 (ECBS'99) (pp. 68-74). IEEE.

[51] Ntanos E, Dimitriou G, Bekiaris V, et al. (2018). A model-driven software engineering workflow and tool architecture for servitised manufacturing. Information Systems and e-Business Management, 16, 1-38.

[52] Peinecke N, Lueken T, Korn B R. (2008). LiDAR simulation using graphics hardware acceleration. In Digital Avionics Systems Conference (pp. 4-D). DASC 2008. IEEE/AIAA 27th. IEEE.

[53] Quatrani T. (2002). Visual modeling with rational ROSE 2002 and UML. Addison- Wesley Longman Publishing.

[54] Quigley M, Conley K, Gerkey B, et al. (2009). ROS: An open-source Robot Operating System. In ICRA Workshop on Open Source Software (vol. 3, no. 3.2, p. 5). Kobe, Japan.

[55] Rath M. (2017). Verification and validation coverage for autonomous vehicle. Auto Tech Review [Online]. Available: https://web. archive. org/web/20190109204743/https://autotechreview. com/opinion/guest-commentary/verification-and-validation- coverage-for-autonomous-vehicle.

[56] Rohmer E, Singh S P, Freese M. (2013). V-rep: A versatile and scalable robot simulation framework. In Proceedings of the IEEE/RSJ International Conference on Intelligent Robots and Systems (IROS) (pp. 1321-1326). IEEE.

[57] Routledge N, Bird L, Goodchild A. (2002). UML and XML schema. Australian Computer Science Communications, 24(2), 157-166. Australian Computer Society.

[58] Rumbaugh J, Jacobson I, Booch G. (2004). The Unified Modeling Language reference manual. Pearson Higher Education.

[59] Sanfelice R G. (2015). Analysis and design of cyber-physical systems: A hybrid control systems approach. In Cyber-Physical Systems (pp. 3-31). CRC Press.

[60] Schranz M, Bagnato A, Brosse E, et al. (2018). Modelling a CPS Swarm Sys-

tem: A Simple Case Study. In Proceedings of the 6th International Conference on Model-Driven Engineering and Software Development (MODELSWARD 2018).

[61] Shin D, Kim B, Yi K, et al. (2019). Human-centered risk assessment of an automated vehicle using vehicular wireless communication. IEEE Transactions on Intelligent Transportation Systems, 20(2), 667-681.

[62] Sprinkle J, Mernik M, Tolvanen J P, et al. (2009). Guest editors' introduction: What kinds of nails need a domain-specific hammer? IEEE Software, 26 (4), 15-18. Available: http://dx. doi. org/10. 1109/MS. 2009. 92.

[63] Sprinkle J, Rumpe B, Vangheluwe H, et al. (2010). Metamodelling. Lecture Notes in Computer Science. (Vol. 6100, ch. 4, pp. 59-78). Springer. [Online]. Available: http://www. springer. com/computer/swe/book/978-3-642-16276-3.

[64] Sprinkle J M, Karsai G. (2003). Metamodel driven model migration. (PhD dissertation). Citeseer.

[65] Sztipanovits J. (2016). Metamodeling [Online]. Available: https://web. archive. org/web/20190109231001/http://w3. isis. vanderbilt. edu/Janos/CS388/Presentations/Metamodeling. pdf.

[66] Sztipanovits J, Karsai G. (1997). Model-integrated computing. Computer, 30 (4), 110-111.

[67] Tabuada P. (2009). Verification and control of hybrid systems: A symbolic approach. Springer Science & Business Media.

[68] Tolvanen J P, Kelly S. (2009). Metaedit+: Defining and using integrated domain- specific modeling languages. In Proceedings of the 24th ACM SIGPLAN Conference Companion on Object Oriented Programming Systems Languages and Applications (pp. 819-820). ACM.

[69] Vidal J, De Lamotte F, Gogniat G, et al. (2009). A co-design approach for embedded system modeling and code generation with UML and MARTE. In Proceedings of the Conference on Design, Automation and Test in Europe. European Design and Automation Association (pp. 226-231).

[70] Walsh G, Tilbury D, Sastry S, et al. (1994). Stabilization of trajectories for systems with nonholonomic constraints. IEEE Transactions on Automatic Control, 39(1), 216-222.

[71] Wilber J. (2006). Bae systems proves the advantages of model-based design [Online]. Available: https://web. archive. org/web/20190115071038/https://www. mathworks. com/company/newsletters/articles/bae-systems-proves-the-advantages-of-model- based-design. html.

[72] Work D，Bayen A，Jacobson Q. (2008). Automotive cyber physical systems in the context of human mobility. In Proceedings of the National Workshop on High- Confidence Automotive Cyber-Physical Systems (pp. 3-4).

[73] Yilmaz L. (2017). Verification and validation of ethical decision-making in autonomous systems. In Proceedings of the Symposium on Modeling and Simulation of Complexity in Intelligent，Adaptive and Autonomous Systems (p. 1). Society for Computer Simulation International.

[74] Zhang Z，Eyisi E，Koutsoukos X，et al. (2014). A co-simulation framework for design of time-triggered automotive cyber physical systems. Simulation Modelling Practice and Theory，43，16-33.

[75] Zheng X，Julien C，Kim M，et al. (2017). Perceptions on the state of the art in verification and validation in cyber-physical systems. IEEE Systems Journal，11 (4)，2614-2627.

第四部分
赛博元素

第 11 章　关注赛博物理系统的安全

Zach Furness

美国弗吉尼亚州斯特林市 INOVA Health System 公司

11.1　赛博物理系统

本节将简要概述赛博物理系统(CPS)并讨论它们与相关系统的关系,例如嵌入式系统和物联网(IoT)。

11.1.1　赛博物理系统的定义

CPS 是"包括物理组件和计算组件的工程交互网络的智能系统"(NIST,2017)。术语"智能"是指 CPS 通常涉及"感知、计算和驱动"的事实。通常,CPS 将构建运行技术(OT,执行控制和作动功能的技术)和传统信息技术(IT,执行感知和计算的技术)之间的桥梁。CPS 的主要优势之一是在这两个域之间能够自动进行事务处理并创造更快的感知/响应。CPS 不是独立的单个系统,而是连接着信息技术(IT)和运行技术(OT)两个域。CPS 通常是体系(系统之系统)的一部分,其中涉及多种传感器、计算和作动装置的连接,从而支持直接的共享数据或跨多个传感器聚合数据结果而实现系统的执行(NIST,2017)。

系统自动响应将带来增强的功能,并需通过权衡来确保系统基础算法和数据的可信赖性。想象一台经训练的自主车辆(也是 CPS 的例子),它会检测到停车信号并做出刹车动作,使车辆停下来。CPS 具有正确地感知输入(停车信号)、做出相应的反应动作(停止)并在各种可能的环境条件(天气、视野模糊等)下运行而无需任何人为干预的能力,这对于 CPS 至关重要。对输入数据的任何操作或算法的修改都可能危及系统及乘客的安全。考虑连通性和自主性的引入,就有必要重点关注系统的保密性、隐私性、安全性、可靠性和强韧性(NIST,2017)。

11.1.2　相关系统

本小节将介绍 CPS 相关系统之间的异同,其中包括嵌入式系统和 IoT。

嵌入式系统是"用于监视和控制物理过程的计算机和网络的集合"(Lee 和 Seshia,2017)。嵌入式系统属于 CPS,所提供的功能涉及物理环境的直接感知和响应,还常常应用于系统实时响应的情景。这样的事例不胜枚举,从飞机航空电子系统到提供防抱死制动或提高燃油效率的汽车控制系统等。嵌入式系统的特点是直接耦合到物理系统（通过微控制器和其他设备），而 CPS 可能是由多个组件之间执行自动感应和响应的大量的连接所构成的。

IoT 是指用于感知、计算的计算设备与执行响应的物理系统的集合，并通过更大的网络（例如 Internet）连接起来。IoT 设备与 CPS 系统具有许多相似之处，且两者通常可互换使用。IoT 设备具有 4 个主要能力（Boeckl 等，2018）：

① 换能能力：作为一种应用，实现计算设备直接与其连接的物理系统进行交互。换能功能主要有两种类型，即感测和作动。

② 数据能力：包括数据存储和处理功能。

③ 接口能力：接口功能可能存在于多个层级，例如应用级接口、用户接口和网络接口。

④ 支持能力：可能包括设备管理、网络安全和隐私功能。

11.2　面临的安全挑战

由于 CPS 的独特性，其对安全性提出了一些挑战。它们与物理系统的耦合会产生传统 IT 系统中通常不存在的脆弱性。此挑战不仅限于特定的行业或领域，下面将讨论多种案例。

11.2.1　运输：车辆安全

如前所述，当今的车辆都是 CPS 的事例。它们配备了多种自动功能，包括驾驶员辅助技术、自动制动以及感应和规避技术。这些功能中的每一种都可感知车辆周围的状况并以最少的人工干预自动做出响应。结果是，这些功能将会带来设计中始料未及的脆弱性。

2015 年 7 月，Charlie Miller 和 Chris Valasek 演示了通过车载互联网娱乐系统远程入侵并控制车辆关键功能的过程（Greenberg，2015）。该脆弱性的演示和随后一系列的研究唤起了整个汽车行业对该问题的认知。网络使能车辆造成的危害是 CPS 的一个反面案例，它强调了 CPS 的一个主要问题，即这些系统的运行可能会导致人身伤害甚至死亡。

Miller 和 Valasek 最终能够接入 Jeep Cherokee 的 CAN（控制器接入网络）总线，该总线用于控制汽车的主要功能（转向、制动、加速等）。虽然 CANBUS 与互联网之间没有直接连接，但 Jeep 娱乐系统可作为一个桥接点。一个称为" Uconnect"的服务，为数千辆菲亚特克莱斯勒汽车用户提供互联网连接，并提供汽车娱乐系统与互联网之间的连接。Miller 和 Valasek 通过该连接访问娱乐系统，并重写控制娱乐系统的固件，使其能通过 CANBUS 网络发送命令。当他们获得了 CANBUS 的访问权时，便能够禁用或驱动转向、制动或发动机等组件。

Jeep 汽车黑客攻击报告的脆弱性凸显了保证 CPS 安全所面临的主要挑战。在将汽车的物理系统连接到 Internet 创造增强功能的同时,也引入了无法预见的脆弱性,这可能会导致汽车瘫痪并影响驾驶人员的安全。当部署联网功能后,如果无法完全预测和理解设计决策超乎意料的后果,就可能会带来灾难性的影响。同时,随着 CPS 复杂性的增加,理解所有可能的脆弱性将成为持续的挑战。

联网汽车中的脆弱性,当然不仅限于 Jeep 的黑客攻击。2018 年,研究人员已证实如何通过克隆特斯拉遥控钥匙来进入特斯拉 Model S(Greenberg,2018)。通过对遥控钥匙的所有潜在加密密钥的预计算和分类(超过 6 TB 的数据库),他们能够正确地应答特斯拉的加密口令,从而解锁并启动发动机。虽然这种攻击不能直接获得汽车的关键功能,但它表明了基于网络使能功能(无线遥控钥匙)的汽车物理访问控制的脆弱性。通过利用 CPS 的物理访问,攻击者可接入系统。

未来的运输系统远不只是单个的网络使能功能的车辆,未来的系统将由联网的汽车组成,通过网络汽车相互交互并与道路上的传感器交互。CPS 的内在意义很重要,即创建由多个相互连接的 CPS 实体组成的整个网络。有关某个汽车的信息,例如位置、速度和行驶方向,将通过 V2V 通信以消息的形式传输,并且需要保证这些消息的完整性和确实性(McGurrin 和 Gay,2016)。与其他运输 CPS 案例一样,在从 V2V 和车辆到基础设施(V2I)通信的设计过程中,如果无法适当地开发出安全控制机制,则可能会引入具有重大安全影响的脆弱性。

11.2.2 健康 IT:医疗设备安全

网络使能医疗设备也是 CPS,这些设备与患者之间具有直接的物理交互,既可作为诊断工具(监视设备),也可与药物输送系统(无线输液泵)连接,同时还可支持联网使用。与其他 CPS 一样,它们具有网络使能功能的特性,为攻击者提供了访问此类系统并对患者造成伤害的潜在因素。

Rajkumar 等(2016)强调"控制设备的嵌入式软件、新的联网功能以及复杂的人体物理动力学的组合"如何确保这些独特 CPS 类型(医疗 CPS、MCPS)的安全。他们还进一步探讨这些设备通过日益增加智能性而使其具有与众不同的某个方面。例如,设备可基于监视患者的生理变化来自动调整行为(药剂用量等)。CPS 的这一特性引起了另一个潜在的安全隐患,因为"AI"可能会受到不可靠的输入数据的影响而采取行动,从而对患者造成危害。

2017 年 9 月,工业控制系统(ICS)赛博紧急响应团队(CERT)发布了一份咨询报告,即应用研究人员 Scott Gayou 在 Smiths Medical 4000 无线注射输液泵中发现的脆弱性(ICS - CERT 2017)。这些泵向患者提供静脉注射药物,设备软件管理药物的输送。由于可通过无线网络远程访问和控制多个输液泵,从而为攻击者提供了一种手段,可访问输液泵并对毫无警觉的患者造成伤害(Donovan,2018)。这是此类脆弱性的另一个案例,表明通过网络连接在 CPS 中增加功能会带来无法预料的脆弱性,从而可能危及安全。美国国家赛博安全卓越中心(NCCoE)最近在其特别出版物 1800 - 8"保证无线输液泵安全"报告中发布了有关输液泵安全保护方法的指南(O'Brien 等,2018)。

输液泵并不是唯一易受到攻击的 MCPS,如心脏起搏器之类的心脏设备也被证实易受到赛博攻击,如 Kevin Fu 在 2008 年所证明的(Halperin 等,2008)。2011 年,Jerome Radcliffe 在 2011 年黑帽大会(Radcliffe,2011)的演讲中演示了如何利用胰岛素泵中的脆弱性。在包括麻醉设备、呼吸机、除颤器和实验室内设备在内的各种医疗设备中也被报道了类似的脆弱性(Larson,2017)。除了担忧有人直接干预这些设备之外,人们还担心截取和修改设备中的数据,从而伪造患者病历并导致"不必要的治疗程序或处方"(Rapaport,2018)。Almohri 等(2017)更是讨论了广泛的 MCPS 的安全问题。

这些报告还警告,尽管这些系统中存在脆弱性,但尚未有记录在案的案件,即由于 MCPS 赛博攻击而造成的患者伤害。但这些系统的复杂性还在不断提高,那么针对医疗设备的赛博攻击也会迅速增加,建议必须从开始设计时就要考虑设备的安全性,否则一旦投放市场就无法解决安全问题。针对这些设备的安全性,过度设计也是一个问题。引入有可能危害患者安全的安保性控制措施,例如复杂的密码、多因素身份验证和其他控制,有可能限制救生过程中设备的访问权限。

11.2.3　能源系统:智能电网

依赖于庞大的网络和互联的复杂系统,以及监视运行并适应各种状况的复杂软件,能源系统正迅速发展,为最终用户高效地输送能源。能源 CPS 的运行规模范围异常巨大,实际上能源系统已是成百上千 CPS 的集合。理解并保护如此大型的 CPS 网络是一项重大的挑战。

"智能电网"一词用以表述当前能源网络向更高复杂度系统的演进,并通过计算机和网络技术的进步实现先进的监视、控制、通信和输送系统(Shabanzadeh 和 Moghaddam,2013)。理论上,这种技术的运用将会带来能源的产生及其面向终端用户输送方式的进步。当然,先进技术的应用还可能在系统中造成脆弱性,使攻击者可切断对用户的供电。

2016 年 12 月,黑客使用恶意软件 CRASHOVERIDE 发起对乌克兰电网运营的攻击,这是最恶劣的电力设施赛博攻击之一,也是多年来的第二次攻击,而与以往的主要的不同是,"2016 年的攻击是完全自动的,通过编程具有直接与电网设备'对话'的能力,以不为人知的协议发送命令来控制电流的开启和关闭"(Greenberg,2017),预示着不久的将来针对能源公用事业可能会发起更加复杂的攻击。随着智能电网各个要素的出现,由于更大的连接性和自动化,获得访问权限的可能值得我们关注。

美国国家标准和技术研究院(NIST)已发布有关保护智能电网的指南(NIST 2014;Stouffer 等,2015)。Stouffer 等(2015)研究了保护工业控制系统(ICS)与传统 IT 安全系统之间的区别,包括:

- ICS 往往是时间关键系统,许多都建立在实时操作系统之上。
- ICS 可用性通常比传统 IT 系统的高得多。影响服务的中断是无法接受的。对于 ICS 通常不能通过卸载和重启组件的传统方式来进行软件的修补或滚动开发。

- IT 系统将数据的机密性和完整性放在首要位置，ICS 则不同，其重点是人员安全和公共卫生，任何影响公共安全的安全控制都无法接受。
- ICS 组件(例如可编程逻辑控制器 PLC)与物理操作直接相关。
- IT 系统通常具有 3～5 年的使用寿命，ICS 则不同，可能会使用 10～15 年。在许多情况下，由于设备的遗留特性或根本无法说服制造商进行更新，因此采取的安全控制可能行不通。

为保护 ICS 系统的安全，Stouffer 等(2015)进一步提出了潜在的 ICS 安全架构元素。

11.3　CPS 安全 M&S 的挑战和机遇

M&S 技术已证明是改善系统的整体设计、开发、集成和测试的有效工具，使用 M&S 改进设计以及在系统工程过程中提高效率的示例普遍存在。波音 777 的设计和建造利用了 M&S 的巨大作用，在制造前全面评估设计和权衡性能(Kossiakoff 等，2011)。M&S 还可广泛用于复杂系统的工程设计中(Tolk 和 Rainey，2015)。

在系统的设计阶段，使用 M&S 作为识别潜在安全脆弱性的方法，对安全工程师具有极大的吸引力。从前面提到的案例中可看出，确保 CPS 系统安全的潜在挑战之一是无法识别设计决策的意外后果。CPS 的 M&S 仍相对不成熟，需要表达目标系统的物理动态特性、系统的网络连接性以及连接对目标系统的影响。随着这种能力的不断成熟，我们可预见到在许多情况下，将有效地使用 M&S 来确保 CPS 的安全。

11.3.1　将 M&S 应用于系统安全工程和强韧性

在开发系统时，通常很少考虑如何保护系统(如前所述)。近来，将安全性纳入正式的系统工程过程的想法开始备受关注。NIST 出版物 800 - 160 证实人们正日益关注这方面(Ross 等，2016)。该文档的见解适用于 CPS 以及传统的 IT 系统。以该指南作为参考，有很多时机可将 M&S 应用于系统安全工程流程中。NIST 800 - 160 特别提及在赛博强韧性验证过程中使用 M&S，"基于设计制品，在系统元素实现之前评估其正确性"。NIST 800 - 160 还提到在设计阶段应用 M&S 的潜力，"对于给定资源的危害，支持潜在系统性后果的分析。"

系统安全工程的相关主题是赛博强韧性，将这一能力定义为："对于赛博资源经受的不利条件、压力、攻击或危害，(系统的)预计、耐受、恢复和适应能力"(Bodeau 和 Graubert，2017)。与传统的方法试图消除系统中的脆弱性不同，赛博强韧性更多地侧重于在系统中建立冗余部分，从而能够在面临安全威胁时正常运行。M&S 方法可对各种威胁性的系统行为进行建模，并帮助开发具有强韧性的方法。除了上述 MIST 800 - 160 中提到的 M&S 的强韧性应用之外，最新的 NIST 发布的特殊出版物 800 -

160,第 2 卷,标题为"系统安全工程:可信赖的安全系统工程的赛博强韧性考量",同时提供了 M&S 潜在应用的其他机会(Ross 等,2018)。

11.3.2　CPS 安全的数字孪生概念

在许多 CPS 案例中,由于系统处于关键应用(能源、健康)的持续使用中或考虑到制造方的问题,用到实际物理系统并不是一种可选方案,此时就可使用 CPS 的数字"孪生",从而研究系统关于威胁的响应,而无需实际系统的停机。

数字孪生是"贯穿整个生命周期的物理对象或系统的虚拟化表达",它使用实时数据和其他资源实现学习、推理和动态调整,以改善决策能力(Mikell 和 Clark,2018)。由于 CPS 系统的连接特性,随着新软件功能集成到系统中而创建新的连接,系统始终在演进和变化。数字孪生概念可确保随着实际 CPS 的变化,该系统上的传感器将这些变化传达给数字表达,因此也可保持一致性。通过支持生产过程和机器运行的分析,数字孪生已在制造领域等应用中获得显著关注(Castellanos,2018)。在 2017 年,Gartner 将数字孪生技术列为最具战略性影响的技术之一(Pettey,2017)。

数字孪生概念将使安全工程师可监视 CPS 系统的数字复制品,并创建确保安全的数字方法而不会影响到实际的设备。安全控制、脆弱性评估以及针对 CPS 威胁响应的理解都可在数字域中开展,并可在实际 CPS 系统应用之前进行验证。通过设备行为的连续运行仿真,可向安全工程师提出建议方案。

11.3.3　将 M&S 应用于 CPS 风险评估

从本质上讲,赛博安全就是管理风险。在不了解复杂组织体内部存在哪些风险的情况下,盲目地应用安全控制措施不会提升其安全性;相反,它有可能使安全资源与最高优先级的脆弱性不匹配。由 NIST 开发的风险管理框架(RMF),对于组织记录和管理风险,是被接受的最广泛的方法,其概述了在系统开发生命周期中评估和管理风险的 7 个过程(NIST 联合工作组,2018)。

RMF 中概述的任务之一是执行系统级风险评估的需求。例如,评估通常依赖于"影响资产的威胁源和威胁事件的识别、资产是否以及如何易受威胁、威胁利用资产脆弱性的可能性以及损失影响(或后果)的识别"(NIST 联合工作组,2018)。M&S 应用不仅可表达 CPS 的具体复杂性,而且可表达 CPS 是如何耦合到运行环境中的及其所经受的外部威胁影响,同时作为执行风险评估的工具,M&S 也是极其有用的。随着 CPS 及其他系统的输入以及持续运行生成不可预期的输出,将不断更新这些工具,即将数字孪生的概念与风险评估联系起来。这些结果的可能性基于组织当前的安全立场以及预期威胁,将有助于风险评估流程的自动执行。

11.3.4　CPS 赛博靶场

确保 CPS 安全的一个主要问题,是理解系统内部的脆弱性如何引发大量的大规模系统之间的级联性效应。因为 CPS 可能依赖于跨多个系统的众多网络连接,所以大规模地发生意外行为的可能性确实存在。赛博范围(由虚拟化部署的大量仿真端点组成)提供在受控环境中探究此类行为的机会。美国国家赛博靶场负责美国国防部长办公室(OSD)的测试资源管理中心(TRMC)的运行,是最知名的赛博靶场范围之一,具有成千上万个节点,能够大规模评估系统的复杂交互(Ferguson 等,2014 年)。但是,这些靶场的局限性之一就是无法表达 CPS。如前所述,大多数 CPS 与传统的 IT 系统、OS 等有所不同,因此仅虚拟化数千个 OS 实例不足以解决大规模 CPS 分析的问题。随着 M&S 更好地表达 CPS,在较大范围内部署这些仿真实例,将更有意义地支持 CPS 的交互分析。

参考文献

[1] Almohri H,Yao D,Cheng L,et al.（2017）. On Threat Modeling and Mitigation of Medical Cyber-Physical Systems. In 2017 IEEE/ACM International Conference on Connected Health：Applications, Systems, and Engineering Technologies (CHASE).

[2] Bodeau D,Graubert R.（2017）. Cyber Resiliency Design Principles. Selective Use Throughout the Lifecycle and in Conjunction with Related Disciplines. The MITRE Corporation.

[3] Boeckl K,Fagan M,Fisher W,et al.（2018）. Draft NIST 8228，Considerations for Managing Internet of Things (IoT) Cybersecurity and Privacy Risks. National Institute of Standards and Technology.

[4] Castellanos S.（2018）. Digital Twins Concept Gains Traction Among Enterprises. Wall Street Journal，12 September 2018.

[5] Donovan F.（2018）. Wireless Infusion Pumps Could Increase Cybersecurity Vulnerability. http：//HealthITSecurity. com，28 August 2018.

[6] Ferguson B,Tall A,Olsen D.（2014）. National Cyber Range Overview. In 2014 IEEE Military Communications Conference (MILCOM).

[7] Greenberg A.（2015）. Hackers Remotely Kill a Jeep on the Highway - With Me In It. Wired Magazine，21 July 2015.

[8] Greenberg A.（2017）. 'Crash Override' the Malware That Took Down a Power Grid. Wired Magazine，12 June 2017.

[9] Greenberg A.（2018）. Hackers Can Steal a Tesla Model S in Seconds by Cloning it's Key Fob. Wired Magazine，10 September 2018.

[10] Halperin D,Heydt-Benjamin T,Ransford B,et al.（2008）. Pacemakers and Implantable Cardiac Defibrillators：Software Radio Attacks and Zero-Power Defenses. In 2008 IEEE Symposium on Security and Privacy.

[11] ICS-CERT Advisory ICSMA-17-250-02A. (2017). Smiths Medical Medfusion 4000 Wireless Syringe Infusion Pump Vulnerabilities, 7 September 2017.

[12] Kossiakoff A, Sweet W, Seymour S, et al. (2011). Systems Engineering Principles and Practice. Development of the Boeing. (Vol. 777). Wiley, page 278.

[13] Larson J. (2017). Medical Device Security Considerations - Case Study. In RSA Conference 2017. www. rsaconference. com.

[14] Lee E, Seshia S. (2017). Introduction to Embedded Systems- A Cyber-Physical Systems Approach. MIT Press.

[15] McGurrin M, Gay K. (2016). USDOT Guidance Summary for Connected Vehicle Pilot Site Deployments, Security Operational Concept. US Department of Transportation.

[16] Mikell M, Clark J. (2018). Cheat Sheet: What Is a Digital Twin. IBM Internet of Things Blog.

[17] NIST, Cyber-Physical Systems Public Working Group (2017). Framework for Cyber-Physical Systems: Volume 1, Overview. June 2017.

[18] NIST Joint Task Force (2018). Risk Management Framework for Information Systems and Organizations, October 2018. Draft NIST Special Publication. (Vol. 800-37). National Institute of Standards and Technology.

[19] NIST Smart Grid Interoperability Panel Smart Grid Cybersecurity Committee (2014). Guidelines for Smart Grid Cybersecurity, Vol 1-3, September 2014. NISTIR 7628 Revision. (Vol. 1). National Institute of Standards and Technology.

[20] O'Brien G, Edwards S, Littlefield K, et al. (2018). Securing Wireless Infusion Pumps in Healthcare Delivery Organizations. NIST Special Publication. (Vol. 1800-8). National Cybersecurity Center of Excellence (NCCoE).

[21] Pettey C. (2017). Prepare for the Impact of Digital Twins. Gartner. com, 18 September 2017.

[22] Radcliffe J. (2011). Hacking Medical Devices for Fun and Insulin: Breaking the Human SCADA System. In 2011 Black Hat Conference.

[23] Rajkumar R, de Niz D, Klein M. (2016). Cyber Physical Systems. Addison Wesley. Rapaport, L. (2018). Pacemakers, Defibrillators, are Potentially Hackable. Reuters, 20 February 2018.

[24] Ross R, Graubart R, Bodeau D, et al. (2018). Systems Security Engineering: Cyber Resiliency Considerations for the Engineering of Trustworthy Secure Systems. NIST Special Publication 800-160, Volume 2. NIST.

[25] Ross R, McEvilley M, Oren J C. (2016). Systems Security Engineering: Considerations for a Multidisciplinary Approach in the Engineering of Trustworthy

Secure Systems. NIST Publication 800-160 Volume 1. NIST.

[26] Shabanzadeh M，Moghaddam M P. (2013). What is the Smart Grid? Definitions，Perspectives，andUltimate Goals. In International Power System Conference，November 2013.

[27] Stouffer K，Pillitteri V，Lightman S，et al. (2015). Guide to Industrial Control Systems (ICS) Security. NIST Special Publication. (Vol. 800-82). NIST.

[28] Tolk A，Rainey L. (2015). Modeling and Simulation Support for Systems of Systems Engineering Applications. Wiley.

第12章 赛博物理系统强韧性
——框架、测度、复杂性、挑战和未来方向

Md Ariful Haque[1]，Sachin Shetty[1] 和 Bheshaj Krishnappa[2]
1 美国奥多明尼昂大学计算模型与仿真工程系
2 美国 ReliabilityFirst 公司风险分析和缓解部门

12.1 概　述

CPS 是由计算、网络和物理过程的集成而构建的工程系统。研究人员通常将 CPS 概括为赛博和物理系统的集成系统，其中使用嵌入式计算机和网络进行计算、通信并控制物理过程（Baheti 和 Gill，2011；Wang，2010）。CPS 的发展使它们在大多数行业中至关重要，例如能源输送系统（EDS）（McMillin 等，2007）、健康医疗系统（Cheng，2008）、交通运输系统（Xiong 等，2015）或智能系统（智能电网、智能家居、智能城市等）（Amin，2015；Yu 和 Xue，2016）。由于赛博和物理领域的集成，亦即信息技术（IT）和运行技术（OT）领域的集成，工程流程的进步也带来了赛博攻击的风险。因此，考虑网络系统中不同组件的脆弱性，系统的赛博强韧性是 CPS 安全分析的重要组成部分。

12.2 赛博强韧性：相关研究工作简介

美国国家科学院（NAS）（Cutter 等，2013）将强韧性定义为：针对实际或潜在的不利事件，（系统）准备和规划、承受、恢复或进而成功适应的能力。一些研究者（Linkov、Eisenberg、Plourde 等，2013）使用 NAS 的强韧性的定义，进一步定义一系列分布于四个运行领域的强韧性测度：物理、信息、认知和社会。在另一项研究工作（Linkov、Eisenberg 和 Bates 等，2013）中，应用了先前的强韧性框架（Linkov、Eisenberg 和 Plourde 等，2013）来开发和组织适用于赛博系统的强韧性测度。Bruneau 等（2003）提出了一个最初用来定义抗震能力的概念框架，其后，研究者（Tierney 和 Bruneau，2007）引入 R4 灾难强韧性框架。R4 灾难强韧性框架包括：鲁棒（系统在性能下降时的运行能力）、冗余（在性能显著下降的情况下，确定满足功能需求的替代元素）、调整（根据问题的优先级，确定资源并启动解决方案）和快速（及时恢复功能的能力）。

MITRE 提出了赛博强韧性工程的框架（Bodeau 和 Graubart，2011），确定了赛博强

韧性的目标、赛博强韧性的威胁模型以及可应用赛博强韧性的结构层级。大多数这样的框架都在研究标准实践,并从强韧性研究的不同角度提供了指导,但对定量的强韧性测度的确定缺乏明确的解释。这些框架的另一个问题是,最适合于信息技术系统(ITS),而不是 CPS。CPS 具有与典型 ITS 不同的独特需求:首先,对于 CPS,实时、安全和服务的连续至关重要;而对于 ITS,数据的机密性和完整性很重要,并且针对可容忍的暂停时间也不同(Macaulay 和 Singer,2016)。其次,在 ITS 中应用反恶意软件很常见,并且通常会自动下载并安装安全补丁包;而 CPS 的控制系统用于实现功能而非针对安全性,并且内存和处理能力十分有限(Macaulay 和 Singer,2016),自动更新和安装反恶意软件的方案会占用大量内存和处理器能力,这并不适用于 CPS。

很多的强韧性研究都涉及工业控制系统(ICS)——主要的一类 CPS。NIST 提供了一个框架(Sedgewick,2014),在于提高 ITS 和 ICS 支持的关键基础设施的赛博安全性和强韧性。NIST 框架确定了在最高层级组织赛博安全的五个功能:识别(开发对系统、资产、数据和功能的理解并进行管理)、保护(制定和实施适当的保障措施以确保关键基础设施服务的交付)、探测(识别赛博安全事件的发生)、响应(针对探测到的赛博安全事件采取措施)和恢复(维护强韧性计划,由于赛博安全事件而恢复那些受到损害的任何功能或服务)。

在另一项研究工作(Stouffer、Falco 和 Scarfone,2011)中,NIST 提供了 ICS 安全性的详细指南。Collier 等(2016)概述了性能测度的一般理论,并重点介绍了来自赛博安全领域和 ICS 的案例。Bologna、Fasani 和 Martellini(2013)定义了为了实现 ICS 和关键基础架构的强韧性而应采取的必要措施。上述工作从赛博安全的立场出发提出了不同的有益见解,但在强韧性分析中,仅是考虑了 CPS 网络特定的那部分,而不是整个 CPS 网络威胁的场景。我们估算 CPS 的赛博强韧性,就要考虑安全问题的整个系统领域。因此,对于 CPS,必须建立一个全面的强韧性测度的方法。

Yong、Foo 和 Frazzoli(2016)提出了一种状态估算算法,可灵活应对 CPS 上的稀疏数据注入攻击。在调查方面,Humayed、Lin、Li 和 Luo(2017)通过考虑安全性、赛博物理组件和 CPS 层级的观点,对 CPS 进行了很好的整体安全性调查。Koutsoukos 等(2017)提出了一种用于评估 CPS 强韧性的建模和仿真集成平台,并将其应用到运输系统中。尽管本章的目标是与 CPS 类型无关的强韧性评估,但我们还是集中在涉及 ICS、EDS、石油和天然气系统的 CPS 上。以下章节将简要讨论 CPS 架构和针对复杂性研究系统的赛博强韧性。

12.3　赛博物理系统的强韧性

存在不同的 CPS 应用,并且根据功能域的不同,网络系统架构也会有所不同。在此,我们通过考虑与 ICS 相关的应用来介绍通用的 CPS 架构,解释赛博强韧性概念,如 Haque、De Teyou、Shetty 和 Krishnappa(2018)所述。在图 12.1 中,我们提供了一个

ICS架构来研究一般的CPS。ICS涉及一系列的电子设备,用于监视、控制和操作互连系统的行为。ICS从远程传感器接收数据来测量过程的变量,并将这些值与所期望的值进行比较,同时采取必要的措施来驱动(通过作动器)或控制系统以达到所期望的服务水平(Galloway和Hancke,2013;Macaulay和Singer,2016)。工业网络由专用组件和应用组成,例如可编程逻辑控制器(PLC)、监视和数据采集(SCADA)系统以及分布式控制系统(DCS)(Cardenas等,2009)。ICS还有其他组件,例如远程终端单元(RTU)、智能电子设备(IED)和相量测量单元(PMU)等,这些设备与位于控制网络中的人机界面(HMI)进行通信。

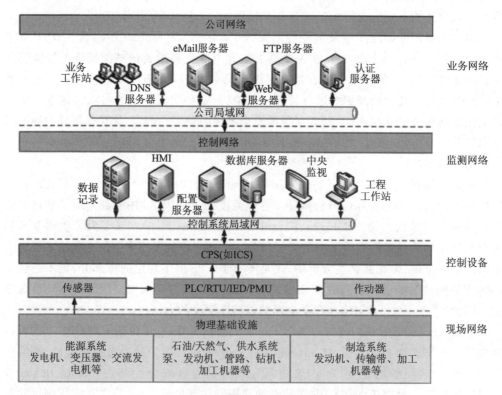

图12.1 通用CPS(ICS)架构
(来源:Haque等,2018)

由于公司网络系统的某部分对Internet开放,为了与ICS网络外部的利益相关方和业务实体进行通信,当公司网络和控制网络正常开展业务沟通时,就有赛博攻击的风险。威胁向量还来自CPS异构的不同构建块及其控制、监视的软硬件系统(Humayed等,2017)。由于CPS内各个组件之间的复杂互连和交互,因此难以识别或跟踪可能涉及多个CPS组件的攻击序列。为增强CPS的赛博强韧性,就需要开展广泛的工作,包括研究系统层级入侵检测、防御机制以及系统功能。此类能力包括:转移攻击事件、使用冗余资源、在定义的时间范围内以最小的影响进行响应和恢复、持续学习脆弱性和攻击向量特征以及评估和更新安全与隐私策略。

12.3.1 强韧 CPS 的特征

Wei 和 Ji(2010)提出了强韧的工业控制系统(RICS)模型,其中确定了以下三个特征来表征强韧性的 ICS:

- 将意外事件的不良后果降至最低的能力;
- 能够缓解大多数不利事件的能力;
- 能够在短时间内恢复正常运行的能力。

所有上述特征都符合 R4 强韧性框架(Tierney 和 Bruneau,2007)中所谓的鲁棒、冗余、调整和快速。由于 CPS 或 ICS 通过控制中心接口与现场设备紧密结合,并且需要在控制网络与公司网络之间建立连接,因此为使 CPS 网络的强韧性成为可能,就需要跨系统层级和组织层级开展大量的工作。12.6 节将介绍基于图的强韧性的详细分析,并说明 CPS 强韧性建模和仿真中的挑战。

12.3.2 强韧性测度的要求

存在多种多样的 CPS 应用,例如 ICS、智能电网系统、医疗设备、自主驾驶汽车(智能汽车)等,根据不同的应用领域,赛博物理设备中赛博组件、物理组件以及赛博物理互连和协议通信类型也是多种多样。本章将重点关注 ICS,并解释所需的各个强韧性方面。如相关工作所述,为使 CPS 具有赛博强韧性,许多研究致力于开发相关的标准实践和指南,但还是缺乏具体定量的赛博强韧性测度。因此,我们认为有必要针对 CPS 开发定量的赛博强韧性测度。

可用的定量赛博强韧性测度将帮助相关行业的运行方来评估和评价 CPS,并重点关注改进弱项。因此,这项工作的目标之一是获得量化的强韧性测度,并开发一个仿真平台,用来处理网络架构、扫描漏洞、生成有用的量化强韧性测度并提供改善整体赛博强韧性水平的建议。毫无疑问,各个行业都急迫地需要自动的赛博强韧性测度。因此,急需一种方法来量化赛博强韧性测度并需要一种开发仿真平台,以使测度生成过程实现自动化。同样,在 CPS 强韧性研究中包括建模和仿真范式,这也是需要考虑的一个重要研究方面。

12.4　强韧性测度和框架

导出强韧性测度是本章的研究目标之一。本节将介绍 CPS 赛博威胁态势、CPS 赛博强韧性测度和子测度以及 CPS 的赛博强韧性框架。为了顺利开展研究,12.5 节将提供定性强韧性测度的计算方法;12.6 节将提供关于强韧性测度定量建模的详细讨论。

12.4.1 CPS 赛博威胁态势

CPS 如今面临的威胁态势源于不同的威胁向量。我们通常使用 ICS 来描述对 CPS 的威胁态势,也就是说,在某些情况下,我们使用 ICS 表示 CPS。随着 ICS 行业的发展壮大以及变得日益复杂,针对目标的威胁类型和严重性也在增加。针对 CPS 或 ICS 威胁态势,将识别到的某些威胁汇总如下。图 12.2 显示了强韧性测度分析域与威胁的映射关系,其中一些攻击由 Andrew Ginter(2017)和 Cardenas(2009)等提供。

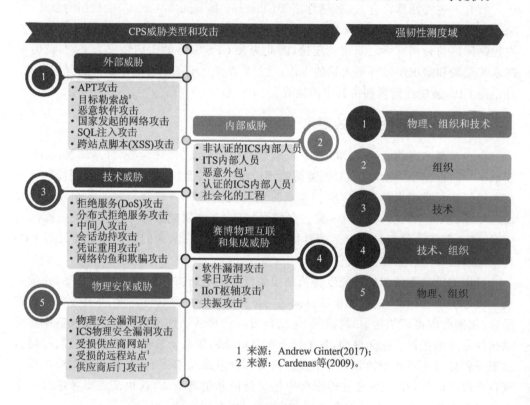

图 12.2　CPS 威胁和攻击类型以及与强韧性测度域的映射

- 外部威胁:这些威胁来自对手的间谍活动,例如国家资助的黑客、恐怖组织和工业竞争方。赛博入侵者可能会发起高级持续攻击(APT),其目的是在未发现的情况下窃取网络资产中的一些有价值的信息。最近一次此类攻击的例子是 Stuxnet 针对伊朗核离心机的攻击。Andrew Ginter(2017)讨论了其他一些威胁,例如目标勒索软件。
- 内部威胁:如今,由于任何行业的细分的工作流程都是由承包商或第三方供应商完成的,ICS 公司需要与外部业务合作伙伴共享系统并访问信息,这就使得 ICS 易受到潜在的网络威胁;另外,还存在来自 ICS 公司自身雇员的直接内部人员的威胁,这些雇员具有 ICS 网络的合法访问权,能够执行常规操作和维护相关的任务,这属于认证的 ICS 内部人员攻击。

● 技术威胁:许多 ICS 网络都运行在传统技术之上,其中最令人关注的是网络中不同 ICS 产品之间协议层级的通信。因此,它们中的许多都缺乏强大的身份验证或加密机制(Laing,2012)。即使使用身份验证,其中薄弱的安全性机制(例如弱密码、默认用户账户)也不足以保护系统免受狡猾对手的攻击。图 12.2 所示为由于 CPS 技术本身而可能产生的一些攻击。

● 赛博物理互联和集成威胁:由于 ICS 网络与控制系统网络、公司网络进行业务运行的集成和互连,公司网络的某一部分已开通 Internet 通信,因此 ICS 设备易受到网络攻击。仅是将 ICS 设备置于防火墙之后,并不一定能保护它们,因为如今狡猾的入侵者也是网络攻击专家,他们足以利用某些跳板接入高价值的 ICS 并发起多主机、多阶段的网络攻击。

● 物理安保威胁:有时,缺少针对 ICS 设备的适当的基础设施安保性,会对 ICS 网络造成严重威胁。较差的物理安保案例就如 ITS 设备(例如员工的计算机、路由器、交换机等)与 ICS 设备共用房间,从而很容易地访问 ICS 设备(例如 PLC、IED、RTU 和 PMU 等),其他的威胁可能来自受损的供应商网站或受感染的远程站点。

以上威胁类别中的每一个,都属于强韧性评估的三个主要领域的任何一个或组合:物理、组织或技术。要应对外部威胁,就需要以下三个方面的全面努力:物理、组织和技术。为了控制赛博物理互连的威胁,尽管应在技术方面给予更多的重视,但它还需要考虑取决于管理决策的策略。因此,它属于技术和组织域。同样,物理安保威胁是物理安全和组织策略的一部分,因此,处理物理安保威胁的强韧性测度需要考虑物理和组织的安全态势。在定义评估 CPS 赛博强韧性的子测度时,我们将分类纳入其中,以下各小节将对此进行讨论。

12.4.2　CPS 强韧性测度

我们将 Bruneau 等(2013)提出的四个 R4 强韧性测度(鲁棒、冗余、调整和快速)分解为若干域和子测度的层次结构,每个域和子测度可独立分析。R4 强韧性测度的每个广义的测度均分为物理、组织和技术三个域,涵盖 CPS 大多数的威胁向量。如图 12.3 所示,每个区域下都有一个树状结构组织的子测度标准,可有效地帮助评估 ICS 的赛博强韧性。

如图 12.3 所示的测度是自解释的和易理解的。本节分析了估计 CPS 赛博强韧性测度的两种不同方法:定性方法和定量方法。我们意在使用这两种方法评估广泛的 R4 测度。12.5 节将讨论和介绍定性方法,12.6 节将讨论定量的建模和仿真方法。本节似乎不需要每个子测度的详细定义,只解释了调整测度的一些子测度。

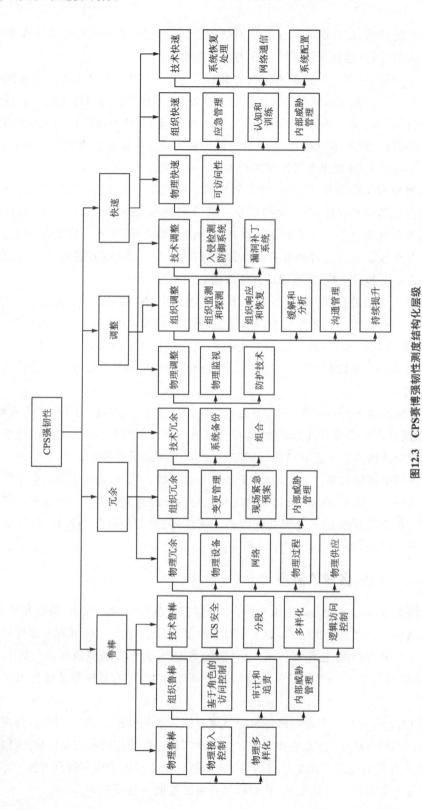

图12.3 CPS赛博强韧性测度结构化层级

物理上调整测度有两个子测度：物理监测和防护技术。物理监测包括允许监测物理 ICS 的各种设备和系统，包括但不限于监测系统、警报监视系统等。保护技术涉及的工作内容是保护信息和资产安全，或防护 CPS 资产、文档的物理解决方案或策略。这也可能涉及基于警报或安全漏洞的自动启动操作，例如自动门锁，防止未经授权而尾随进入控制中心。

组织的监测和探测是指监视员工的行为并审核系统命令日志，识别潜在的内部威胁。组织的响应和恢复是指用于处理任何赛博攻击场景、记录可执行策略的效能以及评估所执行的操作等的组织策略。缓解和分析是指缓解任何潜在的赛博攻击的组织的能力以及努力，分析攻击类型、发起点以及学习预防未来发生的类似攻击。为了更好地培训操作人员，这可能还包括在受控环境中通过仿真攻击的培训计划。通信管理是指用于探测、保护和防止任何赛博攻击的组织层次的通信，可能包括在发生赛博攻击事件时的组织沟通策略。持续改进是调整域，在此 CPS 供应方和运营方需评估在赛博安全检测和保护机制中应采取什么措施来应对不断变化的技术环境。

在技术的调整方面，子测度是入侵检测和防御系统以及漏洞修补系统。入侵检测和防御系统分为入侵检测系统（IDS）和入侵防御系统（IPS）。IDS 和 IPS 可防止 ICS 和 ITS 区域发生任何潜在的信息安全漏洞。组织可对 IDS 和 IPS 的使用和应用制定严格的策略和规定。IDS 和 IPS 中设置的策略或规则也需要不断更新。由于存在零日漏洞的可能，因此 IDS 可能未检测到某些漏洞。在这些情况下，系统应适当地产生某种异常行为警报。漏洞补丁系统确保 ITS 域中的计算机和服务器已使用最新更新的防病毒补丁程序，并且启用系统的自动更新。

与 ITS 不同，ICS 或 CPS 没有传统的防病毒软件，因此有必要通过供应商建议的系统更新或安装补丁来保持系统的更新。如图 12.3 所示，利用强韧性测度和子测度可以得出 CPS 的赛博强韧性框架。

12.4.3　CPS 的赛博强韧性框架

我们在表 12.1 中提供了详细的 CPS 赛博强韧性框架，如 Haque、De Teyou、Shetty 和 Krishnappa（2018）所述。该框架旨在评估 CPS 的赛博强韧性（即讨论的 ICS），并且该框架基于图 12.3 所示的 CPS 强韧性测度层次结构来表达。该框架可作为一个平台，用于创建跨不同行业（能源、石油、天然气和制造业等）的安全和强韧性的 CPS/ICS。再依据物理、组织和技术的三个域以及每个域对应的鲁棒、冗余、调整和快速的四个方面来评估强韧性，框架中提供自解释的详细信息。

表 12.1　CPS 的赛博强韧性框架

	鲁棒（R1）	冗余（R2）	调整（R3）	快速（R4）
物理	访问控制： • 物理周界策略（警卫、围墙、房间、大门）； • 识别和认证（生物识别、智能卡、PIN码）； • 物理端口保护和电子设备策略。 分段： • ICS场地与公司场地的物理隔离； • 将储存场地与加工场地物理隔离。 多样化：产品和供应商多样性。 风险缓解：威胁识别、特征描述和缓解	意外事故： • 备用的储存/处理场地、电源和通信网络； • 保护备用的场地和电源； • PLC和RTU冗余（影子模式或独立模式）组成。 组合：部署可与ICS互操作的新PLC/RTU的能力，确保过程的连续性	监测和探测：监控物理环境以探测赛博安全事件的能力（摄像机、运动探测器、传感器和各种识别系统）。 响应和恢复：调查和修复物理设备的能力	通信延迟：不利事件与探测恢复期之间的延迟。 恢复延迟： • 访问受损设备（调试端口、远程访问）的延迟； • 探测和恢复之间的延迟（平均修复时间）； • 各种备用运行（热备份、冷备份、温备份）的切换延迟。 学习：根据最近事件更新设备配置并确保未来能更好地运行
组织	访问控制： • 访客陪同和访问协议策略； • 仅允许授权员工访问ICS； • 人员指定、筛选、终止和调动策略； • 入职策略条款。 分段：员工特定角色和责任。 多样化：多样的员工组群，以减轻内部攻击。 风险缓解：规划、实施和进度监控	意外事故：业务连续性规划和协调。 组合：部署新的制造过程的能力	监测和探测： • 监控人员活动以探测赛博安全事件的能力（账户管理、配置变更控制）； • 事件的记录和分类。 响应和恢复： • 收集民事和刑事诉讼证据； • 审计策略和变更管理策略	通信延迟： • 及时向合适的人员报告赛博事件； • 明确规定足够的人员职责和程序，确保快速响应恢复延迟。 恢复延迟：及时提供服务（预算、制造商支持和工具）的专用资源。 学习： • 报名参加协会和安全行业的会议； • 在不利事件期间和之后审查安全策略； • 用户意识和培训（渗透测试、基于角色的培训）

	鲁棒（R1）	冗余（R2）	调整（R3）	快速（R4）
技术	访问控制： • CS 中的端口、协议和流量的过滤； • 无线和远程访问策略（认证和加密策略）； • 电子邮件和浏览器策略（URL 过滤、附件、支持的电子邮件客户端和浏览器、插件）。 分段： • 公司和 CS 之间的防火墙/网关； • ICS 和第三方网络之间的防火墙/网关； • 控制系统（CS）DMZ 和公司网络。 多样性： • CS 和公司网络之间的分离技术； • 软件、固件和硬件多样化。 风险缓解： • 持续漏洞扫描和修补； • 识别和缓解因旧技术设计（公共协议的通信、糟糕的编码、低 CPU/内存）导致的 ICS 缺陷； • 识别和缓解因实施而导致的 ICS 弱点（弱记录/认证、弱脚本接口、故障设备）； • CS 和公司网络中避免默认配置（默认账户/密码、未使用的服务/组件）	意外事故： • 在受保护的服务器上进行安全备份； • 信息系统和软件的备份； • 充足的资源确保数据的可用性。 组合：部署可与 ICS 互操作的新协议和技术的能力，确保流程的连续性	监测和探测： • 监控网络日志以探测赛博安全事件的能力； • ICS 协议攻击探测（Modbus、DNP3、ICCP 等）； • CS 和公司网络之间的基于网络 IDS； • CS 和公司网络基于主机的 ID。 响应与恢复： • 反恶意软件工具，IRS； • 减少从公司到控制系统网络的恶意软件传播； • 动态重构	通信延迟： • 故障隔离延迟； • 测量读取延迟； • 常规自动化延迟。 恢复延迟：入侵的响应频率。 学习： • 与漏洞数据库相关的日志； • 赛博攻击后的动态重构； • 攻击者策略的在线学习

12.5 定性的 CPS 强韧性测度

本工作的目标之一是使强韧性测度更具可操作性,即这些测度应可通过可用的数据和资源进行分析测量和量化。为 CPS/ICS 开发有用的、可通用的强韧性测度是一个挑战,主要是因为法规只要求报告赛博攻击的部分子集,因此 CPS/ICS 赛博安全的数据并不可用,如 McIntyre、Becker 和 Halbgewachs(2007)所述。因此,CS 公司制定的赛博安全策略更倾向于保持数据的保密性,主要是因为隐私和信息的专有性。考虑缺乏可用的系统数据,可使用定性方法谨慎地选择系列的调查表来评估强韧性测度。问卷的设计方式应使其能涉及每个子测度,从而捕获有关系统强韧性状态的定性的信息。

我们通过使用多准则决策法(如层次分析法、AHP)聚合各个子测度,从而得出强韧性的测度(Saaty,2008)。从 N 位赛博安全专家那里收集了 N 组数据集,用以计算强韧性测度。在此,数据集代表与 ICS 相关问卷调查的回复。对于图 12.4 中的示例,我们使用 $N=10$,这种从安全专家收集的数据用于提供赛博安全测度的计分公式(Tran、Campos - Nanez、Fomin 和 Wasek,2016;Wilamowski、Dever 和 Stuban,2017),采用相同的方法论来收集数据。

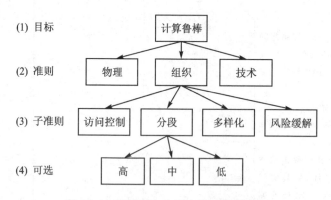

图 12.4 应用层次分析法分解鲁棒测度

下面将介绍 AHP 方法的步骤:

步骤 1:将每个强韧性测度分解为四个层级结构,即目标(最大化的相应强韧性测度)、准则、子准则和可选方案(子准则可采用的可能值)。图 12.4 举例说明鲁棒测度构建的层次结构,每个准则中包含着较低层级的准则,都会影响整体鲁棒性的最大化。同样,每个子准则(分别取决于可选方案)都会影响其相应的准则。

步骤 2:从 N 个赛博安全专家(主题专家 SME)那里收集数据,专家对应于图 12.4 所示的层次结构,在我们的示例中,$N=10$。数据收集过程基于成对的比较,实现 Saaty(2008)解释的定性量表。

步骤 3：将步骤 2 中构造的所有准则和可选方案的成对比较，构成一个方阵。在数学上，针对 m 个因子（factor）的成对比较矩阵 A 需要 $m \times m$ 个元素。A 中的 a_{ij} 表示每个实体代表因子 i 和 j 之间的比较，可使用等式确定成对比较矩阵：

$$A = \begin{bmatrix} 1 & a_{12} & \cdots & a_{1m} \\ \dfrac{1}{a_{12}} & 1 & \cdots & a_{2n} \\ \vdots & \vdots & & \vdots \\ \dfrac{1}{a_{1m}} & \dfrac{1}{a_{2m}} & \cdots & 1 \end{bmatrix} \tag{12.1}$$

此外，使用几何平均值对 N 个领域专家（SME）的各自响应进行汇集，得出一个唯一的比较矩阵：

$$a_{ij} = \Big[\prod_{k=1}^{N} (a_{ij})_k \Big]^{1/N} \tag{12.2}$$

式中：$(a_{ij})_k$ 是第 k 位网络安全专家给出的响应。

步骤 4：做出所有的判断后，将计算每个准则对于目标的相对权重。这些权重是通过成对比较矩阵 A 的归一化右特征向量获得的，所有子准则和可选方案的相对权重均使用相同的过程获得。

步骤 5：计算一致性比率（CR）来衡量 N 个专家回复判断的准确性或一致性。对于第 k 个赛博安全专家的响应，如果 $CR_k < 0.1$，则可接受该专家的判断；否则应将其从分析中排除，以免带来不一致的问题。可通过比较一致性指数（CI）与随机指数（RI）来评估一致性比率（Saaty，2008）：

$$CR = \frac{CI}{RI} \tag{12.3}$$

表 12.2 中显示了针对小样本问题（$m < 10$）的随机指数的值，并且一致性指数 CI 由下式给出：

$$CI = \frac{\lambda_{max} - m}{m - 1} \tag{12.4}$$

式中：λ_{max} 是专家判断的最大特征值。

表 12.2　问题的随机指数值（$m < 10$）

m	2	3	4	5	6	7	8
RI	0.00	0.58	0.9	1.12	1.24	1.32	1.41

步骤 6：强韧性测度的计算方法是将每一层级元素的总权重乘以相应较低层级元素的权重。

12.6 CPS 强韧性的定量建模

CPS 是高度互连的系统,在不同的系统层级都具有异构性。因此,任何强韧性的定量建模和估计的尝试都需要考虑网络拓扑、系统脆弱性、资产关键性、内部互连性和基础的物理过程。在不影响系统的性能和稳定性的情况下,很难针对 CPS 所有的安全方面来进行赛博强韧性的建模和评估。本节将围绕 CPS 赛博强韧性的定量建模和估算,讨论高层级建模和仿真方法的各个步骤。

12.6.1 关键赛博资产的建模

判定资产的关键性是研究人员开展基本安全分析技术的一项工作(Haque、Shetty 和 Kamdem,2018;Kellett,2016)。识别关键资产将为网络管理员提供一个工作方向,使其可聚焦于最关键的网络组件,从而促进各种成本和时间资源的有效利用。在 CPS 中,资产关键性在三个不同的层级中发挥作用:赛博域的关键资产、赛博和物理域之间的关键的互连性以及物理域的关键资产,如图 12.5 所示。赛博域中的关键资产的使用可能导致对控制设备或物理过程造成重大损害;关键的互连性是指赛博-物理的相互连接,其受到干扰后可能导致无法使用各种服务,并可能带来物理过程的关机。

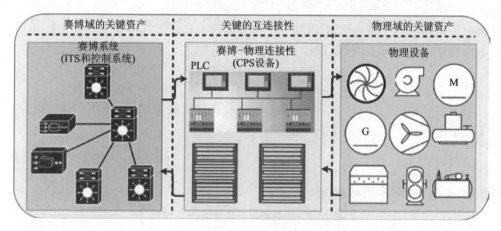

图 12.5 位于不同系统层级的关键资产

虽然识别赛博域的关键资产并不难,但要考虑关键的所有三个部分都组合在一个平台中,无疑需要大量的工作。由于我们关注 CPS 的强韧性,因此主要关注前两个部分——赛博和互连性。我们将使用图论的方法来研究网络拓扑和网络节点脆弱性,由此评估 CPS 环境中的资产关键性。图论方法使用最短路径算法对路径中的攻击者成本进行建模,从而分析最短路径,即最可能的攻击路径。此外,不同的多准则决策分析(MCDA)方法有助于在识别复杂 CPS 资产的关键性方面给出最佳的决策。

12.6.2　跳板攻击的建模

IT 和 OT 系统中的不同 CPS 组件具有不同的特定功能。因此，由于系统不同部分（如赛博、互连性和物理）迥然不同的本质特征和行为（见图 12.5），入侵者很难通过一步就能利用 CPS 中的关键资产。但是，如今，狡猾的入侵者可在连接高价值 ICS 或 CPS 资产的网络路径中利用若干中间跳板，发起多主机、多阶段的赛博攻击。NIST 考虑到由于 ITS 和 ICS 集成而带来的脆弱性，已提供了一些应用指南（Stouffer 等，2011）。跳板攻击建模也难以解决问题，因为一方面入侵者可通过依次利用不同的主机来获取更多的知识和经验，另一方面防御者也可根据探测到的情况进行动态的网络配置。因此，跳板攻击路径建模是 CPS 强韧性评估中考虑攻击者和防御者行动的动态特性的重要方面。针对 ICS 或 CPS 中跳板攻击存在着几种探测和建模的方法（Gamarra 等，2018；Nicol 和 Mallapura，2014；Zhang 和 Paxson，2000）。

图 12.6 所示为一种应用脆弱性图开展跳板攻击路径建模的方法，其中不同的网络层均基于 NIST 提出的纵深防御架构（Stouffer 等，2011）。图模型（Haque，2018）使用不同的层来表示不同的 IT 和 OT 层级，其中将诸如发电系统和现场设备之类的物理设备视为赛博攻击的潜在目标。公司非军事区（DMZ）和公司局域网（LAN）层属于纯网络域或 IT 域。控制系统 DMZ 和控制系统 LAN 属于网络（IT）和物理设备层（ICS/CPS）之间的互连层。该网络是为应用 EDS 而构造的，EDS 中的物理设备层由电站网络和其他现场通信设备组成。漏洞图模型中的边权重来自 Mell、Scarfone 和 Romanosky（2007）所提出的通用脆弱性计分系统（CVSS）的可利用性和影响测度。在 CPS 中跳板攻击的概率建模中，博弈论和马尔可夫决策过程（MDP）可用于对攻击者和防御者行为的建模，并为网络中不同状态下的防御者寻找最合适的行为。

12.6.3　风险和强韧性的建模与估计

CPS 强韧性评估的主要目标之一就是估算 CPS 的风险和强韧性。在 CPS 和其他系统的强韧性估算中，使用了强韧性图（Bruneau 等，2003；Wei 和 Ji，2010）。图 12.7 给出了在赛博攻击事件中 CPS 强韧性建模和估算的通用的强韧性图。表 12.3 所列为强韧性图中的标识和参数说明。我们旨在结合使用脆弱性图分析和强韧性曲线估算来进行 CPS 强韧性的建模，并得出如图 12.3 所示的广泛的 R4 强韧性测度。在此，我们简短地研讨了使用系统性能图（如图 12.7 所示，前面也称强韧性图）开展强韧性和风险的建模工作。

在发生赛博攻击事件前，系统以 SP_0 性能水平在执行。该性能是考虑到正常稳定运行和所需服务可用性的总体系统性能。在时间 t_i^i，CPS 上发生了网络攻击事件 i，并且系统在时间 t_i^d 开始显示性能降级。我们假设攻击事件会损坏部分系统，并且不会使整个系统停止运行。因此，系统性能继续降级执行并且在时间 t_i^m 达到最低的性能 SP_d。由于 CPS 网络中存在 IDS 和入侵防御机制，因此系统管理员和操作人员可识别攻击事件，对其进行分析并在时间 t_i^{ri} 启动恢复。由于恢复的开始，系统的性能在 t_i^{rs} 时

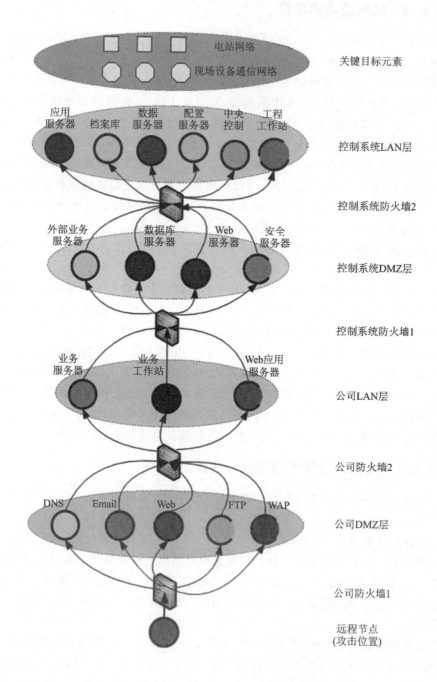

电站网络

现场设备通信网络 关键目标元素

应用服务器 档案库 数据服务器 配置服务器 中央控制 工程工作站 控制系统LAN层

控制系统防火墙2

外部业务服务器 数据库服务器 Web服务器 安全服务器 控制系统DMZ层

控制系统防火墙1

业务服务器 业务工作站 Web应用服务器 公司LAN层

公司防火墙2

DNS Email Web FTP WAP 公司DMZ层

公司防火墙1

远程节点
(攻击位置)

图 12.6 攻击图——基于跳板攻击建模
（来自：Haque，2018）

刻开始恢复，并且性能达到了正常运行水平，就像在 t_i^{cr} 时刻发生攻击事件前的一样。t_i^i 和 t_i^{cr} 之间的时间是由下式给出的由于攻击事件 i 导致强韧性的总时间 T：

$$T = t_i^{cr} - t_i^i \tag{12.5}$$

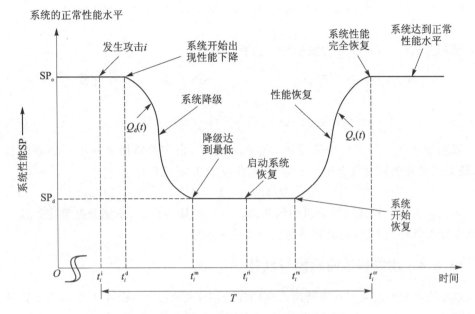

图 12.7　赛博事件中的系统性能图

表 12.3　强韧性图中的标识和参数说明

标　识	参数说明
SP_0	在任何网络攻击发生前的系统正常性能水平
SP_d	赛博攻击发生后，系统性能降级的最低水平
t_i^i	攻击 i 开始的时间
t_i^d	系统整体性能因攻击 i 开始降级的时间
t_i^m	由于攻击 i 的出现，系统达到最低性能水平的时间
t_i^{ri}	操作员识别攻击事件并开始启动系统恢复的时间
t_i^{rs}	恢复尝试启动后，系统开始恢复性能的时间
t_i^{cr}	系统完全恢复性能并达到事故前性能水平的时间
T	T 攻击开始到系统完全恢复的时间段
$Q_d(t)$	与时间相关的系统性能降级行为
$Q_u(t)$	与时间相关的系统性能恢复行为

要估算强韧性，唯一的挑战就是估算与时间相关的性能降级 $Q_d(t)$ 和与时间相关的性能恢复 $Q_u(t)$ 的特征，这反映攻击的严重性、系统由于不利事件影响所占的比例、

服务损失的特征和严重程度以及攻击恢复能力等。通常,两个与时间相关的性能参数使用下式来表示:

$$\left.\begin{array}{l} Q_d(t) = f(\text{attack severity, system fraction under attack, service loss}) \\ Q_u(t) = f(\text{attack diagnostic system fraction out of service, recover ability}) \end{array}\right\}$$

$$(12.6)$$

使用公式(12.7),CPS 的强韧性 $\mathscr{R}$ 估算如下:

$$\mathscr{R} = \frac{1}{T \times SP_0} \left\{ SP_0(t_i^d - t_i^i) + \int_{t_i^d}^{t_i^m} [SP_0 - SP_d - Q_d(t)] \, dt + \right.$$

$$\left. \int_{t_i^{rs}}^{t_i^{cr}} [SP_0 - SP_d - Q_u(t)] \, dt + \int_{t_i^d}^{t_i^{cr}} (SP_0 - SP_d) \, dt \right\} \quad (12.7)$$

强韧性 $\mathscr{R}$ 是系统正常性能等级 SP_0 的归一化,由于在赛博事件中评估系统性能时,认为风险和强韧性具有相反的特性,因此风险 $\mathscr{R}$ 可定义为

$$\text{Risk}, \mathscr{R} = 1 - \mathscr{R} \quad (12.8)$$

我们认为风险和强韧性分析相辅相成。计算强韧性目标,不能忽略确定风险。风险和强韧性都将为 CPS 提供完整的安全性分析态势。

12.6.4　攻击场景的建模与设计

ITS 域中发生的大多数赛博攻击也同样适用于 CPS 域。图 12.2 所示为直接适用于 CPS 域的一些攻击和威胁。CPS 中的赛博攻击通常是多种攻击的组合。CPS 强韧性建模和估计中的挑战之一是对不同的攻击场景及其对 CPS 的可能影响进行建模,从而获得 CPS 安保性和强韧性状态的估计。

在图 12.8 中,我们使用 Stouffer 等(2011)推荐的 NIST 纵深防御架构,对 CPS 攻击场景进行描述,我们将 ICS 或 SCADA 系统视为目标的 CPS。在此案例中,黑客没有任何关于网络架构和情报的信息,他们使用两种不同的攻击机制来穿透公司的 DMZ 网络。一方面,攻击者通过 Internet 恶意浏览网站(图 12.8 中标记为 2),在其中一台客户端计算机上安装了恶意软件或木马软件;另一方面,他们尝试通过发送恶意软件,通过 Internet 不断进行网络钓鱼攻击,给 DMZ 用户的电子邮件账户发送带有恶意附件的邮件(图 12.8 中标记为 1)。

使用上述机制,攻击者可成功访问公司 DMZ 中的电子邮件服务器,启动 APT (图 12.8 中标记为 3),窃取系统访问信息,并获得有关系统通信的重要信息。从那里,攻击者成功地渗透了连接到公司 LAN 中的一台计算机,并安装了后门以绕过防火墙。通过类似的方法,攻击者成功访问了 DMZ 控件中的一台 Web 服务器,并开始记录命令和通信(图 12.8 中标记为 4)。

利用从控制 DMZ 收集的信息,攻击者成功地绕过了防火墙(图 12.8 中标记为 5),并成功访问了控制 LAN 的配置服务器中的文件系统。然后,在适当的时间来设置和启动逻辑定时炸弹攻击(图 12.8 中标记为 6),这种攻击可能会在通信不忙时触发(通常是在深夜才触发,此时控制中心只有为数不多的操作人员在监视异常的情况)。根据

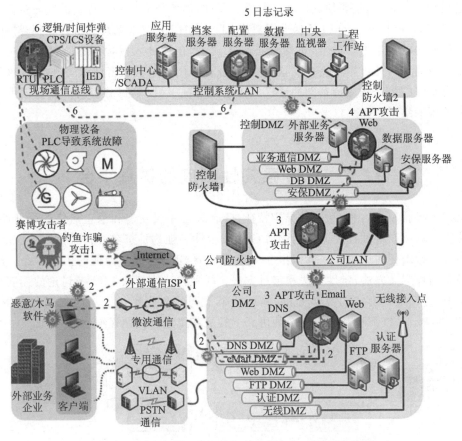

图 12.8　使用 NIST 纵深防御架构的 CPS 攻击场景说明

攻击的性质,逻辑炸弹可能会启动破坏性命令、删除重要的配置文件、删除备份文件,从而使系统的恢复变得异常困难,并根据攻击者收集到的有关 CPS 网络的信息而执行其他的操作。图 12.8 中常规的实线表示网络内部的连通性,虚线表示攻击的传播。

　　上述案例指出在仿真环境中对攻击场景进行建模和设计的必要性,使系统能够抵御不同类型的赛博攻击。同样,要对攻击进行建模,就需要网络拓扑和脆弱性信息。我们计划使用如图 12.6 所示的有向多重图,对攻击场景进行建模和设计。应对攻击场景设计的基本需求之一,是在脆弱性与攻击类型之间建立映射关系,这也是我们当前研究的方面之一。

12.6.5　基础物理过程和设计约束的建模

　　CPS 是 ICS、SCADA、智能电网、医疗设备和智能自主驾驶汽车的关键部分。由于 CPS 的不同应用,考虑潜在的物理过程和设计约束,很难创建一个单一的赛博强韧性模型。这项工作的目标不是对物理过程进行建模或对当前已建立的物理系统进行任何更改,而是要在一定程度上考虑赛博强韧性架构建模中的物理过程。目的不是要使建模过程相互矛盾,而是要使它们相互补充。因此,需要研究物理过程中的赛博强韧性的建模。例如,可将 ICS 的 PLC 梯形逻辑或 EDS 的 IEEE 总线系统分析合并到赛博强韧性建模架构的开发中。通常,机器学习(ML)技术在设计入侵检测和防御系统时十分有用。机器语言还可用于支持复杂的决策过程中,由于系统机密性和法规要求,该过程中没有足够的数据来支持基础的过程。在这种情况下,决策树分析的定性数据可产生令人信服的结果。

12.7　CPS 强韧性测度的仿真平台

CPS 异常复杂,由于系统的异构特征,造成缺乏底层互连和消息通信的可见性,因此仿真工具可在某种程度上帮助评估 CPS 安全性和强韧性态势,而无需对现有系统和物理过程做出任何更改。本节提出一个用于复杂 CPS 强韧性评估的仿真平台。仿真工具有两种广义方法:定性方法和定量方法。两种方法均可从 12.4 节讨论的强韧性框架生成,遵循某种形式的数学分析,并从两个不同的角度生成强韧性测度和分析,如图 12.9 所示。以下小节将讨论两种仿真工具及其集成过程的详细信息。

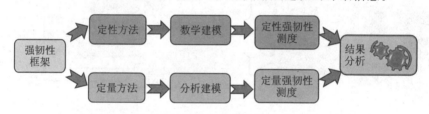

图 12.9　CPS 赛博强韧性工具流图

12.7.1　定性仿真平台

图 12.10 所示为 CPS 定性的赛博强韧性仿真引擎的通用架构,如 Haque、Shetty 和 Krishnappa(2019)所述。用户响应系统是输入系统,要求用户(CPS 运营商、工程师、网络安全专家、SME 等)对有关系统安全状况的调查做出响应。如表 12.1 所列,调查问卷跨越 R4 强韧性测度中的每个测度,涵盖物理、组织和技术领域:鲁棒、冗余、调整和快速。由于一些技术调查问题是针对特定应用的,因此在设计调查表时会遇到很大的挑战。

用户提供的响应将发送到定性仿真引擎,仿真引擎负责分析定性响应,生成定性强韧性测度,并由不同的机构(NIST、ICS - CERT、NERC - CIP、ISA 等)以行业标准和推荐的最佳实践作为基准而测试。最后,报告生成模块以高层摘要报告、详细的低层报告、基准报告等形式显示分析结果。报告生成模块还通过比较行业标准而进行评估,旨在提高整体的强韧性。

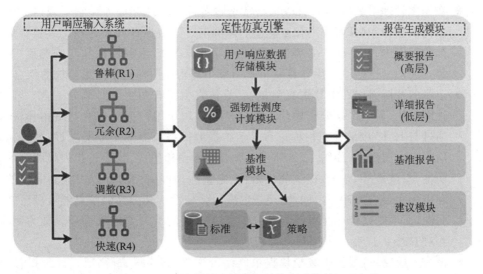

图 12.10　CPS 定性的赛博强韧性仿真引擎的通用架构

12.7.2　定量仿真平台

图 12.11 所示为 CPS 定量的赛博强韧性仿真引擎的通用架构。定量仿真平台类似于测试平台，与定性仿真平台完全不同，定量仿真平台并可独立工作。有几个管理系统和模块可完美地捕获强韧性的评估。在此给出简要说明：

- 界面管理系统（IMS）：定量仿真平台的 IMS 分为管理界面和用户界面。管理界面可在仿真平台中进行更改（例如，创建新的用户账户、在输入系统中进行修改等）。用户界面不允许创建新用户，但可根据需要更改网络拓扑。网络拓扑输入是 CPS 强韧性仿真的第一步，因为仿真引擎将基于网络组件、软件和其他应用的用户输入生成基于图论的网络。

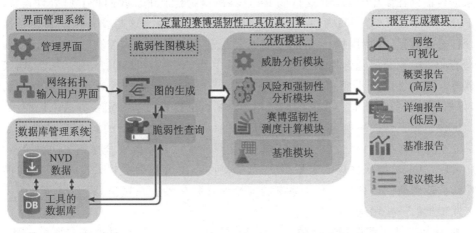

图 12.11　CPS 定量的赛博强韧性仿真引擎的通用架构

- 数据库管理系统(DMS):DMS是常见脆弱性的本地存储库。它下载由美国国家漏洞数据库(NVD)、NIST提供的漏洞信息。数据存储在为该工具设计的本地数据库中,其中包含必要的漏洞信息及其CVSS可利用性和影响测度(Mell等,2007)。这些测度用作定量仿真引擎中脆弱性图模块中图论模块的权重。

- 定量的赛博强韧性工具仿真引擎:定量仿真引擎有两个主要部分:一个是脆弱性图模块,另一个是分析模块。脆弱性图模块从用户那里获取网络拓扑输入,通过与DMS中的脆弱性库进行通信来提取网络节点的相应脆弱性,并为仿真网络生成图模型,如图12.6所示。脆弱性图由边组成,其中边代表检测到的脆弱性,权重是从CVSS提供的机密性、完整性和可用性的计分中找到定量的可利用性和影响力计分。因此,定量的赛博强韧性工具仿真引擎只能处理已知脆弱性,而不能处理零时差漏洞。分析模块分析威胁,计算风险和应变能力测度,并对CPS的应变能力评估进行基准测试。

- 报告生成模块:报告生成模块提供网络可视化、摘要报告(高层)、详细报告(低层)、基准报告以及提升强韧性的重要建议。

12.7.3　验证和确认计划

正在开发的分析模型将通过仿真平台进行验证。由于缺少CPS安全性和强韧性数据,因此难以验证分析结果。我们计划使用不同的统计工具来验证我们的模型。例如多变量分析技术,该技术可用于说明各种强韧性的R4测度之间的关系。

12.7.4　仿真平台的用例

图12.12所示为石油和天然气行业CPS仿真平台的用例。在此图中,物理层是物理过程发生的最底层。有多种传感器可监视系统和环境,例如温度传感器、烟雾探测器、火灾报警系统、安全监控摄像头、通风系统、照明系统等。物理层通过PLC将传感器数据传输到控制中心,其中IED或RTU在网络物理层中。我们将I/O处理设备(例如PLC、RTU、IED等)和执行器视为网络物理层设备,因为这些设备从现场设备接收物理传感器数据,并使用执行器,通过执行器控制物理系统。从控制站中的HMI发出启动的命令。控制层包含控制工作站、主终端单元(MTU)、HMI、应用服务器、档案服务器等。控制层负责监视和控制系统性能。IT层与控制层进行通信,以接收系统数据,评估物理设备的性能。我们在此使用仿真平台的定性方法和定量方法来说明用例。

定性仿真平台的用例:定性仿真平台设计有一组特定于系统的调查表,以服务于用例的安全性和强韧性评估。在定性工具中,用户应提供与系统安全性相关问题的答案。然后,该工具汇总结果并提供定量测度,这些测度不仅可帮助主管人员,而且可帮助系统操作员使用他们的评估来分析系统的安全性和强韧性。在这里,我们提供了所提出的定性工具的一些用法:

- 从强韧性子测度中获得的深入见解:图12.13显示了针对鲁棒和调整子测度,从建议的定性工具生成的仿真输出样例。该工具直接从用户的定性响应中生

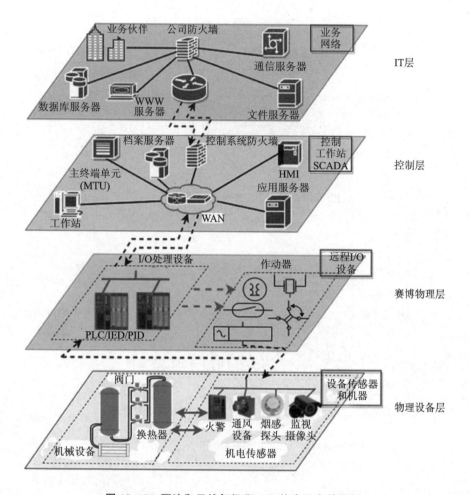

图 12.12　石油和天然气行业 CPS 仿真平台的用例

成测度。在鲁棒和调整测度中,我们看到大多数强韧性≥4.0(针对 1.0～5.0 的范围)的正常状态,这意味着这些区域中的强韧性表现≥75%。

- 关于赛博强韧性的总体见解:定性工具可计算赛博强韧性测度 R 及其主要分量 R1,R2、R3、R4。它还在每个 R4 强韧性下分出物理、技术和组织的测度。因此,它可根据用户的评估对 CPS 的赛博强韧性提供令人满意的总体见解。

定量仿真平台的用例:在定量仿真平台中,用户需要设置从 IT 层开始直到网络物理层的网络拓扑。在每一层中,用户都需要提供主机、在主机上运行的软件或应用、补丁信息以及物理或逻辑连接。然后,该工具使用用户提供的信息生成脆弱性图,其中使用工具的 DMS 提取脆弱性信息,如图 12.11 所示。该工具将在仿真引擎中执行分析,并有望提供(但不限于)以下信息:

- 网络脆弱性可视化:该工具通过连接性和脆弱性信息提供系统的完整可视化,这将有助于操作人员分析系统的安全性。
- 赛博关键路径:该工具将识别网络中的关键资产,并使用基础建模和仿真技术

257

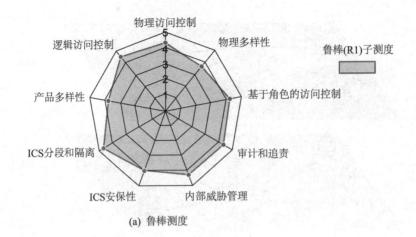

(a) 鲁棒测度

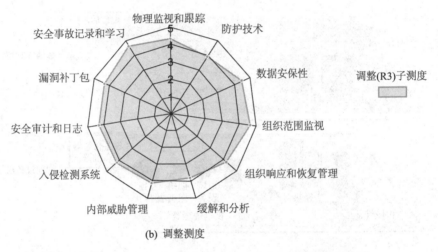

(b) 调整测度

图 12.13　由定性工具产生样本的定性测度

为赛博关键路径提供计分或攻击概率。

- 风险和强韧性测度：该工具将提供高层和低层的赛博风险和强韧性测度，以方便网络运营商和安全专家进一步分析。
- 基准和建议：定量工具旨在与授权机构提供的行业和监管标准进行基准比较，并为提高总体 CPS 网络安全性和强韧性态势而提供有意义的建议。

12.8　复杂性、挑战和未来方向

从赛博安全的角度来看，CPS 是一个活跃的研究领域，具有众多的复杂性和挑战。复杂性来自于系统设计的复杂性、组件异构性、复杂的互联、缺乏整体可见性、物理过程的安全性和可靠性之间的权衡等。本节选定其中的一些复杂性以及有关 CPS 安保性的挑战和未来方向进行研讨：

- 设计的安全性:CPS(例如 ICS)是传统的系统,由于独立的指挥和控制机制以及与直接 Internet 通信的隔离,不将安全性当作主要的设计考虑因素。人们认为物理安全足以保护物理设备和基础连接。考虑 CPS 的广泛使用以及针对不同层级互连需求的不断增长,现在是时候将设备的安全性当作设计过程的首要考虑了。

- 实时性:CPS 是实时系统。实时可用性的操作需求使 CPS 难以评估安全威胁以及在可容忍的延迟限定内实时实现预防机制。正如 Humayed 等(2017)所指出的,加密机制可能会导致实时设备的运行延迟。因此,CPS 的设计应考虑包括安保机制,这些机制应认识到实时性和安全性过程的重要性,而不会造成重大的延迟。

- 异构性和互连性:CPS 本质上是异构的,具有网络层和物理层设备的复杂互连。专有协议(例如 ICS 或智能电网中的 Modbus 和 DNP3)并非没有脆弱性,原因是在设计协议时要考虑隔离。因此,在设计过程中需要考虑由于设备互连和协议级安全性引起的通信。Fovino、Carcano、Masera 和 Trombetta(2009)以及 Majdalawieh、Parali - Presicce 和 Wijesekera(2007)的文章对此进行了详细介绍。

- 基础的物理过程:CPS 设计为与嵌入式物理过程紧密配合。复杂的基础过程降低了 CPS 整体安全性的可见性,因此,在强韧性网络拓扑设计过程中应考虑基础过程和相关性。

- IDS 和 IPS:ITS 和 CPS 之间的 IDS 和 IPS 设计存在一些根本差异。在 ITS 中,通过软件修补和频繁更新来确保安全性,由于内存资源有限,因此不适合 CPS。CPS 的 IDS 和 IPS 设计中的另一个问题是 CPS 是实时的,因此,通过暂停操作来脱机修理那些设备,在经济上和运行上都是不合理的。因此,迫切需要针对 CPS 的 IDS 和 IPS 解决方案的设计以及新颖的攻击检测算法的设计。Mitchell 和 Chen(2014)的文章重点介绍了适用于 CPS 的 IDS 解决方案的开发。

- 安全集成:将新组件与现有 CPS 集成后,应先进行安全测试,然后再上线。需要对要添加到现有系统中的组件进行脆弱性评估。

- 理解攻击的后果:通常很难在 ICS 或 CPS 中可视化攻击的后果。进行渗透测试并评估网络攻击对 CPS 的影响至关重要。同样,攻击者策略的预测对于防护 CPS 网络也是至关重要的。组织和技术安全策略应考虑执行渗透测试,直至某些安全等级。

- 恶意内部人员:确保 CPS 免受网络攻击是最困难的挑战之一。通常,心怀不满的员工会成为 CPS 针对性攻击的来源,这些攻击很难识别。还有社会化工程,这可能会对具有 ICS 访问权限的员工产生诱惑。另外,还可能会发生无意攻击,例如使用 USB 记忆棒。因此,组织应制定明确的策略并为员工进行安全培训,以了解情况和职责。

● 强韧性、鲁棒性、安全性和可靠性：强韧性、鲁棒性和安全性是 CPS 设备从赛博安全角度而言的关键挑战。CPS 通常被设计为可靠的，因为在设计过程中，运行的稳定性被认为是最重要的。尽管可靠性对于物理设备而言是最必要的，但是安全性和强韧性不能被忽略。环境的不确定性，赛博攻击和物理设备中的错误威胁着 CPS 的整体安全性和可靠性。因此，在设计阶段，设备的强韧性和安全性须与可靠性一样被重视。

一个自然而然的重要问题是，为 CPS 评估强韧性测度而提出的仿真平台将如何应对上述挑战。正如 12.3 节中所解释的那样，强韧性测度的可用性将为 CPS 运行的不同阶段（例如，设计过程、监视、恢复等）提供指导和方向，并通过基本的建议指出改进方向来确保总体的安全性。强韧性评估的定性方法和定量方法是相辅相成的，它们旨在通过为 CPS 提供赛博强韧性的量化运行测度来应对 CPS 中的安全挑战。由于基于应用领域的系统连接性在不断变化，将物理过程和赛博物理互连性包括在仿真平台中将面临巨大的挑战。因此，作者希望将部分（如果不是完整的）物理和赛博物理组件包括在仿真平台中；也可增加多个仿真模块，其中每个模块都将服务于特定的 CPS 应用领域（例如，一个用于智能电网的模块，另一个用于石油/天然气的模块等）。无论应用领域如何，对完整的 CPS 进行建模和仿真都是一项艰巨的任务，可作为未来之用。

12.9 结 论

CPS 在关键基础架构、ICS 和许多其他应用中扮演着至关重要的角色。CPS 不同部分之间日益增长的相互依存和相互联系，使其比以往任何时候都更易受到赛博威胁的攻击。由于不同的赛博、赛博物理和物理组件的集成，CPS 的复杂性以及缺乏清晰的可见性，使其难以应对安全问题和强韧性的挑战。本章旨在介绍 CPS 的基本赛博强韧性测度，并提出一个有助于自动计算强韧性测度的仿真平台。在其他讨论中，作者试图解释 CPS 中强韧性测度的必要性，并提出强韧性测度可改进的技术领域以及建议。作者讨论了保护 CPS 免受赛博攻击的复杂性和挑战，并回答了强韧性测度是如何帮助应对这些挑战的重大问题。总之，作者认为本章为正在进行的 CPS 强韧性和安全性分析提供了必要的指导，并且还将为未来的研究提供一定的指导。

致 谢
本工作得到美国能源部 DE－OE0000780 标号的支持。

免责声明
本报告是根据美国政府机构赞助的工作而准备的。美国政府或其任何机构或任何员工均不对所披露或代表的任何信息、设备、产品或过程的准确性、完整性或实用性做出任何明示或暗示的保证，也不承担任何法律责任或其他责任。其使用不会侵犯私有权。本书通过商品名称、商标、制造商或其他方式提及任何特定的商业产品、过程或服务,不一定构成或暗示其对美国政府或其任何代理机构的认可、推荐或偏爱。本书所表达的作者的观点和见解并不一定代表或反映美国政府或其任何机构的观点和见解。

参考文献

［1］Amin M.（2015）. Smart grid. Public Utilities Fortnightly，March 2015.

［2］Baheti R，Gill H.（2011）. Cyber-physical systems. The Impact of Control Technology，12(1)，161-166.

［3］Bodeau D，Graubart R.（2011）. Cyber resiliency engineering framework. MTR110237，MITRE Corporation.

［4］Bologna S，Fasani A，Martellini M.（2013）. Cyber security and resilience of industrial control systems and critical infrastructures. In Cyber Security（pp. 57-72）. Springer.

［5］Bruneau M，Chang S E，Eguchi R T，et al.（2003）. A framework to quantitatively assess and enhance the seismic resilience of communities. Earthquake Spectra，19(4)，733-752.

［6］Cardenas A，Amin S，Sinopoli B，et al.（2009）. Challenges for securing cyber physical systems. Paper presented at the Workshop on Future Directions in Cyber-Physical Systems Security.

［7］Cheng A M.（2008）. Cyber-physical medical and medication systems. Paper presented at the 28th International Conference on Distributed Computing Systems Workshops（ICDCS）.

［8］Collier Z A，Panwar M，Ganin A A，et al.（2016）. Security metrics in industrial control systems. In Cyber-Security of SCADA and Other Industrial Control Systems（pp. 167-185）. Cham：Springer.

［9］Cutter S L，Ahearn J A，Amadei B，et al.（2013）. Disaster resilience：A national imperative. Environment：Science and Policy for Sustainable Development，55(2)，25-29.

［10］Fovino I N，Carcano A，Masera M，et al.（2009）. Design and implementation of a secure modbus protocol. In International Conference on Critical Infrastructure Protection（pp. 83-96）. Berlin，Heidelberg：Springer.

［11］Galloway B，Hancke G P.（2013）. Introduction to industrial control networks. IEEE Communications Surveys and Tutorials，15(2)，860-880.

［12］Gamarra M，Shetty S，Nicol D M，et al.（2018）. Analysis of stepping stone attacks in dynamic vulnerability graphs. Paper presented at the 2018 IEEE International Conference on Communications（ICC）.

［13］Ginter A. (2017). The top 20 cyber attacks on industrial control systems. Waterfall Security Solutions.

［14］Haque M A. (2018). Analysis of bulk power system resilience using vulnerability graph (Master of Science (MS) thesis). Modeling Simulation and Visualization Engineering, Old DominionUniversity. doi：https：//doi. org/10. 25777/fqw2-xv37.

［15］Haque M A, De Teyou G K, Shetty S, et al. (2018). Cyber resilience framework for industrial control systems：Concepts, metrics, and insights. Paper presented at the 2018 IEEE International Conference on Intelligence and Security Informatics (ISI).

［16］Haque M A, Shetty S, Kamdem G. (2018). Improving bulk power system resilience by ranking critical nodes in the vulnerability graph. In Proceedings of the Annual Simulation Symposium (pp. 8). Society for Computer Simulation International.

［17］Haque M A, Shetty S, Krishnappa B. (2019). ICS-CRAT：A cyber resilience assessment tool for industrial control systems. Paper presented at the 4th IEEE International Conference on Intelligent Data and Security (IDS).

［18］Humayed A, Lin J, Li F, et al. (2017). Cyber-physical systems security：A survey. IEEE Internet of Things Journal, 4(6), 1802-1831.

［19］Kellett M. (2016). Ranking assets based on criticality and adversarial interest. Defence Research and Development Canada.

［20］Koutsoukos X, Karsai G, Laszka A, et al. (2017). SURE：A modeling and simulation integration platform for evaluation of secure and resilient cyber-physical systems. Proceedings of the IEEE, 106(1), 93-112.

［21］Laing C. (Ed.) (2012). Securing Critical Infrastructures and Critical Control Systems：Approaches for Threat Protection. USA：IGI Global.

［22］Linkov I, Eisenberg D A, Bates M E, et al. (2013). Measurable Resilience for Actionable Policy (pp. 10108-10110). USA：ACS Publications.

［23］Linkov I, Eisenberg D A, Plourde K, et al. (2013). Resilience metrics for cyber systems. Environment Systems and Decisions, 33(4), 471-476.

［24］Macaulay T, Singer B L. (2016). Cybersecurity for Industrial Control Systems：SCADA, DCS, PLC, HMI, and SIS. UK：Auerbach Publications.

［25］Majdalawieh M, Parisi-Presicce F, Wijesekera D. (2007). DNPSec：Distributed network protocol version 3 (DNP3) security framework. In Advances in Computer, Information, and Systems Sciences, and Engineering (pp. 227-234). Springer.

［26］McIntyre A, Becker B, Halbgewachs R. (2007). Security metrics for process control systems. Sandia National Laboratories (Sandia Report SAND2007-2070P).

[27] McMillin B, Gill C, Crow M, et al. (2007). Cyber-physical systems distributed control: The advanced electric power grid. Proceedings of Electrical Energy Storage Applications and Technologies.

[28] Mell P, Scarfone K, Romanosky S. (2007). A complete guide to the common vulnerability scoring system version 2.0. Paper presented at the Published by FIRST- Forum of Incident Response and Security Teams.

[29] Mitchell R, Chen I R. (2014). A survey of intrusion detection techniques for cyber-physical systems. ACM Computing Surveys (CSUR), 46(4), 55.

[30] Nicol D M, Mallapura V. (2014). Modeling and analysis of stepping stone attacks. Paper presented at the Proceedings of the 2014 Winter Simulation Conference.

[31] Saaty T L. (2008). Relative measurement and its generalization in decision making why pairwise comparisons are central in mathematics for the measurement of intangible factors the analytic hierarchy/network process. RACSAM-Revista de la Real Academia de Ciencias Exactas. Fisicas y Naturales. Serie A. Matematicas, 102(2), 251-318.

[32] Sedgewick A. (2014). Framework for improving critical infrastructure cybersecurity, version 1.0. NIST-Cybersecurity Framework.

[33] Stouffer K, Falco J, Scarfone K. (2011). Guide to industrial control systems (ICS) security. NIST Special Publication, 800(82), 16-16.

[34] Tierney K, Bruneau M. (2007). Conceptualizing and measuring resilience: A key to disaster loss reduction. TR News (250).

[35] Tran H, Campos-Nanez E, Fomin P, et al. (2016). Cyber resilience recovery model to combat zero-day malware attacks. Computers and Security, 61, 19-31.

[36] Wang F Y. (2010). The emergence of intelligent enterprises: From CPS to CPSS. IEEE Intelligent Systems, 25(4), 85-88.

[37] Wei D, Ji K. (2010). Resilient industrial control system (RICS): Concepts, formulation, metrics, and insights. Paper presented at the 3rd International Symposium on Resilient Control Systems (ISRCS), 2010.

[38] Wilamowski G C, Dever J R, Stuban S M. (2017). Using analytical hierarchy and analytical network processes to create Cyber Security Metrics. Defense Acquisition Research Journal: A Publication of the Defense Acquisition University, 24(2), 186-221.

[39] Xiong G, Zhu F, Liu X, et al. (2015). Cyber- physical-social system in intelligent transportation. IEEE/CAA Journal of Automatica Sinica, 2(3), 320-333.

［40］Yong S Z，Foo M Q，Frazzoli E. (2016). Robust and resilient estimation for cyber- physical systems under adversarial attacks. Paper presented at the American Control Conference (ACC)，2016.

［41］Yu X，Xue Y. (2016). Smart grids：A cyber-physical systems perspective. Proceedings of the IEEE，104(5)，1058-1070.

［42］Zhang Y，Paxson V. (2000). Detecting stepping stones. Paper presented at the USENIX Security Symposium.

第 13 章　社会结构中的赛博创造物

E. Dante Suarez[1] 和 Loren Demerath[2]

1 美国德克萨斯州圣安东尼奥市三一大学金融与决策科学系、商学院

2 美国路易斯安那州什里夫波特市路易斯安那世纪学院社会学系

13.1　概　述

计算机仿真应用已经改变了 21 世纪科学研究的方式,当前使用计算模型来评估气候变化影响、金融突发灾难的可能性,甚至假期网上礼物购买概率等问题。本章将研讨我们日益依赖的这一方法论的发展趋势,不仅涉及已普遍应用该方法论的领域,而且关注其在研究、工作和日常生活等方方面面的应用。面对即将来临的 CPS 的新一轮浪潮,我们深信未来生活时时刻刻都离不开 CPS,在此我们试图将传统社会科学的见解与复杂性研究、系统思维的见解相融合,从而提供有关 CPS 整体范式的理论基础。

随之而来的是面向计算机解决方案的浪潮。当前,针对我们所在世界关于建模的流行概念,通常涵盖与大数据相关的、一般的、开放的术语中(Akoka 等关于该主题文献的综合评述,2017)。大数据通常是松散应用某些参考方法的概念,其中涉及海量数据、复杂数字技术以及复杂的描述性的人类行为模型。当前更多的文献表明,大量的学者、实践者和研究生都针对所研究的各种问题,准备应用这些新颖的方法,特别是当面对那些采用传统线性方法论无法很好解决的问题。然而,这些应用缺乏对某种公共因素的足够关注,即缺乏对观察行为进行建模的基础理论或者是模型通用性及其可能的应用范围的足够关注。由数据挖掘过程产生的仿真可能包含多个拓扑方面,而这些方面是模型构建的特定方式,因此其不能真实地反映所研究的真实世界的现象。但是,必须强调的是,大数据的新颖性不仅仅来自大量的观测结果,毕竟大多数统计方法都是给出近似解,但至少其理论是建立在无限数据点的假设之上的。大数据的新颖性主要源于这样的事实——它能够将不同类型的数据(从定性数据到定量数据)与不同的格式、颗粒度的数据有效地结合,甚至包括在正常情况下难以描述和测量的变量,所谓的"模糊变量"。我们认为这可与现实的多个层面匹配得非常好,而现实来自于充满涌现性现象的世界,这正是本书所揭示的赛博/人系统的基本特征。

计算机辅助技术对我们现实世界的描述在演进发展中,未来将涉及机器与现实世界的直接互动。当步入 CPS 的新境界时,通常将其定义为物理能力和计算能力集成的系统,并通过多种模态与人进行交互(Baheti 和 Gill,2011)。这个宽泛的定义似乎适合

我们生活的现代世界的各个方面,在此计算机已经成为我们日常生活不可或缺的一部分。然而,本章提及的 CPS 类型通常涉及广泛的异构和分布元素的组合,如传感器和机器人,也包括计算机和人。CPS 提供了一个新的竞技场,在此计算机可直接与人以及其他施动者进行交互,用以创建完全的集成系统,其中人员交互、社会动态和人工系统之间的界限将变得模糊。Tolk 等(2018)在其发表的论文中提议将仿人模拟(human simulation,对人的仿真)作为计算社会科学和人文科学的通用语言,在建模与仿真环境中描述上述的交互,并在其论文的摘要中强烈表明:

科学领域建立的良好的模型,已成为科学知识的传达、贡献和推动的载体。我们提出在社会科学、人文科学和计算机仿真之间建立一种潜在的演进式的联系,从而塑造所谓的"仿人模拟"。我们将探索仿人模拟的三个层面,即人的仿真、面向人的应用的仿真设计以及包括人以及其他施动者之间的仿真。

如果仿真中也需要将人员施动者集成到系统过程中,则其表示 CPS 中的类之一,这种仿真可能成为我们所处世界中必不可少的一部分,为我们提供对不同可能结果的评估机会,即使模型中变量、配置或组件存在某些细微变化。CPS 作为一个整体可进一步细分任务,并通过强大的计算能力来探索现实中的某些层面。在人的本体涌现性方面仿真还无法做到,CPS 则将这些问题交由人员施动者来应对,但当这些问题得以解决后,就能将人员施动者集成到系统中。

混合建模领域的最新进展提高了 CPS 的实用性(Tolk 等,2018 年,该领域文献的综述)。在系统运行期间,获取和处理信息的能力,使其更加具备自主性,例如美国 NASA 最新的火星自动着陆漫步车就是其中的案例之一。而且,CPS 的自主性也应是一种审慎的推理,人们担忧的问题可能涉及军用无人机造成的悲剧以及机器人霸主等,无论出于何种意图,这些担忧都是合理的。

与大数据一样,这类混合仿真问题涉及不同类型数据的集成模型。然而,正如 Tolk 等(2018a)所指出的,许多互操作性问题已得以解决。特别是,这些作者介绍并推广了混合流系统规范(HyFlow)的形式化方法,该规范描述了各种模块化的混合模型。HyFlow 为在多个范例中模型的描述表达提供了一种新方法。HyFlow 不再将模型当作异构的,而是提倡统一的视角,其中所有具体的模型均由基本 HyFlow 模型所实现。Tolk 等(2018a)指出,"由于 HyFlow 模型的协同仿真得到保证,通过形式化方法所表达的这类新模型,可实现一系列新模型之间的互操作性。HyFlow 还提供动态更改模型组合的能力。动态拓扑使其能够更轻松地表达自适应的 CPS——修改组件之间的交互,甚至动态更改组件的集合。"

因为模型具有相同的底层描述机理(有关这类连续流模型的形式化描述,参阅 Barros(2002 年)发表的相关论文),所以 HyFlow 的互操作性由构造所保证。此外,由于海量数据的出现确实助推着新一轮大数据浪潮,当前我们与计算机、互联网的互动不断增加,生成大量有关行为的信息,为研究人员提供比之前任何时候都要多的数据集合。大数据使我们能够非常精确地检测人们的互动关系及其偏好。总之,海量数据与正构建的方法相结合,将数据集成到整体的模型中,使我们可以重新为科学研究赋予新的概念。

　　传统社会科学的发展并未考虑这类实验的能力。在宏观经济学或社会学中,关于人的实验本来就不可能。相比之下,我们现在面临的现实问题是,像 Uber 这样的车辆共享服务公司一样,将计算机算法任务分散并使非中心化的驱动更有效率。正如 Gelfert(2016)指出的,模型不仅是我们所处世界的中性的抽象,而且是指导我们开展科学知识构思、传达、贡献和实现的路标。正如语言塑造了我们生活的世界一样,针对物理现实的认识,科学的模型既提出了约束又提供了情境化的表达。简言之,现有的 CPS 对于科学家是适用的,这有可能建立新的建模概念和创立新的理论。

　　本书中的研究工作紧密聚焦复杂自适应系统的范式,其中系统各部分和系统整体将以多种新方式予以适配。组件交互所产生的涌现现象是世界中物理、自然和社会系统的基本特征,计算能力的发展为复杂现象建模提供了新的途径。本章将传达这样的信息:CPS 让我们窥视到科学迄今尚未触及的领域。自 20 世纪后数十年来,关于复杂自适应系统的深刻理解以及计算机新增的功能极大地推动了科学范式的发展。而真正的本体涌现的现象,超出了当前的探索研究的领域,因为计算机仿真表达可计算的功能,而该功能仅能实现对于进入系统数据的转换。而今,在强大的计算机算法的转换能力支持下,CPS 能够将物理世界及其本体特征相结合。

13.2　赛博物理系统的涌现性

　　在复杂性研究中最重要的概念之一就是涌现性,我们通常使用涌现性来定义系统聚合大于组成各部分总和的特征,因此我们可将人的意识理解为不只是神经元的简单集合。如果我们接受涌现性概念,那就势必也会认同世界中同时存在着多重的现实。Pessa(2002)和 Tolk(2019)揭示了涌现性概念的奥秘,并将其划分为两类:认识涌现性和本体涌现性。认识涌现性是系统遵循概括性规则的情况,但由于概念化的原因,它无法简化到单一的描述层级。因此,如果一个系统遵循原理上可知的规则,那么它就可能具有认识论上的涌现性;不可预测性的出现是由于人们无法完全掌握这些法则。Pessa(2002)指出,涌现性只是相对于一个给定观察者的定义。这意味着,对某人来说,对于某些人看到的涌现性可能是部分系统交互的直观和直接的结果。Tolk(2019)强调了这一事实:这些系统的计算机仿真只能产生这种认识涌现性,因为任何计算机中可编写的事物都可转化为可知的和可复现的数学函数。最近,Mittal(2019)总结了 M&S 在涌现性研究中的适用性,重点研究由计算方式来创造合成的涌现性。

　　另外,Crutchfield(1994)定义了独立于外部观察者的内在涌现性。涌现性是真正的、全新的且不能仅通过组件及其交互来解释的特性。以生物生命为例,即使我们了解支配生命的各种物理和化学法则,但也不能说我们真正理解它,更不用说可以创造它了。继 Tolk(2019)之后,我们将这类真正的涌现性称为本体的,但这项工作的要点是建立本体涌现性,虽然本体涌现性超越了计算机仿真的能力,但它可能存在包含人在内的 CPS 范围之中。

正如 CPS 带来了人与人造系统的结合,这一新的研究领域提供了独特的机会,填补了物质世界和社会科学之间始终存在的鸿沟。为了应对这一挑战,虽然计算机科学家可能还不知道如何应用巨大的计算能力,但社会科学家可从所创造的更多实证经验的基础上获益。CPS 为我们提供了两者优势结合的可能性——真正整体现实愿景以及计算机科学家使用数据和模型支持的猜想愿景,为社会科学家提供了更全面的理论。当我们接受了充满涌现行为及其现象的现实时,我们必须开始重新考虑关于社会各类施动者及其多层次特征的理解。这不仅意味着一个人必须一天内戴多顶帽子,而且意味着一个人同时需要拥有许多事物。例如,如果我们饿了但正在节食,可能只能吃掉半个蛋糕。这一决定取决于我们所处的多个层级代理(Agency)的交互结果。因此,现实是多维度的,我们的模型需要找到合适的方法来捕捉到这些维度。

正是在这样的涌现性定义背景下,我们提出 CPS 的科学研究可作为更好地理解和控制本体涌现性的方式。CPS 揭开了智能、适应和自主系统的特点,在复杂环境中运行,通常与其他系统和人员进行协同。CPS 代表了研究涌现性的新的前沿方向,虽然是全新领域,但社会科学和计算机科学可帮助我们更好地把握未来的挑战和机遇。这些新的跨学科的前沿研究,针对全新的跨学科方法论面对的特殊需要,作者将研讨新的一种语言,在其中概念是可解释的。

现实具有多个层面,其中多数是线性的,少数是非线性的,因此是不可简化的。现实的某些层面既不是线性的也不具有涌现性,而其根本就是不可计算的(Wolfram 研讨不可计算性,1984)。另外,模型和计算机仿真通常完全是线性的或非线性的,正如 Tolk(2019)所述,只能产生认识涌现性。因此,在使用模型和计算机仿真时,研究者必须了解其模型的含义,包括线性和非线性层面。仿真的目标是必须捕获可计算的现实层面,无论是线性的还是涌现的,并最大限度地减少模型与现实的不兼容方面。当然,没有哪个模型是完美的。因此,它取决于研究人员对模型的局限性和适用性的直观和直接的表述。

许多科学领域的研究都吸纳了一些非线性的理念,正是 M&S 的不断发展的范式,开发出了新的方法论,从而支持我们捕获自然和社会世界的复杂性。我们致力于此项工作,研讨 M&S 范式的一些突出问题以及过度使用和过度解释计算机仿真结果的危害。我们还讨论了社会科学和复杂性研究的进展,为建模与仿真方法以及 CPS 混合交互提供了背景。我们希望提供这些相互覆盖的背景,能够帮助社会科学家和计算机科学家以及决策者,使其认识到即使 CPS 更具有自主性,也应考虑如何将其作为资产进行集成和随时使用。理解世界是一个跨学科的命题,本章体现这种方法,我们将借鉴社会科学、复杂性研究的概念和原则以及用于 CPS 的 M&S 领域,试图理解社会系统的涌现性以及如何来优化它们。

对于这项工作,我们需要以开阔的视野来审视什么是 CPS,而我们将许多现代人类组织制度当作 CPS。可以说,人们始终在经历如何建立日益复杂的社会结构的思考过程。赛博维度的应用是人类现实和文明发展史上的新层面。从复杂性研究中得出的理论导向将有助于提供这一背景,也将日益提升 CPS 信息处理的连通性和效能。当然,这段历史中有许多不合理规范、扼杀精英以及技术互锁的警示,从长远来看,这将会造成次优的社会结果。为了达到最佳的增长,人们必须吸取复杂性研究中反复出现的教训:总是需要探索和开拓;有时集成是恰当的,而有时需要隔离;有些地方需要约束,而有些地方需要放开。复杂性科学让我们更准确地认识这些:研究系统中能量和信息的自组织,包括生命、意识和语言。此外,社会科学已发展了一种针对复杂系统的思考方法,它解释了制度、组织和市场等社会结构的涌现和演变问题。这些研究工作为我们提供了一个视角,从而有助于将混合模型应用于各种领域中。同时,视角的优势在于创造了一种保留的和专属的人们判断的方式,因为日益自主的系统需要得到更明智的行动建议。

非线性的世界是广泛存在的,据其定义,几乎过于庞大,并与线性方法论形成了鲜明的对比,几个世纪以来的科学界努力将它们组合在一起,并成为评估模型和理论的简单原则。换句话说,线性范式涉及如 Occam 剃须刀充电的最简单模型,希望寻求一种能够支持清晰、易于理解的预测的理论。这种方法满足卡尔·波普尔的证伪主义的方法论。当表明一个模型可"嵌套"在另一个模型中时,关于世界的多种线性描述的争论通常会得以解决,追求简单性目标——最简单的解释成为最合适的解释。但在 M&S 世界中发生了什么呢? 在试图捕捉真实世界行为的复杂性时,目标不再是找到有关现象的最简单的描述,因为这种方法将错失需考虑的结构方面关键的涌现性。

非线性科学难以驾驭,因为其在于理解针对初始条件敏感的系统和行为,因此难以完全做到预测;认识涌现性——不能用简单的线性关系来描述;本体涌现性——具有超越我们当前模型和方法论的方面。支持现实理解的非线性方法仍在发展中,从本质上来看,没有固化的方法可用来比较彼此冲突的非线性描述,只是能对非线性模型和线性基准进行比较(Axtel 等,1996,特别显著的一个反例)。这个案例的寓意表明了世界的多个方面。线性方法论(如线性回归法)易于描述世界的某些方面,而其他的可通过多代理仿真(MAS)来捕获。但事实上,本体涌现性也许超出了纯计算机仿真的范围,CPS 支持我们进一步探索科学的前沿,也就是本体涌现性的建模以及实验的可能性。

在英国喜剧《银河系搭便车者指南》中,先进的外星文明创造了一台计算机,其可以计算宇宙和一切生命的终极问题,而答案是 42。当最初问及如此空洞的生命意义问题时,被如此简洁的回答弄糊涂了,虽然计算机给出了答案,而它们完全不能了解在问什么。但是,这台找到答案的计算机也设想了一个更大、更复杂的计算机,能够破解所有实际回答的问题。原来这台计算机其实就是地球——一个最完美的 CPS。

13.3 分布式代理:描述多层次结构和机构的语言

从进化生物学到传统社会科学(如经济学),其中还原论是公共的部分。在我们的研究中给出了线性和非线性的定义,线性的概念表示系统聚合完全等于其各部分之和,意味着组件的组织方式是非相关的。与之相反,对于非线性系统,系统聚合大于其各部分的总和,因为组件交互方式会产生相关的结构,在耦合中涌现出这些结构。因此,在系统和复杂性的非线性世界中,组件的交互性和适应性通常是不容忽视的核心要素。但由于需要通过数学来理解由无数交互带来的复杂性问题,而数学难以驾驭,这正是线性范式普适存在的原因。这种隐式和显式的涌现性将我们的世界分为多个层级,而每个层级都有自己的规则以及相应的颗粒度和单元。

当然,在某些方面传统经济学确实考虑了各个代理之间的交互,例如在博弈论的子研究领域中,考虑各方之间的策略决策。然而,这种战术互动往往只限于微观层面的研究,基本假设是不考虑聚合的、整体的。非线性范式已开始进入我们的视线,并在所谓的多代理系统(MAS)的研究中发展起来,其中代理(Agent)相互影响并产生涌现的聚合行为。即使向非线性世界延展,但也保留有许多与传统线性相同的特征,因此 Agent 继续还拥有线性的 DNA——通常具有外源性的(译者注,是指源于外部但能对系统本身产生作用的因素)、不可简化的并独立定义的特性。涌现性的理念反映了这样的事实——即交互中不同的和不可简化的(不可还原的)层级自然而然地存在于复杂系统中,如社会科学所研究的系统,因此,在研究中我们给出定义——代理是交互层级的组合。

正是基于这样的视角,我们认为人类是:部分独立的物种,拥有自由的意愿,由一系列的上层涌现结构所定义,通过"建议"而达成的协商的行为。这一概念直接源于复杂性——整体大于其部分之和,而这一概念也只能在多层级模型中描述。在使用这种建模语言时,我们进一步将代理定义为两种方式:第一,没有明显的原子层级的代理,对于所有施动者都代表着由相对独立子集组织而产生的涌现作用;第二,不能凭空创造代理,而应是由上一层级所生成的。因此,Agent 是定量的,而不是传统上定性的。系统中相关的 Agent 是中间层的或是整体的,也就是说,它们既受到上一层级的影响,具有自身的代理程度,同时它们又由相对独立的子组件决定,这些子组件必须"屈从于"那些可接受的行为。任何观察到的行动都将当作由多个不同的施动者相互作用的结果。我们将这种建模方法称为分布式代理(Distributed Agency,Suarez 和 Castanon – Puga,2013)。

例如,考虑由多个相对独立的组件构成的可解构的 Agent,而 Agent 的任务中就有一部分是向组件展现可选方案或"行动场域(field of action)"。较低层级的 Agent 本身受到所属更高层级的行动场域的约束,较低层级的 Agent 执行有限数量的行动,并且每个可能的行动都需要得到上层的回应。较低层级的 Agent 按照预期顺序来接受上层的回应,我们将此场域称为奖励函数。我们由此放弃传统社会科学和 MAS 中关于决策单元的惯常假设(Bankes,2002,关于 MAS 评述)。为了达到这个目的,我们通过解读行为的影响,重新定义决策单元,以至于不能清楚地界定个体是什么,谁是群体的成员、谁不是群体的成员,或者影响结束的区域在哪里;个体本身与其所处社会坐标之间的边界变得模糊了。多层级的模型可能捕捉到这个层级的代理,但通过单个层级的原子代理的视角,代理可能无法描述复杂人类现实中的所有方面。

这种代理的解构概念,使研究人员能够探索、设计和沟通社会-空间现实的各个层面,目前大多数如社会学等的研究才开始使用书面语言来描述。然而,经济和业务等学科依赖于适当和完全的理解,其中文化与其他聚合结构的交互方式产生了期望的社会和产业的涌现结果。对中观结构(meso structure)进行建模的可能性支持 CPS 应用一种语言,以混合、物理、互连和计算的方式对人的交互进行建模和运行,而这种方式直到最近才出现。本书描述了 CPS 的未来愿景,提出一旦当我们学会了正确应用计算能力时,我们能够重构我们的家庭、复杂组织体、国家以及新型的全球机制。

图 13.1 详细定义了分布式 Agent 的概念。在 x 轴的最右端,我们看到是肝脏,其代表一个模式化的对象,没有相关的子组件且也缺乏独立性。肝脏所具有的"目标性功能"可由更高层级的 Agent(即身体)进行完美的协调,除非它不能正常发挥功能。至于到了最高层级的 Agent(即身体),有效协调其子组件,就好像低层级组件并不存在。在这种情况下,低层级的组件并不享有任何的代理机制,就像部队中的士兵一样,他们受过严格的训练而总是服从命令。在 y 轴的最上端,我们会看到由那些不受约束的 A-gent 组成的群组,如传统经济学所认为的,那里根本不存在相互关照,只有自私自利的个体,为了自己而尽其所能。就像在传统经济学中,所谓的社会并不存在。与这种情况不同的是,我们认为模糊 Agent 通常受到更高层级的制约,例如,我们设想在行业领域内创立的公司,由投资者、管理者和员工群体所组成,而在定义自身时,也无法违背既定的社会规范和适用的法律。因此,更高层级则代表着共同协调、彼此理解、相互认同,共同遵循各种法律、宗教、信用机构或林林总总的人际关系准则。然而,环境本身并不属于高层级的代理,因为环境可能独立于其中所栖居的物种而存在。理想化的 Agent 出现在象限的右上角,因为它具有完全独立于环境的目标性功能。除了极端情况之外,所有其他类似的 Agent 实体,在给定的分布式代理(DA)语言中仅是有限的代理。

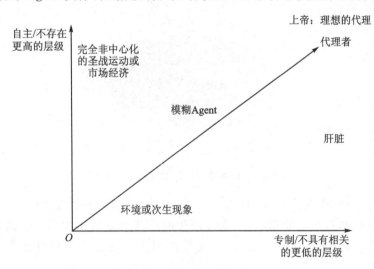

图 13.1　复杂世界中的模糊 Agent

在此语言中,我们从描述性基准开始,所有行为都是模糊代理的优化结果,而模糊代理相互交织并可在多个维度中定义。就此而言,当我们任意地拉近视线并针对某个传统意义上定义良好的代理(如人)进行分析时,因为人为的隔离或者不考虑其内在的冲突特征,我们可能会将其行为归于次优。为达到高层级的最优,高层级可能会强制低层成员的行为,从这个意义上说,这类似于神风敢死队的自杀行为。在层级化组合的世界中,有关最优性的所有定义都是相对的。相对性是系统层级特质的直接体现,其中每个代理绑定其组成的子代理,并受到所隶属的超级代理(高层代理)的约束。

在多层级涌现性的世界中,代理和对象之间并没有明确的区别,因为同一施动者可在某一层级被视为代理,而另一个层级中又被视为对象。因此,所认定的代理是定量的,而不是定性的。

传统上,我们从代理的明确定义开始,并试图理解其行动,确保在给定约束下达到目标最大化。在分布式代理的表达中,我们假设达到了最大化,然后描述受益的实体或相关的代理。因此,这个命题不是理论或假设,它是一种表达不同模型的方法论或语言。如图 13.2 所示,其中 4 表示所分析的社会现象的实际动态特征,而 3、2、1 则代表所提出的建模方法,与传统方法的顺序相反(Miller 和 Page 全面描述传统的方法,2007)。在此,1—此刻,我们对模型产出与现实进行比较——传统意义上的确认,当在现实中发现所设计的代理时,分布式代理模型得到了确认,如图 13.2 中所表示的。

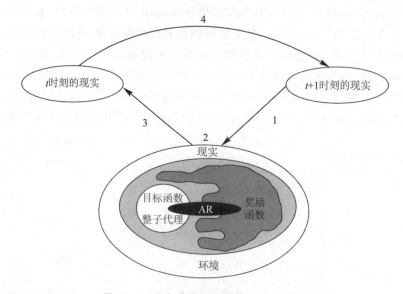

图 13.2 分布式代理的逆推归纳方法论

在图 13.2 中,代理再现(Agent Representation,AR)将不同层级的代理与相应的环境、奖励函数和目标功能相结合,由此产生的中间的或整体的 Agent 的表达形式,或整子代理(holon agent,既代表部分,也代表整体),按定义来描述现实(Schillo 和 Fischer,2002)。

上述命题意味着研究者观察行为,然后使用逆向归纳类描绘可能触发决策的效用,以及涌现的模式和结构。因此,这样的命题不是理论或假设,而是一种用以表达不同模型的语言,所提及架构的复杂性可能无法穷尽。尽管,在分布式代理架构中构建出了当前流行和跨学科的科学范式,利用一个广义模型反映现实代理的本质特征,从而接受彼此的相互联系,同时达到充分合适的仿真能力,以最低期望水平地表达现实。因此,模型推动了公共语言的发展,同时促进了新的跨学科理念的传播。当我们找到以准确和全面的计算来表达现实的方式时,就可实现 CPS 的建模端与物理端的通信,通过创建正反馈回路,从而使数值和系统分析的优化功能得到更加显著的应用。

CPS 已经掌控我们的现代生活,并且其多种多样的方式还在不断地增长中。很久以来,我们就使用数字时钟来报时、使用电视和收音机来获得信息、使用恒温箱来控制温度……此外,计算机已经主宰了我们的生活,直接影响到我们中的个体以及与网络中伙伴之间的互动方式;计算机算法可能很快就能告知我们今晚成功赴约的概率;当我们在预订时,计算机算法会接听电话;计算机将成为我们的主人,或将成为我们的治疗师。这已不是下个世纪的科幻场景,现在,计算机已在告知我们该穿什么戴什么或者去哪里购物,计算机算法还可能建议我们今天在 Facebook 上和谁交朋友。目前,现代的跨国公司正在使用计算机算法来优化定价策略。由于无处不在的赛博交互,总有一天我们也会将自己称为 CPS 的产物。

在 21 世纪,我们将利用计算机辅助的互动和网络技术,有望为我们的社会提供寻找自我改变的方式,这不仅会影响我们个体的经历,而且会影响社会化组织的体验方式。例如,在诸如 Facebook 等计算机平台出现之前,阿拉伯之春这样的事件绝不会发生。CPS 领域正处于发展阶段,它可以很好地回应社会问题,而不只是某个个体的考虑。由于气候变化和核扩散等全球性问题的存在,亟需以新的方式来组织我们的世界。掌握我们生活的各类社会构造已是长期存在,因而造成次优的结构必须不断完善,而 CPS 可支持我们获得现代的能力。我们需要更好的和超乎想象的组织结构,目前还是所谓的"黑天鹅"(Taleb,2007),未来可能就在 CPS 所及之处,通过模型与我们的全球化现实迭代互动。

分布式代理是一种语言,可帮助我们提供实体以及代理和交互等方面的参考,并且计算机可捕获到这些参考,而研究人员则可能无法获得。同样,神经网络可记录变量之间交互的非线性方面(Aminian 等,2006),而线性回归方法却无法做到。然而,关于对神经网络的进一步理解,对于人类而言可能无法做到;当然不是以我们理解线性回归系数的那样的方式,在所建的模型中描述自变量和因变量之间正或负的关系。人类可能无法理解或预测代理拓扑图和复杂 CPS 的交互,因为它们有"太多的涌现性",而我们的肉眼根本无法看到。CPS 不仅能以任一精准程度来表达现实的某些方面,而且能够在提出的模型中实现并从实现的结果中学习。如果这些一般性的交互可以如实地编码,那么 CPS 的计算能力就可开始用于表达愿景和假设,而这在以前根本无法做到。因此,CPS 有望揭示社会现象,现在称为"诡异的涌现",可能是强大的或微弱的。

为了能够最有效地应用和运行 CPS,从而建立更具强韧性、更少浪费和更安全的社会,我们必须重新思考 CPS 的能力,由此再设计我们所营造的世界。我们不应只让 CPS 提升我们的生活品质,更应该使其能有效地组织我们,因为 CPS 同样可引导我们探索更加公平的自组织方式。任何价值判定都可赋予 CPS 尝试达成任务的机会中。因此,就是当下,我们应重新考虑 CPS 改变生活方式的能力。

13.4 社会适应性:对于人类适应并操控环境的自然延伸

宇宙中任何事物都不是终极的本体涌现吗?宇宙中是否充满了可计算的特征,如果我们知道了,那么我们就能预测吗?我们的人类世界是否只是一个计算机仿真,就如《银河系搭便车者指南》中描述的那样呢?而将我们的世界想象为计算机仿真,是那些受人敬重的研究人员所采取的视角,如 Nick Bostrom 所表明的,更可能的情况是我们并非生活在仿真中,正如 1999 年科幻电影《矩阵》所描绘的那样。为什么人类制造的任何东西都被认为是"人造"的,其与自然事物完全不同吗?流行歌曲反映认识涌现或本体涌现吗?计算机能创作出一首进入排行榜前 50 的歌曲吗?这是否证实了所有的艺术都不是本体涌现呢?

我们人类认为自己是本体涌现的终极标准携带者,存在一种由现有系统无法解释的自由意志。就像那些放眼世界并试图"解决问题"的企业家们一样,寻求创造出以前从未有的解决方案(或艺术作品等)。作为社会构建者,我们试图创造具有自身代理的社会结构,并能改变我们周围的世界,包括社会结构自身的创造者所拥有的。莎士比亚、列宁、贝多芬、大卫·鲍伊或史蒂夫·乔布斯带给世界的新奇事物是否也不完全都是本体涌现呢?换句话说,如果你以某种方式可以仿真我们的世界,将所有必要的变量和人类思想提供给那奇妙的巨大仿真,你一定会发现爱因斯坦的广义相对论吗?爱因斯坦是创造了这个理论还只是简单地发现了它呢?

这类问题属于哲学讨论并超出了本研究范畴,但我们发现有必要强调这一点,我们认为的涌现、认识涌现和本体涌现,取决于观察者并可能会随着时间的推移而变化,特别是随着我们对复杂自适应系统的进一步理解而变化。另外,人类文明在许多方面专注于并建立于日益的复杂性之上。换句话说,我们人类依靠创造涌现机制来更好地开发环境。看起来,社会结构的发展比达尔文进化论的预测还要快,在达尔文进化论中,简单的"适者生存"概念化也不足以描述人类的组织方式,也不足以支持由社会创造物来组织自身的方式。代理在更高的层次出现,如已婚夫妇是否决定离婚,国家之间是否选择战争等问题。所谓的鲍德温效应[①],是指系统能够自组织并适应复杂环境的自然法则的良好表现。Daniel Dennett(2003)用以下方式总结了该效应:

根据鲍德温效应,物种通过对周边可能空间的表现型(个体)的探索,预先测定不同特定设计的作用。如果由此发现一个特别胜选的配置方案,将创造一种新的选择压力

[①] 由 James Mark Baldwin 于 1896 年发表的《一个进化新因素》论文中提出一种可能的进化过程理论,如某一物种受到新的捕食者威胁,若有一种行为能令捕食者很难捕杀它们,那么这个物种中的个体就会很快意识到这种方法是有利的。随着时间的推移,越来越多的个体将学会这种行为。(译者注)

(进化压力)——在自适应环境中更接近这一发现的生物将比那些较远的更具优势。

我们研究的关键在于,CPS 和 M&S 可帮助我们加快这一结构探索的过程,从而创建更好的社会结构。在进化论和社会变革史的一般理论背景中,开展 CPS 研究将是一个很好的起点,这样可以帮助我们将混合建模作为信息处理的长期演变的一个部分,是人类和社会进化所固有的特征。此外,也可帮助我们理解在缺乏足够反馈和信息的情况下,那些缺乏远见的模型将给我们带来危机。复杂性研究的框架将帮助我们建立这种概念,其中研究系统在"混沌的边缘"如何"生存"和"进化",这是有序和无序间的"临界点"。在很多方面,系统既表现出强韧性,又表现出代理性(一方面对环境作出反应,另一方面又保留其形式和信息),就像生活一样。

13.5　复杂性与社会性:CPS 与社会科学的适配点

如前几节所述,Andreas Tolk 在其出版的有关仿真的书籍(2019)中指出,计算机模型不能产生"本体涌现性",也就是说,计算机只能转换访问到的数据,不能创造全新的信息。但是,它们可以产生"认识涌现性",即创造新的规则来交换和排列所获得的信息。TolK 的观点反映了这样一个事实,即计算机仿真能力模拟生命形态的限制因素不在于计算能力,而摩尔定律意味着任何系统的负载能力几乎可能是无限的。相反,梅特卡夫定律①指出,了解新信息的能力受到现有信息的限制。事实上,我们可将社会学描述为:针对涌现现象试图进行社会的建模,许多社会学家将其描述为本体涌现性。

尤其是象征性互动理论的社会学家极大地认同这一观念:文化和社会的涌现性是由于人们之间务实协同的结果,其中每个人都有自己独特的观点。梅特卡夫定律同样适用于人类彼此理解的局限性,也适用于 CPS。实际上,人类确实这样做了。在互动过程中不断协商各种情况的含义(Mead,1938;Blumer,1969;Goffman,1974)以及此类社会构造现象的运行,如"政党""阶级""发展"等,以强化其定义(Berger 和 Luckmann,1966)。此外,由于情况不断变化,协商过程持续进行,文化及其机制也在不断演进(例如,Goffman,1981;Fligstein 和 McAdam,2012)。随着新情况的出现,重新界定情况和识别机会也随之而来,使之更加适配、强大或自由,以协商任何的代理。文化具有共享的意义,包括现实的公共理解。没有哪个文化能够完美地反映现实,但它足以为我们提供一个公共的方向,由此更大的群体代理分布在我们中间。当我们发现理解现实的更好方法时,我们的文化也在改变。

我们各自的现实模型也会发生同样的事情。作为个体的认知代理,我们理解世界的能力也受到了限制,但当我们浑浑噩噩时确实如此。在观察行动结果的过程中,我们

---

① 梅特卡夫定律(Metcalfe's law)是关于网络价值和网络技术发展的定律,由乔治·吉尔德于 1993 年提出,以计算机网络先驱、3Com 公司的创始人罗伯特·梅特卡夫命名,以表彰其在以太网上的贡献。该定律的内容是:一个网络的价值等于该网络内节点数的平方,而且该网络的价值与联网的用户数的平方成正比。一个网络的用户数目越多,那么整个网络和该网络内的每台计算机的价值也就越大。(译者注)

开发的世界模型类似于我们彼此商定的有关情况的定义。审视我们文化的变化就像审视我们个人的思考。在每种情况下,我们都将关注正在处理的信息,文化为我们提供了用以理解以及如何投入其中的世界模型。同样,我们的思考也给自己提供了世界、情景以及如何在其中行事的模型。Friston 等(2010、2006)和 Pezzulo 等(2018)将其描述为主动推断,是贝叶斯大脑的特征,旨在减少不确定性,尽量减少意外和自由能的耗损。在这个概念中,我们使用认知来创造世界模型,从而减少我们在行动中遇到的意外,并且使用行动结果进而来修正我们的模型。这听起来就像 CPS 中的混合建模,实际上也应是这样的。CPS 的计算端捕获到现实,通过模型将其转换,并在物理领域提出所实现的行动,创建潜在的强大反馈回路,而这只有系统化的方法才能做到。

对于研究社会学的心理学家来说,这听起来就像"模型"的相互作用,模型是我们依据社会交互的"现实"而开发的等同物。与 Friston 的认知模式非常一致,象征性互动理论长期以来一直将同一性概念化为"镜中之我"(Cooley,1902),通过观察他人对我们的反应来了解我们自身的社会认同感。同样,与现实的完美匹配是无法实现的,但我们务实地这样做。虽然我们永远无法确切地知道别人对我们的想法,但我们可以根据其对我们行动的反应来估计它,并细化我们的估计,再次行动并观察反应等。我们基于认知建模,在现实中测试模型,并再次细化模型,又在我们自己的认知中"回到起点"。从这个意义上说,虽然 CPS 永远无法知道它们不知道什么,以及它们的计算现实和我们自己的现实有什么不同,但它们可得出一个永远在逼近的近似值。随着 CPS 技术的推进,它们所创建的反馈回路将更加精准地代表着我们的世界。CPS 的视角可以越来越接近我们自己的视角,即使特定的 CPS 框架可能无法以我们完全相同的方式产生本体涌现性,但可能会足够接近我们的现实生活。如果我们根据 CPS 提供的解决方案来仿真我们的日常互动,那么它们越是统管我们的生活,就越有可能了解我们的生活。

我们的其他发明也是一样,我们开发了物理上分离的信息处理系统,如机制、组织、国家、公司、宗教,甚至学科和科学领域,我们"发明"是在处理各种不同的信息。遵循 Parsons(1951)和 Luhmann(1982)系统理论的传承,社会学家应该非常熟悉社会制度的涌现性,这些特征从构成的代理中无法预测。Emile Durkheim 是社会涌现性观点的早期创始人之一(Sawyer,2002)。涌现性是交互代理组群产生相对稳定特征的方式,该特征描述了组群的特点(Holland,1998)。Durkheim(1915)认为,这种特征可在宗教仪式中共同地表达和建模。一般而言,应用 Durkheim 框架的社会学家(例如,Vandenberghe,2007)认为,社区或大型社团等集体具有涌现性,表现形式是通过反馈来约束集体中存在的个体。因此,社会结构和文化被认为与我们的存在相分离,以其特有的方式在变化和演进,尽管根据相同的信息处理原则来行事。在此我们将进行论述。

其中一个原则是信息压缩用以提高速度和效能。关于世界及其代理之间关系的建模是认知。当代理作为一个组织或社会时,可认为它是集体的、分布式的认知(Tollefsen,2006;Theiner 和 Sutton,2014)。Lenartowicz 等(2016)提供了在组织层级认知的经验证据。在分析 NASA 通信时,他们表明一个组织如何经历所谓的个体化的过程,这是 Simondon(1992)个体模型的重要标志,其中不是硬性固定的给定特征,而是适应性的特征,并始终处于进化之中。Lenartowicz 等的分析表明,在这一进程中一个组织如何成为一种具有独特自主认知的代理,并是自反思的。如果不能感觉到一个组织的思考,就很难看懂他们的叙述。

这个过程当然与 Friston 认知模型一致,但它不是由分布式神经元组成的大脑,而是一个分布式大脑的组织。作为一个分布式信息处理系统,道理都是一样的。它对环境进行建模,根据该模型采取行动,观察其运行的结果并相应地优化其模型。但是,认知与组织行动的相似性不应使我们感到惊讶。有次序的自组织似乎是我们宇宙中的一个常态。宇宙学家 Eric Chaisson(2011)展示了宇宙中如何稳定增长地获得自由能。自由能是支持运行的能量,这与 Bateson 经典的信息定义非常相似,即"造成真正差异的差异(difference that makes a difference)"(1972,第453页)。事实上,许多从事复杂性研究的人认为,复杂系统的演进是将信息处理作为日趋强大的形式。CPS 中的 Hy-Flow 模型贡献于这一过程:为我们提供越来越精准和关联的信息,从而支持任意大量数据类型的合成。因此,可在"信息演变的世界"(Gershenson,2012)的最完全的背景环境下理解 CPS,在此我们以涌现的方式获得自由能和信息增加的机会。

由于人类具有与赛博不同的信息处理系统,我们对于信息的处理是通过信息的感知和排序而发展起来的,由此理解现实的某些方面,而 CPS 做不到。许多研究者指出,虽然在计算方面计算机比人类强大,但我们人类可能更擅长于合成,掌握某些信息涌现性,部分的原因是由于专业技能源于对知识的整体掌握(如 Dreyfus,1992)。Kahneman 和 Egan(2011)反映了快认知和慢认知的过程。有一种满足感,在掌握技能的过程中涉及挑战和技能之间的平衡(Csikszentmihalyi,1990、2000)。这是我们有序处理信息的美学观念的一部分,也是文化自身的基础(1993、2002、2012)。

13.6　CPS 结构:应用到人类方面

我们相信 CPS 将是改变我们所处世界存在的方式之一,能够帮助我们建立更好的社会结构。不久的将来,CPS 研究人员和其中的计算机将掌握关于现实方面的知识,而且也将学会那些需人类来开发的本体涌现性知识——位于 CPS 的物理端。结合13.3 节中描述的分布式代理的理念,其声称 CPS 将支持我们创建各层级的代理,并有助于将各部分更好地组织起来。

社会结构随时间的推移而演变。小生境用以帮助处理信息,并尽可能减少不同轨迹相交代理的摩擦。从他们获得的支持中得到位置点,并使其平滑交叉。随着分层,系统变得更加的关联,并且成为高效处理信息的手段。CPS 中的赛博世界和物理世界之间的迭代交互,支持这些结构所在的多维空间中的更深的探索。图13.3 正说明了这一点,对于学校,特别是一些制度化的职位,如辅导员等,再如美国未来农民俱乐部(FFA),可能都会逐渐消失,而可能会出现机器人的俱乐部。

然而,变化并不总是最好的。引领者和精英们可能探索出优于其他的代理,而损害

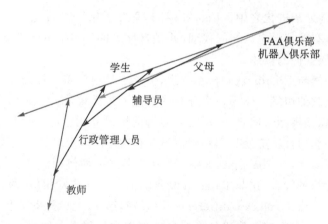

图 13.3　代理利用其独特的信息，以互利的方式定位自己
学校的制度化模式的演进发展，如辅导员，随着时间的变化，获得或失去支持

系统。这样其他代理可能会受到约束，而无法利用信息和自主使系统受益。图 13.3 也说明了这一点，行政管理人员对辅导员施加过多的约束（尽管常常可能对教师就是这样），从而使辅导员过于拘泥于行政管理人员要求的事项和"信息向量"。这意味着如果家长和学校之间产生分歧，辅导员将不能提供多少帮助，本来应是利用他们丰富的经验来化解孩子们对学校管理的非议。正是由于此，利用 CPS 可提出之前尚未尝试的组织方案，记录所产生的结果并通过迭代逐步改善那些社会性的结果。

在图 13.3 中，我们看到了学生和教师之间初始的、未经调整的互动，以及人员之间通过自然而然的、重复的互动所产生的微妙的社会惯例、规范和代理。最初，这些人员之间的相互作用和激励因素并不一致（在图中以几何角度表示），但由于他们的互动所创造的系统最终产生新的结构，使互动变得平滑并提出日益更好的方式来达成所期望的相互认同的结果。

这些问题会减少系统的代理，因为在学校中，家长和学生越来越缺乏与教师和管理人员沟通的热情，这就导致学生、教师和辅导员未能参与到学校的更好运行之中；或者，学校只是回应家长和辅导员反映的问题。合理调整的 CPS 不仅可获得拟采取策略的副效应的微妙现实，而且可相应地融入组织重构（如学校系统）的所有最终反响中。

但是，聆听意味着放慢速度，这就需要对整个系统做出承诺，以及对察觉到的事情拥有谦虚的态度。全系统的视图优先于某个人的视图，意味着控制代理必须照顾一些非强势人群，并认真考虑他们的观点。McQuillan 和 Kershner（2018）最近的教育研究是使用复杂性理论来解释他们的数据，他们表明非中央式管理对纯正校园文化涌现性的重要性，而这种文化使学校更具适应性。另外，过度的中央化管理会使学校对多种情况和各种关注点反应迟缓，如图 13.4 所示。

非中央化的机制会促成自由和开放讨论，此时越是非正式化和公开化就越有益。在此，我们将被迫放缓我们的"信息向量"，并增加谦逊和开放的心态。放缓速度将会增加交互的时间，与太空中运行的物体一样，如果太空穿梭的小行星的速度慢下来，就更

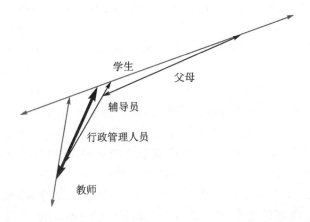

图 13.4　过度主导的代理可通过限制其他代理的自由度而带来系统的次优化

过度强调主导的行政管理人员会制约辅导员的自主性,因此他们会失去与家长共享信息的机会,这样由他们的帮助所带来的效益也会降低

有可能成为轨道系统。慢下来聆听别人在讲什么,这会增加发现共享信息的可能性,从而增加找到新信息的机会。

自由和开放的讨论对一个健康发展的社会至关重要(Habermas,1998),但沉溺其中将产生压制和懒散情绪。只有当我们相信正朝着正确的方向前进时,我们的前行才是笃定、快捷、高效和舒心的。

效率降低是不可避免的,特别是我们周边的环境总是在变化。在所处空间和时间中收集更加多样的信息,对于任何健康系统都是如此,信息处理变慢则预测性变低,这是任何良好系统的一部分。

设计师和工程师需要聆听并观察处于次优化状态系统的迹象,表明较低层次的代理重视那些设计中未曾考虑的事物。设计师 Tom Hulme(2016)展示了如何经由“期望之路”(由人或动物非刻意的行径踩踏出的小路)而达成有效的设计。事实上,许多穿越乡村的道路最初都是这样的羊肠小道。社会学家 Laura Nichols(2014)提出了“社会期望路径”的概念,意指那些非刻意的行为模式,既表明缺乏正式的安排,也表明创造该模式的人的价值观。Nichols 描述了社会期望路径的一个案例,如无家可归者在寒冷的夜晚乘坐公共汽车取暖,并回避待在那些给其带来过度约束或危险的避难所。

CPS 有助于探寻构成社会欲望路径的模式,通过研究这些模式,了解如何改进一系列的制度或社会结构。

为了探寻社会期望路径,CPS 将跟随我们,不断收集我们留下的数据,设计某些模式并向我们报告所发现的模式,也许还会给我们提出下一步的建议,如为我们提出购买产品的建议,我们将经历一次省时和省力的购物过程。但是,当针对一些更加严肃或更加复杂的事情提出建议时,如选择投票或约会对象,CPS 可能会把我们推进同质的搜索"过滤气泡"①之中,只是局部优化了我们所处环境中的信息。倾向于与类似人群的互动是社会学的一个重要发现(McPherson 等,2001),而这种同质性将我们彼此隔离,也是有害的。例如,它会引导我们使用社交媒体来甄选信息,这当然也会使我们陷入困惑。

然而,捷径的诱惑是物理学的一个事实,更不用说轻松的感觉了。关于涌现性的一种思考方式是信息存储或表达的转换环节,从而增强信息在时间和空间中的"确定性"。例如,发表论文是保存信息的一种方式,所发表的论文可认为具有更加可靠和有效的确定性。经多轮同行评审的流程是分布式信息处理的案例,这种出版领域的同行评议也发生在口头文化中,至理名言和谚语经历时间的考验,因运用而发扬光大,就像学术引用一样。"别把孩子随着洗澡水一起倒掉"——这是哲学真理的精辟概括。例如,当黑人妇女被排斥在正规教育之外,并不具备相关知识的验证时,她们并没有因尝试了解世界而感到羞涩(Hill Collins,2002)。与我们中的每一个人一样,在互动过程中她们向外人表露自己关于世界的见解,并与他人协同并成为持久的形式,这和男人们一样。我们不知道这是谁写的台词,"哦,老绵羊,他们知道路呀。而年轻的羔羊必须找到路",但这并不重要。通过人们分布式处理信息的方法,找到了我们想要的,同行评审表明论文包含着可靠的信息。

我们需要它,因为在决定开辟什么道路,或者选举哪些政客时,我们还都是年轻的羔羊。在此,我们需要放缓速度,因为处理更多样化的信息是至关重要的。这就是为什么我们在某些轻松事情上甘愿冒着风险,让 CPS 替我们从事一些无足轻重的工作的原因。Walter Benjamin(2008)担忧由于消遣和娱乐系统变得如此高效,会根据人们的喜好提供丰富的变化,因此人们将对社会治理失去兴趣,而民众的参与也会下降。这就会带来简单化思维、缺乏公众关注和肤浅平民主义(民粹主义)的倾向,将会带来不胜任的领导力以及滥用权力的可能性。具有讽刺意味的是,这类人工智能解决方案的优势可能在于能够最有效地激发人们的兴趣,帮助我们在空间和时间中保持放缓的步伐,谦逊地考虑我们不知道的事情,甚至重新考虑我们认为错误的事情。

我们需要放缓速度的时刻是拐点;向量相交的角度表示能量损失,也表示在此我们应该寻找某些捷径。就像自动驾驶车辆,在接近十字路口时它可能会轻柔地唤醒我们,在某些时间点上人工智能将邀请我们回到决策流程,特别是在那些模糊逻辑方法最有用的时候(Suarez 等,2008)。复杂的十字路口意味着结果的不可预知性,并且必须从更多的可能性中进行推导,这种方法是恰当的。梅特卡夫定律此时意味着,对于处理那些不太熟悉信息的代理而言,必须少做假设,或者降低信息向量的速度,从而减少所担心的冲撞。拥有多个可用的类别将会减缓其速度,根据艾什比"必要多样性原则",类别越多,就越有可能对新信息分类和处理。同样的原则适合任何系统的外围运作,包括我

---

① "过滤气泡"(filter bubble)一词最早由社会活动家兼作家伊莱·帕里泽在 2010 年提出,认为新一代互联网浏览器根据所记录的访问痕迹而建立一种不断完善的预测机制,推测网络使用者的偏好。当用户使用浏览器进行搜索、查询时,服务器后台将推送与用户背景相关性最大的信息,此时获取到的信息只是搜索引擎想让用户得到的结果。(译者注)

们每一个人。我们都收容了各种微生物群落,没有这些群落,我们将无法以病毒和细菌的存在形式来处理新的信息,其中一些是不友好的,越有最多样化的微生物群,就越有可能遇到敌对者,而这时人自身的免疫系统也就越强大。

AI 可能会针对我们策略性地增加信息的多样化,而不是缩小范围并让我们轻松使用,它将利用新的信息挑战我们,使这一过程充满愉悦并处于流动状态。例如,AI 能帮助我们与它自身构造的现象进行对抗,即搜索算法创建过滤气泡,把我们引向志同道合论坛的政治话题,然后越来越深地陷入话题的"理想"版本中,最终可能分化为极端主义者(Sunstein,2018)。为了应对这一点,人们可能以毒攻毒,尽管事情更加复杂。AI 引导我们进入互动环节,在互动中,差异得以肯定和接纳,并建立了新的联系。麻省理工学院媒体实验室制作的"FlipFeed"的简单应用,可提供其他人推特回文的视图,而更细致的方式当属 Woebot 应用程序,它回应人们询问的个人问题,就像辅导员一样,基于那些设计该系统顾问的专业知识。在这里,CPS 帮助我们回答人们最急迫的问题:如何应对生活压力?

在集体层面上,CPS 同样可以帮助我们回答的就是紧迫和基本的问题:什么时候我们可以排除那些不愿共享信息的人?什么时候允许我们进入自行隔离?由于这样做常常需要营造一种包容的氛围,所以只有当我们允许其他人也这样做时,才能更好地陈述问题。AI 能够帮助我们达到这一目的,我们也可能会被诱导,尤其是对那些常常感到不安的人,试想那些同质的"安全空间"中的互动如何有一席之地的。我们可能会懂得这样一个道理:少数群体是如何被主导群组的固化模式和假设所禁锢的。对于"类型化""对象化""符号化"而言,占主导地位的本体方法(Connell 和 Messerschmidt,2005;McIntosh,2012)是强制地并苛刻地约束那些信息的自由交换。即使是政治正确性和文化挪用(文化盗用)的问题,通常也会让我们大多数人感到费解,这些都可使用正确的 AI 工具加以澄清。例如一个简单的案例,某个网站会计算出你的特权,并给出你所亏欠的债单,然后允许你让他人计算他们自己的特权,从而减少你的亏欠(如 checkmyprivilege.com)。而且,如果将此类工具集成到现实生活中,使用混合模型的运行仿真来预测实时结果,可实时提出建议,那么就可想象出它们能发挥更大的作用。想象一下,一位校长利用学校的模型来审视某一类俱乐部将会健康地发展,而另一类则将是灾难。

最后,我们希望系统可帮助我们窥见到人们在做的或者可能想要做的事情的捷径,或者引导他们走更长的路而不是开车,或者吃沙拉而不是汉堡和薯条。系统收集我们不能再含糊的信息,从一套先前僵化的、官僚式的管理策略中,延伸出信息方向,移动速度很快且坚定而很难停下来,如下所述。

通过边缘的模糊化,使分布式代理最大化。通过较小的代理在前期的接触,信息的不同冲突领域得到处理并连接到更大的信息领域。首先,先期的接触位于冲突代理的方向,它吸收矛盾的信息并减缓其速度,就像一个人抓住强力抛出的球,或者非常沉重或小巧玲珑的物品一样。在其中任何一种情况下,都有许多信息动量,必须同化到自己的系统中。脆弱的系统吸收矛盾信息的能力也较低。可以说,能够将信息转移到另一代理向量而吸收不同信息的系统,则比其他系统更具适应性。就像要抓住抛出的鸡蛋一样,必须沿着它的方向。实际上,当与不同的脆弱代理接触时,人们必须关注它们而不能让它们慢下来。这甚至类似于耶稣的倡导——我们应该爱我们的敌人。图 13.5 和图 13.6 表明了这一点。

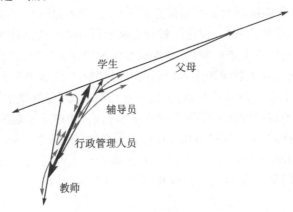

图 13.5　次优化的代理可使用更小、更灵活的代理所提供的信息来减少冲突
非正式的关系和跨领域的多种互动,例如与朋友和家人的互动,促进了系统的信息处理

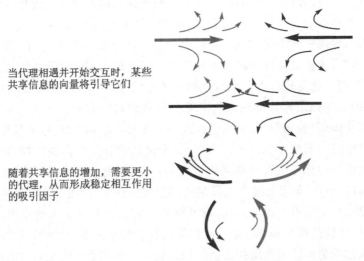

图 13.6　不同信息的同化,需要分散的较小的代理来获得自由度和范围

图 13.6 说明了两个相对自适应的系统,因为它们与相对独立的外围子系统关联,可用以帮助它们集成彼此的信息。

图 13.7 显示了此类外围子系统在试图与更脆弱、适应性较差的系统接入时,需要更大的必要性。

以上是为了说明艾什比的必要多样性原则(1958)和 Bar Yam 的多尺度多样性理论(2004)所固有的基本真相。

图 13.8 说明了当子系统更加互补时,系统如何变得更加优化以处理环境中的信息。

由于没有子系统来调节同化，许多信息和能量会丢失

随着子系统的增多，轻量的代理能够同化更多的信息，损失更少的能量且改变更少

子系统允许代理共享更多信息并开发互补性

更复杂的子系统集合，允许代理同化更多的信息，改变更少，能量损失更少

图 13.7　子系统范围越大，系统集成其他系统信息的能力就越强大

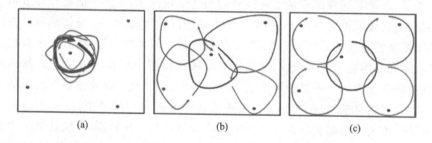

(a) (b) (c)

(a)描述导致系统次优化的过度主导代理；(b)和(c)显示了越来越优化的系统，处理更远的数据点，具有更大的一致性、更少的冗余性并且针对分布代理而浪费更少能量

图 13.8　从次优化到分布式代理

CPS 对于我们来说可是软手，同样也可是更高层级的代理，但与之交互的系统的脆弱性不可低估。例如，政治学家清楚地知道选民在选择投票时和可能要投票时，会有所不同。再例如，由于天气恶劣，民主党的支持者更可能留在家里。如果 CPS 忽略这些现象，就不利于选民适当的抽样。我们看到，当潜在的选民在看到选举投票结束前就已经决定了选举结果后，仍依然待在家里。谨慎是勇气重要的部分，的确，社会科学和复杂性的视角应鼓励我们遵循欧盟法律中采用的预防办法以及《京都议定书》中各国对待环境的做法。正如在 Wingspread 会议(1998)中总结的，《预防原则》可适用于 CPS，如下(括号内表明所提出的修改)："当'CPS'的活动对人类健康、'现有文化和制度'或环境造成危害时，即使某些因果关系不能充分得到科学上的证实，也应当采取预防措施"。我们知道，任何系统去理解另一个不同系统的能力都是有限的，因此，我们应该谨慎行事。

所有这些都意味着 CPS 需要连接到可能的"最模糊"的系统。当然，那些包括人类，当然也包括更小、更敏感的生物，如煤矿中的金丝雀[1]，用于收集迥然不同和系统难

---

① 矿井饲养金丝雀的历史大约起始于 1911 年。金丝雀极易受有毒气体的侵害。一旦金丝雀出事，矿工就会迅速意识到矿井中的有毒气体浓度过高，他们已经陷入危险之中，从而及时撤离。(译者注)

以交流的信息。但是,就像从现场特工那里收集对手的情报一样,他们需要最大的灵活性和独立性,才能在不同系统中维持他们的关系,我们就是捉住 CPS 脆弱一·面的软手。

我们应该记住这样的事实,我们越来越能更好地理解各种系统、了解彼此关系、认识自身的错误以及所取得的进展(Pinker,2011)。顺理成章的事情本质上成就了我们,我们将始终努力创造更好的次序,CPS 可以帮助我们,甚至可能帮助我们看到做错什么以及尽我们所能去做正确的事。

13.7   结   论

许多科学理论和学科都基于线性化的思想,这基本代表着我们理解的原子构成,无论我们将分析聚焦在哪个层次,都将其视为完全独立、封闭或孤立的实体。与此形成鲜明对比的是,新的非线性范式基于各部分的相互依赖概念,因此不能将整体分析为独立原子的集合;在还原论的分析中,忽视了那个结构或设计元素——整体涌现性方面。

关于复杂性范式的研究直到 20 世纪的最后数十年才得以迸发,其中主要的原因是我们的技术和数学能力还太粗浅,无法应对非线性模型中交互动力学所需处理的大量计算,之前的数学方法还不可能解决这一问题。因此,社会学研究偏离了传统的经济理论,前者意在描述复杂的现实,而后者则选择线性方法来对待模型,即使创造出了十分简单的代理,也无法跟踪实际错综复杂的社会现象。进入计算机时代,计算能力的发展重新定义了研究人员观察世界的方式。虽然,线性范式是建立在这样的假设基础上的——模型的核心是使用独立的原子或代理,但非线性的世界观基于根本的依赖性观念。在这样一个世界中,经典的统计理论中事件独立性的假设不再成立,对于描述复杂现象的一种整体方法是必要的。近年来,随着计算能力呈指数级增长,探索更合理地描述现实的可能性成为焦点。计算机仿真成为社会科学中全新的和令人兴奋的研究分支的关键关节,它将主宰未来新千年的发展前景。

此领域的大部分开发都以多 Agent 系统为中心,其中 Agent 被显式地建模为独立的计算机程序,并且它们彼此交互,从而产生时而令人惊叹的聚合行为。这些方法声称:关于高层级涌现现象的理解,可以直接反映为低层级 Agent 的交互。虽然该方法在生物和社会制度的理解方面取得了重大进展,但我们必须认识到,这种方法可能也会遭遇到那些声称将要取代范式具有的相同问题。对现实世界现象的理解,如经济或股市崩盘,意味着所考虑的 Agent 不是像传统多代理系统中那么明确的定义的,尤其是当我们接受了世界是自然的认识涌现这一事实时,因此,对现实的任何描述都无法仿真存在的所有多个层级。世界的任何表达都必须关注其中的一个或若干方面,而不是整体。关于世界各个方面的模型不仅很快将变得难以招架,而且研究工作将变成模型本身的完全抽象而不是现实的完全抽象(Axtell 等,1996)。

最重要的是,本章阐明了这样一个观点:本体涌超出了计算机仿真的能力。这里,CPS 创造了科学探索的一个全新领域,通过真正的本体上涌现的物理和人员的元素来探索系统的本体涌现性。正是这样，我们才能设想出一个像 Uber 的公司，依靠计算机算法更好地管理他们的驾乘人员。但这仅仅是个开始，因为我们可以想象，更多的社会实验将会运用到不断增长的 CPS 和 M&S 能力。这样，我们可以设想像美国这样国家民主体制的重组。CPS 可提出选举组织、重新勾画国会选区地图和增设众议院议员的新方法。这些赛博社会实验可首先在少数的几个州实施，审视本体涌现性的结果，然后反馈给计算机重新开展评估，并在随后的各州进一步实施。

我们已经说明，涌现性直接与系统中 Agent 之间的互动有关。尽管我们某些社区的社交互动可能在逐渐减少，但赛博互动正在呈指数级增长，既包括赛博社交网络，也涉及我们与"智能手机"之间的互动。海量的赛博所捕获的互动将允许更深入地理解在背景环境中人们做出决策的方式，以及我们与社会构造融合的方式。我们即将同时开展一系列的演进，在此计算机在日常生活中日益普及。CPS 现在不仅开始主宰我们的个体生活，而且还将主宰我们所生活的社会。

参考文献

[1] AkokaJ, Comyn-Wattiau I, Laoufi N. (2017). Research on Big Data-A systematic mapping study. Computer Standards and Interfaces，54，105-115.

[2] Aminian F, Suarez E D, Aminian M, et al. (2006). Forecasting economic data with neural networks. Computational Economics，28(1)，71-88.

[3] Ashby W R. (1958). Requisite variety and its implications for the control of complex systems. Cybernetica，1(2)，83-99. Reference 367.

[4] Axtell R, Axelrod R, Epstein J M, et al. (1996). Aligning simulation models：A case study and results. Computational and Mathematical Organization Theory，1(2)，123-141.

[5] Baheti R, Gill H. (2011). Cyber-physical systems. The Impact of Control Technology，12(1)，161-166.

[6] Bankes S C. (2002). Agent-based modeling：A revolution? Proceedings of the National Academy of Sciences，99(Suppl 3)，7199-7200.

[7] Bar Y Y. (2004). A mathematical theory of strong emergence using multiscale variety. Complexity，9(6)，15-24.

[8] Barros F J. (2002). Towards a theory of continuous flow models. International Journal of General Systems，31(1)，29-40.

[9] Bateson G. (1972). Steps to an Ecology of Mind. New York：Ballantine.

[10] Benjamin W. (2008). The Work of Art in the Age of Mechanical Reproduction. London：Penguin.

[11] Berger P L, Luckmann T. (1966). The Social Construction of Reality：A Trea-

tise in the Sociology of Knowledge. Garden City, NY: Anchor Books.

[12] Blumer H. (1969). Symbolic Interactionism: Perspective and Method. Englewood Cliffs, NJ: Prentice Hall.

[13] Bostrom N. (2003). Are we living in a computer simulation? The Philosophical Quarterly, 53(211), 243-255.

[14] Chaisson E J. (2011). Energy rate density as a complexity metric and evolutionary driver. Complexity, 16(3), 27-40.

[15] Collins P H. (2002). Black Feminist Thought: Knowledge, Consciousness, and the Politics of Empowerment. Routledge.

[16] Connell R W, Messerschmidt J W. (2005). Hegemonic masculinity: Rethinking the concept. Gender and Society, 19(6), 829-859.

[17] Cooley C H. (1902). Human Nature and the Social Order (pp. 152). New York: Scribner's.

[18] Crutchfield J P. (1994). The calculi of emergence. Physica D, 75(1-3), 11-54.

[19] Csikszentmihalyi M. (1990). Flow: The Psychology of Optimal Experience. New York, NY: Harper & Row.

[20] Csikszentmihalyi M. (2000). Beyond Boredom and Anxiety: Experiencing Flow in Work and Play. San Francisco, CA: Jossey-Bass.

[21] Demerath L. (1993). Knowledge-based affect: Cognitive origins of good and bad. Social Psychology Quarterly, 56, 136-147.

[22] Demerath L. (2002). Epistemological culture theory: a micro account of the origin and maintenance of culture. Sociological Theory, 20(2), 208-226.

[23] Demerath L. (2012). Explaining Culture: The Social Pursuit of Subjective Order. Lanham, NJ: Lexington.

[24] Dennett D. (2003). The Baldwin Effect, a Crane, not a Skyhook. In B. H. Weber & D. J. Depew (Eds.), Evolution and Learning: The Baldwin Effect Reconsidered (pp. 69-106). Cambridge, MA: MIT Press. ISBN: 0-262-23229-4 368 13 The Cyber Creation of Social Structures.

[25] Dreyfus H L. (1992). What Computers Still Can't Do: A Critique of Artificial Reason. Boston, MA: MIT Press.

[26] Durkheim E. (1915). The Elementary Forms of the Religious Life. New York: Free Press.

[27] Fligstein N, McAdam D. (2012). A Theory of Fields. Oxford: Oxford University Press.

[28] Friston K. (2010). The free-energy principle: A unified brain theory? Nature Reviews Neuroscience, 11(2), 127.

[29] Friston K, Kilner J, Harrison L. (2006). A free energy principle for the brain.

Journal of Physiology-Paris，100(1-3)，70-87.

[30] Gelfert A. (2016). How to Do Science with Models：A Philosophical Primer. Cham，Switzerland：Springer.

[31] Gershenson C (2012). The World as Evolving Information. In A. Minai，D. Braha，& Y. Bar-Yam (Eds.)，Unifying Themes in Complex Systems VII (pp. 100-115). Berlin，Heidelberg：Springer.

[32] Goffman E. (1974). Frame Analysis：An Essay on the Organization of Experience. New York：Harper Colophon.

[33] Goffman E. (1981). A reply to Denzin and Keller. Contemporary Sociology，10，60-68.

[34] Habermas J. (1998). Habermas on Law and Democracy：Critical Exchanges (Vol. 5). Berkeley：University of California Press.

[35] Holland J H. (1998). Emergence. Reading MA：Addison-Wesley.

[36] Hulme T. (2016). What can we learn from shortcuts? TED. Available at：https://www. ted. com/talks/tom_hulme_what_can_we_learn_from_shortcuts. Viewed 2 December 2018.

[37] Kahneman D，Egan P. (2011). Thinking，Fast and Slow (Vol. 1). New York：Farrar，Straus and Giroux.

[38] Lenartowicz M，Weinbaum D R，Braathen P. (2016). Social systems：Complex adaptive loci of cognition. Emergence：Complexity and Organization，18(2)，1-19.

[39] Luhmann N. (1982). The World Society as a Social System. International Journal of General Systems，8(3)，131-138.

[40] McIntosh P. (2012). Reflections and future directions for privilege studies. Journal of Social Issues，68(1)，194-206.

[41] McPherson M，Smith-Lovin L，Cook J M. (2001). Birds of a feather：Homophily in social networks. Annual Review of Sociology，27(1)，415-444.

[42] McQuillan P，Kershner B. (2018). Urban School Leadership and Adaptive Change：The "Rabbit Hole" of Continuous Emergence. In International Conference on Complex Systems (pp. 386-397). Cham：Springer.

[43] Mead G H. (1938). The Philosophy of the Act. Chicago，IL：University of Chicago Press.

[44] Miller J，Page S E. (2007). Complex Adaptive Systems：An Introduction to Computational Models of Social Life. Princeton Studies in Complexity. Princeton，NJ：Princeton University Press.

第五部分
发展方向

第14章　赛博物理系统工程建模与仿真应用复杂性的研究主题

Andreas Tolk[1] 和 Saurabh Mittal[2]

1 MITRE 公司,美国弗吉尼亚州汉普顿市

2 MITRE 公司,美国俄亥俄州费尔伯恩市

14.1　概　述

本书虽不是关于 CPS 的第一部书,但仍需要更好地协调研究方向并建立共同的研究主题。本书的作者已针对体系(Tolk 和 Rainey,2014)和复杂系统工程(Diallo 等,2018)相关的主题提出了类似的建议,虽然这些研究思路确实是适用的,但在本书中我们将重点关注 CPS,因此研究主题更加聚焦。

在最初的一次美国国家科学基金会(NSF)有关 CPS 的研讨会上,Edward Lee 提出了一个研究议程(Lee,2006)。在 2006 年的研讨工作会上,大多数 CPS 专家都具有坚实的控制理论和电气工程的背景,这在机器人领域很典型。因此,他们所提及的建议与其研究领域相关,侧重于更好地支持机器人所需的控制功能,包括内存管理、路径控制管理的通道设置以及其他与硬件密切相关的计算挑战。有趣的是,这些建议均涉及三个公共主题:应对 CPS 及其环境的动态行为的时间安排;环境中控制决策的预测性;并行控制信道的控制决策匹配。

在系统工程中,M&S 方法在日臻趋向集成,并准确地应对如下挑战:

① 更好地了解复杂系统的动态行为;

② 通过仿真未来系统的状态,提供预测分析方法;

③ 数据仲裁(data mediation)和多建模方法,通过不同视点的概念匹配而提供更好的方法。

这些方法需要更好地理解,M&S 方法提供了非常详细的描述,更多的内容由 Dallo 等(2018)给出。CPS 工程的研究前景需从复杂性科学的视角予以审视,以及理解 M&S 的发展是如何将 CPS 工程、系统工程和复杂性科学结合在一起的。本章将推荐系统工程师应该了解的方法。

14.2　在本书中识别的研究挑战

正是因为 CPS 是一个具有经济意义的社会-技术系统,CPS 研究全景才会显得过于发散且易受个人观点的支配。在本书中,众多作者完成了不同章节的撰写,每章都为更好地应对 CPS 工程复杂性的挑战提供了不同视角,也满足新的研究需求。在总结中,我们尝试将其汇集并编撰为特别适合学者和研究人员的形式,希望带动更多的研究成果交流和可能的研究协同。

本章试图界定一些共同主题和题目,在今后的研讨、会议和文献中予以呈现。本书各个章节的所有作者和其他许多专家都赞同此做法。列举主题如下:

- 公共的形式化方法;
- 复杂的环境;
- 复杂的工具套件;
- 多视角的挑战;
- 复杂项目中支持更好沟通的 M&S 方法;
- 强韧性;
- 支持人-机团队。

14.2.1　公共的形式化方法

正如本书其他部分所述的那样,在 2018 年马里兰州巴尔的摩举行的春季仿真会议上,一个专家小组(Tolk 等,2018)提出汇编有关研究工作的想法。这个小组的许多参与者进一步扩展做出了他们的贡献,并增加了最新的研究成果。这个小组激发了另一些作者的想法,其中一些人第一次意识到他们与仿真的密切关系。原因是,M&S 专家通常使用所支持的学科或领域的语言表达他们的研究成果。Chen 和 Crilly(2016)给出一个适用于我们职业的案例:在他们的研究中,Chen 和 Crilly 与合成生物学和集群机器人方面的研究人员共同评估问题的公共性,并表明在这些研究人员之间有着比与本领域同事更加复杂的相关问题。然而,对于信息共享和解决方案的复用,受到各自研究领域中描述它们的不同术语和概念的阻碍。

应对这些挑战的方法就是使用公共的形式化方法,其独立于所支持学科的语言来捕捉研究成果。然而,研究小组一致认为通常有必要协商并达成一个统一的形式化方法,公共的主题支持概念的组合以及协同的集合,但也指出尚未就如何实现这一目标达成一致。此外,也有人指出,混合的固有特性致使很难达成单一的形式化方法、标准和/或技术。除了早期的一些协议之外,也许可达成更好的方法来管理 CPS 的复杂性。尽管讨论了几种方法,但迄今为止推荐任何具体的制品还为时尚早。在本书中,特别是 Barros、Traoré 和 Mittal 等的章节为未来解决方案提供了可能的贡献,扩展了他们在会议中介绍的工作,表明了这种期望的统一的模块化形式化方法将利用 CPS 的协同仿真(co-simulate)的能力,而且这种统一方法不仅可寄予期望,而且有可能实现。

显然,在研讨中还有许多其他支持公共形式化的备选方法。Nance(1981)将某一类的形式化表达为离散事件,并开始在数字仿真系统中发挥主导的作用。在 2017 年春季仿真多会议的工作小组研讨中,Zeigler 重点讨论了 DEVS 的使用,其 1976 年被首次提出并在 2018 年做出最新的更新。由于 DEVS 在学术界的普及,这种形式化方法广泛用于解决不同建模范式可能的组合问题(Vangheluwe,2000;Vangheluwe 等,2002)。这些论文研究表明,DEVS 可表达多种范式,至少使它们具有相对可比性并有望最终组合成混合的方法。虽然对于 DEVS 形式化并非没有批评者,但人们已意识到它使用了最多的仿真形式化方法,也值得考虑用于支持 CPS。因此,Traoré 等(2019)和 Zeigler 等(2018)正在探索如何扩展 DEVS 以支持基于价值的健康医疗。本书中定义的形式化方法支持健康医疗系统的多视角建模和整体模拟,当然也适用于其他形式的 CPS,因为健康医疗作为一种类型的应用案例,并没有排除一般的适用性。Mittal 和 Martin 讨论了鲁棒计算环境的重要性,其中将诸如 DEVS 超级形式化用于赛博域中复杂自适应系统的建模与仿真(Mittal 和 Risco-Martón,2017;Mittal 和 Zeigler,2017)。

所有这些都是有效和有价值的方法,为支持工作小组的研讨,在阐明基本立场的论文中列出了更多的案例(Tolk 等,2018)。本章综述和列举的,既不是完整的也不排他。本章的撰写是为了提供案例并可能作为后续研究的起点。数学理论、计算机科学和物理学科必须为应对混合解决方案提供坚实的基础,将计算组件和物理组件一致性地结合在统一的理论中,作为适用的通用方法产生特定领域的解决方案。以此想法开展工作,公共形式化方法的达成仍然是主要的挑战之一,以弥补不同学科之间甚至不同 M&S 方法之间的差距,并更好地管理本书提及的赛博物理域的复杂性。

14.2.2 复杂的环境

如大多数章节所讨论的,CPS 在日益复杂的环境中运行,满足这些多样化且通常迅速变化的需求是另一个让人关切的主题。

14.2.2.1 背景环境

CPS 是特定域的系统(Sehgal 等,2014)。例如,基于可穿戴传感器的 CPS(如自动药物输送)是健康医疗特定的 CPS,使用无人机技术的自动灾难诊断系统等是航空特定的 CPS 等。然而,其中使用的许多物理设备并不是特定域的,而是通用的、可复用的组件。例如,相同的组件可在航空特定和健康医疗特定 CPS 中使用,也可用于支持一个全新的领域,如自动灾难响应管理系统;在不同 CPS 中的设备将在多个背景环境、多个模态和不同范围中使用。

当 CPS 通过商用互联网(或万维网)进行通信,从而增大其规模和社会-技术影响时,它们将采用 IoT 形式(Jazdi,2014)。在适用的实验环境中,提供不同的使用范围是一项挑战。对于给定的 CPS 设备,我们需要即插即用的虚拟域,其中相同的物理设备可通过不同的赛博配置文件进行通信访问。以设备为中心的内容,如本书有关章节所述:使用系统实体结构建模的 IoT 生态系统抵御复杂性和风险,这一形式提供了一种即插即用的领域环境开发虚拟环境的机制。我们需要支持各种领域环境的模型(如健康医疗、航空、制造、人口学等)的技术注入相同的仿真环境中。协同仿真是一种新兴技术,允许域仿真中共存着相同 CPS 设备的模型。

14.2.2.2 虚拟环境

通过虚拟环境对受测试系统产生真实的激励,使用 M&S 方法支持测试和评估,这是一个广为通行的做法,Bergman 等(2009)和 Haman 等(2013)提供了相关领域的一些案例。特别是在防务相关的领域,存在许多其他案例,其中测试用例必须由仿真和虚拟环境提供,因为使用真实系统进行实验过于危险、过于昂贵或者实际上根本就不可行。在本书的章节中,围绕两个相关主题,首先是使用基于代理的 M&S 方法,为 CPS 提供成熟的技术开发和测试环境;其次提供充分的社会-技术环境(例如:在线、虚拟和构造(LVC)环境),解决 CPS 的多模态问题,并评估新方法的社会意义。

Talcott(2008)以及 Sanislav 和 Miclea(2012)提供了 M&S 方法支持 CPS 开发和测试的理论基础以及实用建议。Tolk(2014)也提出了使用基于代理的开发和测试台的案例,还指出了自主系统和智能代理之间的分类相似性。这种相似性,例如允许使用代理为自主系统开发行为规则,使用虚拟测试台执行一系列测试,并将规则从智能代理转换到自主系统。一些商业解决方案,如 Compsim 的 KEEL®(知识增强电子逻辑)技术,设计为可从软件环境转换 CPS 环境,无需重新制定新的解决方案(Keeley,2007),因为虚拟环境中使用的逻辑可直接应用于 CPS 作为实际运行的决策逻辑。

社会-技术环境的需要源于关于 CPS 的观察,在城市环境中 CPS 日益普遍存在,在此环境中主要由动态的社会而不是单一用户所定义。新的 M&S 方法和平台应支持交互式的 CPS 社会空间的设计,达到当前只有通过长期专业领域的仿真等,如交通流量仿真,才能实现的鲁棒性和可信度水平,将 CPS 理解为社会的智能代理(Jennings 和 Wooldridge,1996)。这种环境还将支持对团队中人-机协作的评价,某些设想的场景日益增加,其中需要人类的独创性,但又是特别危险,不能由团队独立应对,如 Zander 等(2015)所构想的情景。

还有一些案例表明为什么还需要更多的研究,其目的在于使 CPS 开发、测试和评估成为现实,从而实现技术和社会-技术仿真环境的愿景。它们提供了 CPS 在安全环境中进行自优化和自组织以及在系统部署中持续优化决策逻辑等的实验选项。

14.2.3 复杂的工具集

国际系统工程委员会(INCOSE)是系统工程领域的专业协会,成员超过 17 000 人。它为世界各地的系统工程师提供教育、网络联系和职业发展机会以及跟踪行业新趋势并开展前沿研究。复杂系统工程领域最近也成为关注焦点,INCOSE 提出的建议和研究成果将有利于管理 CPS 的复杂性。Norman 和 Kuras 利用专业系统工程师的经验,确定了复杂系统工程与传统系统工程的主要差异和挑战(Norman 和 Kuras,2006),表 14.1 所列为传统系统工程和复杂系统工程的对比。

表 14.1 传统系统工程和复杂系统工程的对比

传统系统工程	复杂系统工程
产品是可重复生产的	没有两个相似的复杂体
产品实现并满足预先定义的规范	复杂组织体不断演变并增加其复杂性
产品具有明确定义的边界	复杂组织体具有模糊的边界
在产品实现过程中,剔除不需要的可能性	复杂组织体演化过程中,不断评估新的可能性,以实现功效和可行性
外部的智能代理实现产品集成	复杂组织体是自集成和再集成的
产品的实现是最终的产品实例	复杂组织体的演化从未停止
当不需要的可能性以及内部矛盾(资源竞争、对相同输入的不同解释等)源头已解决时,产品开发告以结束	复杂组织体依赖于内部协同和内部竞争来激发其演进

显然,环境的开放性与系统自身的多模性相结合,对支持分析、诊断、建模和合成复杂系统的系统工程方法提出了额外的需求。INCOSE 为系统工程师提供了复杂性的基本指导,识别一系列精心策划的工具集(Sheard 等,2015),其中很多工具是仿真工程师所熟悉的,因为能够深入了解复杂环境中复杂系统的动态行为,对系统工程师至关重要,而这正是 M&S 所能提供的。在此确定的复杂系统工程的方法如下:针对描述真实世界参照所观测的数据,基于仿真的解决方案以数值方式提供类似数据的能力,这方面特别令人关注。这些数据用于评估与真实世界相同的方法,而无需进入真实系统,因为实验过于危险、过于昂贵,或者由于其他不可行的原因,如系统还未能实现。

- 支持复杂系统**分析**的方法,包括:数据挖掘、样条曲线、模糊逻辑、神经网络、分类回归树、核函数机(kernel machine)、非线性时间序列、马尔可夫链、幂律统计、社会网络分析和基于代理的模型等。
- 支持复杂系统**诊断**的方法,包括:算法复杂度、蒙特卡罗方法、热力学极限(thermodynamic depth)、分形维、信息理论、统计复杂性、图论、功能信息和多尺度复杂度等。
- 支持复杂系统**建模**的方法,包括:不确定性建模、虚拟沉浸式建模、功能/行为模型、反馈控制模型、耗散系统、博弈论、元胞自动机、系统动力学、动态系统、网络模型和多尺度模型等。
- 支持复杂系统**合成**的方法,包括:设计结构矩阵、系统和复杂组织体架构框架、模拟退火(simulated annealing)、人工免疫系统、粒子集群优化、遗传算法、多代理系统和自适应网络等。

上述所枚举的各种方法的公共点是,使用 M&S 方法和计算智能。显然,此处的枚举并不完整,而更像一个开放的工具箱,用以帮助系统工程师完成他们的各种任务。这种方法的一个挑战是需要对工具进行编排,意味着各种方法之间也需要彼此的互操作。

在这一领域有很多研究课题。INCOSE 提供的研究列表是一个良好的起点,但一定还有更多的选项。其他许多数学的工具可提供有意义的见解,如多重分形分析,如Furuya 和 Yakubo(2011)描述的复杂网络,而且已经应用于其他多个领域。许多运行研究方法(运筹学),包括传统的统计方法也可以发挥作用。在何时应用何种方法,如何为工具箱的用户提供指导,而这些用户不一定是工程师,开发新方法都可归于可能的感兴趣的一系列主题。一个领域需要与许多其他学科联系,希望增加跨学科研究和成果的交流。

14.2.4　多视角挑战

人们相当肯定,解决现代系统工程的复杂性需要多个视角或视点,同时也广泛认可这些视角需与同一系统的整体研究保持对准一致,无论是独立操控特定视角的模型还是模型组合。因此,我们自然而然地假定这些视角之间存在着潜在的一致性,因为它们描述的是相同的现实,并由此揭示和形式化地捕获这些视角的对准关系。然而,由于我们的视角受计算和认知边界的限制,多个视角基于公共的、单一的现实的假设,也不总是合乎情理的。尽管如此,仿真还是最佳的方法之一,让人们以可执行、无歧义、可沟通的形式获得知识。

仿真是一种数学模型,用计算的方式描述或创建系统的过程。仿真是我们关于复杂现实认知表达的最佳方式,即关于现实最深刻的概念(Vallverdú,2014)。

每个仿真表达不同的视角,在认识论方面的挑战在于构建仿真的共享模型。Tolk等(2013)表明模型是任务驱动的、基于目的简化以及对于现实认识或理解抽象的结果。无论模型里存在什么,它都将成为现实的仿真体验的一部分。模型之外的所有内容不能成为仿真有效解释的一部分。这直接影响关于存在一个公共的、可计算的、代表公共真相的超级模型的假设。

显然,各种方法代表着在基础理论或世界观方面截然不同的视角,尽管如此,还是提供了有价值的不同视角。再看看那些用来捕获 CPS 知识的各种计算函数,由于 CPS涉及多学科的内容,如果假设那些计算方法都能适于 CPS,这当然是一个不合实际的想法。它们可使用不同的抽象层级,从而产生不同程度的分辨率(系统及其子组件的建模详细程度)以及保真度(系统及其子组件的行为建模的精准度)。由此产生的多分辨率、多范围、多结构、多阶段、多保真度组合的挑战,始终是各种 M&S 学术贡献的主题,同样需要总结经验教训并在 CPS 开发和评估中予以应用。

研究兴趣的另一个方向是通用的计算约束,当精准表达或求解方法还不能成为可能时,则在使用数值解决方案和启发式方法方面具有一定的挑战。Oberkampf 等(2002)提供了这样的案例。众所周知,对于 M&S 研究团体,数字解或启发式方法即使发生细微的变化,也可能导致仿真结果的显著不同。在具有高灵敏度的高非线性系统的初始状况中更具挑战性。因此,即使针对相同的视角,采用不同的数值法或引导性启发式法也可产生显著不同的解决方案。

最后,库尔特·哥德尔(Kurt Gödel)等先驱者的早期卓见开辟了不完备性的定理,以及阿兰·图灵证明了算法对于许多问题的不可判定性,从而对多视角建模有了另一种观点。如 Tolk 等(2013)表明,可捕获公共参考模型中的各种视角和视点,该模型中允许基于概念构想的知识表达中出现矛盾。这样的参考模型能够导出一系列的模型,这些概念模型是所有不一致参考模型的一个一致的子集。这个一致的子集可以作为仿真来实现,所有生成的仿真都可作为评估整体问题的不同视角。这种方法不是提供一个解决方案,而是出现一系列解决方案,所有这些解决方案都基于不同的概念构思。此方法为解决方案集的稳定性和灵敏度分析增加了一个额外的组件。就如众所周知的天气预报,在预报图中显示即将到来的飓风的不同路径和锥形结构,而使用不同的模型将产生不同的预测结果,类似本章节中讨论的多视角模型方法——向决策者提供所有信息。同样,以恰当的方式实现所有数据的可视化是关键。

14.2.5 复杂项目中支持更好沟通的 M&S 方法

目前,系统愈加复杂。随着物联网、大数据、深度学习等新时代的来临,模型的定义对于我们分析所要解决或应对问题的维度至关重要。异构团队必须共同努力来开发和设计智慧城市,例如分析污染、新公园的可持续性或公共建筑;复杂的救援任务,涉及无人驾驶车辆、摄像设备、传感器以及不同目标;供应链和物流,涉及运输系统中的传感器以及一系列的应用案例。这些不同的实践团体很少能共享公共的流程或组织结构,因此,有关规划、协作和阶段安排等工作的简单沟通都成为一项重大的挑战。模型驱动架构(MDA)的概念是对象管理组织(OMG)在十多年前提出的(Kleppe 等,2003),在与核心团队以外的工程师(如支持软件和系统工程师)沟通想法时,采用这些概念往往会面临窘迫的境地,转而再向非专家领域的人士(如政治家、行政人员等)解释项目时,情况就更不乐观了。

在系统工程生命周期中,基于模型的工程和基于仿真的工程是两种不同的应用方法。当在系统工程中应用基于模型的工程(MBE)时,称为基于模型的系统工程(MBSE)。当先进的模型转型技术同时应用于 MBE 和 MBSE 时,它采用的是模型驱动系统工程(MDSE)的形式(Mittal 和 Martin,2013)。所有这些基于模型的说法并不倡导将模型作为开展实验的手段,而在开发共享模型(通过 MBSE)以及将多域模型引入共享计算模型(通过 MDSE)方面提供了巨大的应用价值。基于仿真的工程也包含模型的概念,但更侧重于实验以及由作为施动者的人来体验这一模型。在上述两种不同方法之间的第三种方法——可执行建模方法,可归入模型体验的范畴,但我们在此不做研究,还是将其纳入基于仿真的工程方法(Zeigler 等,2018)。这三种方法共同提供了不同的价值主张,用以解决与建模、仿真、实验和项目管理相关的复杂性。

M&S 有助于此类项目的整体定义和开发。然而,还没有一个综合的 M&S 方法来解决所有这些问题。几十年来,我们一直在讨论综合的 M&S 问题,迄今为止还没有一个被普遍接受的综合的解决方案。我们看到大数据分析或深度学习如何通过训练、验证和测试提供有趣的模型,但它们只能解答一些小的、聚焦的问题。正如 van Dam 在斯坦福大学演讲时曾说的那样:

如果一张图能胜过千言万语,那么一幅移动的图就胜过上千张静态的图,而一张真正互动、用户可控的动态图片则又胜过上千张被动的图片(van Dam,1999)。

在多样化和多学科的研究团体中,如支持 CPS 开发和评估的团体中,这是一个重要的说法,在今天与 1999 年一样的有效。新的沉浸式技术甚至支持专家以及系统使用者之间更高层级的交互式沟通的概念。

14.2.6 赛博物理系统强韧性

关键的基础设施,如电网、石油和天然气精炼厂或供水系统,具有复杂的技术网络特征。赛博物理的互联性使它暴露在攻击面之下,从而易受赛博攻击。这些关键基础设施发生中断的可能性,可归于物理现场和控制中心之间网络的互依赖性和脆弱性。这就需要为这些关键基础设施开发赛博强韧性的测度,明确提出可定量的考量。这些指标必须支持一种能够提供充分安全的控制能力,保证运行的强韧性和开发高效费比的风险缓解计划。研究人员不太可能从运行环境中获取数据来生成强韧性测度。相反,一个经验证的混合仿真环境将适用于提供有用的赛博强韧性测度,将有助于开发决策支持系统,并最终有助于形成明智的风险缓解计划。以下是开发 CPS 混合仿真所面临的挑战。

14.2.6.1 CPS 强韧性测度

最近的一篇文献综述了 CPS 相关系统中的最先进的强韧性测量技术,也表明了今后研究中必须解决的几个差距(Gay 和 Sinha,2013)。在开发具有赛博强韧性测度的混合仿真环境之前,需要开发 CPS 强韧性仿真框架。Tierney 和 Bruneau 针对跨越技术、组织、社会和环境(TOSE)维度的灾难强韧性,提出了 R4 框架(Tierney 和 Bruneau,2007)。R4 框架包括鲁棒性(系统在性能降级状况下的运行能力)、冗余性(在出现性能显著下降的事件时,识别可满足功能要求的替代元素)、调整性(根据问题优先度确定资源投入的解决方案)和快速性(及时恢复功能的能力)。该框架为开发赛博物理强韧性的仿真框架提供了一个实在的起点。混合仿真框架将允许跨 TOSE 维度测量赛博物理系统的 R4,该框架将解决 CPS 强韧性所需的考量的各个方面。描述 TOSE 维度之间相互作用的能力至关重要,例如,仅从技术维度和组织维度独立计算 R4 强韧性测度,无法有效察觉到强韧性的不足。技术维度中的 R4 测度不会意识到任务目标和组织约束,这将限制仿真的有效性并带来孤岛效应。在这四个维度的交点处存在着一些因素,需在混合仿真框架中考虑。混合仿真框架只有能够不仅向技术利益相关方,而且向决策者提供有用的见解才能更有效,而决策者希望利用仿真的输出来开发明智的决策支持系统。

14.2.6.2 CPS 强韧性仿真和可行动的智能

开发支持 CPS 强韧性的混合仿真框架,目的不仅是要生成可量化的强韧性测度,而且可提供缓解行动计划以提升强韧性。为了提高 CPS 的强韧性,缓解策略可侧重于赛博或物理组件。混合仿真框架应该能够同时实施缓解策略,并提供面向有效性的可行动的智能。此外,缓解策略还应与 TOSE 维度保持一致,以确保提议的更改不会对

TOSE 维度之间的相互作用产生负面影响。虽然存在几类聚焦于赛博的缓解策略,但它们通常依赖于赛博组件类型,并且不适用于更广泛的 CPS 类型的通用缓解计划。然而,物理系统不会随着网络技术的快速发展而变化。物理系统遵循物理定律,具有一定的惯性。我们可以充分利用这一特性来了解物理系统能否在可接受的范围内运行,即使信号篡改或丢失。物理速度和网络速度之间存在数量级的差别,CPS 中的惯性特性提供了运行自由度,即使某些运行状态已经丧失。

在混合仿真框架中,如果物理系统能够容忍信号丢失,将有助于发现赛博攻击在何种程度上都能够被承受。仿真框架应该能够回答有关检测(我们何时应降下来)、故障隔离(应丢弃什么)、恢复(多久我们可以恢复到已知的良好状态)的问题。Couretas (2018)详细讨论了这种框架的初步想法和概念。这一领域还需要进行其他方面的研究,特别是如何采用共同的形式化和标准化的方式扩展框架概念,以生成用于系统评估的数字孪生,本章其他部分也涉及了这一话题。

14.2.7　支持人-机团队

CPS 可用于众多需要人机团队工作的领域,如应急响应和救灾(Zander 等,2015; Bozkurt 等,2014)、军事应用(Gunes 等,2014)以及许多其他领域(Kim 和 Kumar, 2012)。这些团队在人-机接口以及机器控制方面提出了一系列新的需求,而无需制约它们自身的功能。

关于 CPS 的多模态,在本书中是个反复出现的主题,在人-机界面讨论中,它提供了全新的机遇。首先,CPS 可扩展和增强人类的感官输入。无论 CPS 探测到什么,都可以使用虚拟现实或增强现实方法为人类显示出来。救援人员可通过 CPS 实体"看到"将倒塌建筑物的内部,士兵可使用 CPS 设备进行侦察行动等。同样,CPS 也可成为人类合作伙伴的本地角色,例如,外科医生可以利用战场附近的 CPS 进行远程手术, CPS 不仅向外科医生提供所需的视觉、触觉和其他信息,还可根据外科医生发出的信息进行手术。其他应用可能需要 CPS 系统识别团队成员等的手势或体姿。所有这些不同的应用都需要研究并应对各种挑战,并需要与人工智能研究人员以及机器人和无人机传感器专家的密切协同,并有望实现众多解决方案的复用性。

在此背景下反复出现的研究主题,是参与运行的 CPS 的行动编排的挑战。在本书有关智能 CPS 运行和设计挑战的有关章节中,作者们详细讨论了互联和系统运行的挑战,这些作者的理解与军事行动分析专家开发的指挥和控制模型高度一致,该模型被称为:北约网络使能能力指挥和控制成熟度模型(Alberts 等,2010)。该模型还着眼于实体之间编排的各个阶段,从冲突行为、运用领土责任限制化解冲突、针对共同目标的协调行为、公共控制下的协同,直到基于自组织和本地效率优化的公共目标的融合解决方案。然而,对此类方法的验证比基于系统评估更受关注。在哪些情况和约束下,这种多样化的控制范式是可行的并可交付预期的结果,这都需要更多研究,Tolk 和 Rainey (2014)所开展的体系研究已经满足了这一需要。本书多章中描述的 CPS 面临的各种复杂性挑战,再次强调了这项工作的重要性。

14.3 讨 论

在本书最后的总结章节中,我们试图汇编一系列需要解决的研究途径,以便更好地支持应对 CPS 中识别的复杂性挑战。了解系统在复杂环境中的动态行为仍然是一个重大挑战。国际上的专家协会,如 INCOSE,认为 M&S 是应对这一挑战颇具前景的方法。

然而,计算功能种类繁多、视角不同以及模型抽象层级和保真度的分辨率也迥然不同,我们仍需要克服一些实际的和计算的障碍。在应对数据中的不确定性、模糊性、不完整性和矛盾性时,又增加了问题的难度。用于 CPS 实验的合成数据的生成问题研究尚处于起步阶段,这是因为多个范围的 CPS 问题在很大程度上对于实施还过于复杂。赛博安全和强韧性通常得不到满意的解答,而且随着 CPS 对关键基础设施的依赖性日益增强,已成为人们日益关注的问题。

在此编撰的研究议题,并不需要彻底全新的方法,我们更应该寻找解决方案,使我们能够通过应用研究,将概念从"原理的可能"转换为"实际的可能"。我们只有经历从多学科研究、学科间研究直到真正的跨学科研究的协同,才能做到这一点。这需要建立一个公共的知识体,一个共同认知的概念、术语和活动,由此构成 CPS 工程师的专业领域知识集合。通过本书,我们希望为这一门新学科的研讨和创立做出贡献,从而有望包容 M&S 和计算领域知识提供更多的解决方案。

致 谢

本书中介绍的研究工作得到了 MITRE 公司创新计划的部分支持,并大量地借鉴了本书其他章节作者的研讨和其他工作内容。本书中的观点、意见和/或研究结果仅代表 MITRE 公司,除非另有文件指定,否则不应解释为政府的官方立场、策略或决议。批准公开发布;无限制分发。

参考文献

[1] Alberts D S, Huber R K, Moffat J . NATO net-enabled capability command and control maturity model (N2C2M2). Technical report, Command and Control Research and Technology Program, 2010.

[2] Bergman D C, (Kevin) Jin D, Nicol D M, et al. (2009). The virtual power system testbed and inter-testbed integration. In Proceedings of the Cyber Security Experimentation and Test (CSET), Montreal, Canada.

[3] Bozkurt A, Roberts D L, Sherman B L, et al. (2014). Toward cyber-enhanced working dogs for search and rescue. IEEE Intelligent Systems, 29(6), 32-39.

[4] Chen C C, Crilly N. (2016). Describing complex design practices with a crossdomain framework: learning from synthetic biology and swarm robotics. Research in Engineering Design, 27(3), 291-305.

[5] Couretas J M. (2018). An Introduction to Cyber Modeling and Simulation (Vol. 88). Hoboken, NJ: Wiley.

[6] Diallo S, Mittal S, Tolk A. (2018). Research agenda for the next-generation complex systems engineering. In Emergent Behavior in Complex Systems Engineering: A Modeling and Simulation Approach (pp. 370-389). Hoboken, NJ: Wiley.

[7] Furuya S, Yakubo K. (2011). Multifractality of complex networks. Physical Review E, 84(3), 036118.

[8] Gay L F, Sinha S K. (2013). Resilience of civil infrastructure systems: literature review for improved asset management. International Journal of Critical Infrastructures, 9(4), 330-350.

[9] Gunes V, Peter S, Givargis T, et al. (2014). A survey on concepts, applications, and challenges in cyber-physical systems. KSII Transactions on Internet and Information Systems, 8(12), 4242-4268.

[10] Hahn A, Ashok A, Sridhar S, et al. (2013). Cyber-physical security testbeds: architecture, application, and evaluation for smart grid. IEEE Transactions on Smart Grid, 4(2), 847-855.

[11] Jazdi N. (2014). Cyber physical systems in the context of industry 4.0. In IEEE International Conferenceon Automation, Quality and Testing, Robotics, Cluj-Napoca, Romania. IEEE.

[12] Jennings N, Wooldridge M. (1996). Software agents. IEEE Review, 42(1), 17-20.

[13] Keeley T. (2007). Giving devices the ability to exercise reason. In Proceedings of the International Conference on Cybernetics and Information Technologies, Systems and Applications (CITSA 2007) (vol. 1, pp. 195-200). Orlando, FL.

[14] Kim K D, Kumar P R. (2012). Cyber-physical systems: a perspective at the centennial. Proceedings of the IEEE, 100(Special Centennial Issue), 1287-1308.

[15] Kleppe A G, Warmer J, Warmer J B, et al. (2003). MDA Explained: The Model Driven Architecture: Practice and Promise. Boston, MA: Addison-Wesley Professional.

[16] Lee E A. (2006, October 16-17). Cyber-physical systems-are computing foundations adequate. In Position Paper for NSF Workshop on Cyber-Physical Systems: Research Motivation, Techniques and Roadmap (vol. 2, pp. 1-9). Austin, TX. Citeseer.

[17] Mittal S, Risco M J L. (2013). Model-driven systems engineering in a netcentric environment with DEVS Unified Process. In Proceedings of the Winter Simulation Conference, Washington, DC.

[18] Mittal S, Risco-Martín J L. (2017). Simulation-based complex adaptive systems. In S. Mittal, U. Durak, & T. Ören (Eds.), Guide to Simulation-Based Disciplines (pp. 127-150). Cham, Switzerland: Springer.

[19] Mittal S, Zeigler B P. (2017). The practice of modeling and simulation in cyber environments. In A. Tolk & T. Ören (Eds.), The Profession of Modeling and Simulation. Hoboken, NJ: Wiley.

[20] Nance R E. (1981). The time and state relationships in simulation modeling. Communications of the ACM, 24(4), 173-179.

[21] Norman D O, Kuras M L. (2006). Engineering complex systems. In D. Braha, A. A. Minai, & Y. Bar-Yam (Eds.), Complex Engineered Systems (pp. 206-245). Berlin, Heidelberg: Springer.

[22] Oberkampf W L, DeLand S M, Rutherford B M, et al. (2002). Error and uncertainty in modeling and simulation. Reliability Engineering & System Safety, 75(3), 333-357.

[23] Sanislav T, Miclea L. (2012). Cyber-physical systems-concept, challenges and research areas. Journal of Control Engineering and Applied Informatics, 14(2), 28-33.

[24] Sehgal V K, Patrick A, Rajpoot L. (2014). A comparative study of cyber physical cloud, cloud of sensors and internet of things: their ideology, similarities and differences. In IEEE International Advance Computing Conference, Gurgaon, India. IEEE.

[25] Sheard S, Cook S, Honour E, et al. (2015). A complexity primer for systems engineers. In INCOSE Complex Systems Working Group White Paper.

[26] Talcott C. (2008). Cyber-physical systems and events. In Software-Intensive Systems and New Computing Paradigms (pp. 101-115). Heidelberg, Germany: Springer.

[27] Tierney K K, Bruneau M. (2007). Conceptualizing and measuring resilience: a key to disaster loss reduction. TR News, 250, 14-17.

[28] Tolk A, Barros F, D'Ambrogio A, et al. (2018). Hybrid simulation for cyber physical systems: a panel on where are we going regarding complexity, intelligence, and adaptability of cps using simulation. In Proceedings of the Symposium on Modeling and Simulation of Complexity in Intelligent, Adaptive and Autonomous Systems (pp. 681-689). Baltimore, MD. Society for Computer Simulation International.

[29] Tolk A, Page E H, Mittal S. (2018). Hybrid simulation for cyber physical systems: state of the art and a literature review. In Proceedings of the Annual Simulation Symposium (pp. 122-133). Baltimore, MD. Society for Computer Simulation International.

[30] Tolk A. (2014). Merging two worlds: agent-based simulation methods for autonomous systems. In A. P. Williams & P. D. Scharre (Eds.), Autonomous Systems: Issues for Defence Policymakers (pp. 291-317). Norfolk, VA: HQ Sact.

[31] Tolk A, Diallo S Y, Padilla J J, et al. (2013). Reference modelling in support of M&S: foundations and applications. Journal of Simulation, 7(2), 69-82.

[32] Tolk A, Rainey L B. (2014). Toward a research agenda for M&S support of system of systems engineering. In L. B. Rainey & A. Tolk (Eds.), Modeling and Simulation Support for System of Systems Engineering Applications (pp. 581-592). Hoboken, NJ: Wiley.

[33] Traoré M K, Zacharewicz G, Duboz R, et al. (2019). Modeling and simulation framework for value-based healthcare systems. Simulation, 95(6), 481-497.

[34] Vallverdú J. (2014). What are simulations? An epistemological approach. Procedia Technology, 13, 6-15.

[35] van Dam A. (1999). Education: the unfinished revolution. ACM Computing Surveys (CSUR), 31(4), 36.

[36] Vangheluwe H. (2000). DEVS as a common denominator for multi-formalism hybrid systems modelling. In Proceedings of the International Symposium on Computer-Aided Control System Design (pp. 129-134). Anchorage, AK. IEEE.

[37] Vangheluwe H, De Lara J, Mosterman P J. (2002). An introduction to multiparadigm modelling and simulation. In Proceedings of the AIS2002 conference (AI, Simulation and Planning in High Autonomy Systems) (pp. 9-20). Lisboa, Portugal.

[38] Zander J, Mosterman P J, Padir T, et al. (2015). Cyber-physical systems can make emergency response smart. Procedia Engineering, 107, 312-318.

[39] Zeigler B P, Mittal S, Traoré M K. (2018). Fundamental requirements and DEVS approach for modeling and simulation of complex adaptive system of systems: Healthcare reform. In Symposium on M&S of Complex, Intelligent, Adaptive and Autonomous Systems (MSCIAAS'18), Spring Simulation Multi-Conference, Baltimore, MD.

[40] Zeigler B P. (1976). Theory of Modelling and Simulation. New York, NY: Wiley-Interscience.

［41］Zeigler B P，Mittal S，Traoré M K. (2018). MBSE with/out simulation：state of the art and way forward. Systems Open Acces，6(4)，40.

［42］Zeigler B P，Muzy A，Kofman E. (2018). Theory of Modelling and Simulation：Discrete Event & Iterative System Computational Foundations. London，UK：Academic Press.

结束语

赛博物理系统——用建模和仿真均衡人们的热情和谨慎

Kris Rosfjord

MITRE 公司①,美国弗吉尼亚州麦克莱恩市

当前,我们处在一个高度依赖迅猛发展的 CPS 的时代,这些系统正在进一步融入关键的基础设施、健康医疗、防务能力、制造流程以及个人资产之中。本书各章节介绍了建模与仿真在 CPS 工程中的具有创见性和创造性的应用,开创了一条技术通路,在挖掘 CPS 潜力的同时而防范风险。在此,我们还将简要地研讨三个主题:时间尺度挑战、概念期望和人力的短缺。除了平衡将计算嵌入物理世界的固有复杂性之外,还需要同时应对:传统的组件和流程以及新系统的问题。赛博物理的解决方案应是可靠的、安全的、可扩展的和适应性的,这也加剧了挑战性。整合传统的组件来创造一个由具有不同生命周期部件组成的系统,其中就包括:

- 工业组件,预计生命周期 10 余年(Givehchi 等,2017);
- 网络标准,大概每 10 年更新一次;
- 物理传感器,生命周期以数年来计;
- 软件,生命周期以数月来计。

本章描述的建模与仿真方法提供了一种策略,用于设计、预测和分析 CPS 多时间尺度组件固有的效应。

此外,虽然本书中描述的技术具有针对整个生态系统进行建模的能力以及组件层级的具体细节,但人们还要考虑自动化 CPS 的期望和局限。例如,在机器学习研究团队中有强烈的动机,将保证性(鲁棒性、透明度、因果关系等)和解释性纳入其中。当应用于自动驾驶车辆时,在一定程度上转化为期望去理解为什么做出的决定导致了这样的事故。当我们不考虑系统中的自主组件,而审查由人造成的事故时,我们发现当人是事故的肇事者时,他们并不善于识别交通事故的原因(Loftus,2007)。同样,人很难识

---

① 本章中介绍的研究工作得到了 MITRE 公司创新计划的部分支持。本章中的观点、意见和/或研究结论仅代表 MITRE 公司,除非其他文件特别指明,否则不应解释为政府的官方立场、政策或决议。

别其他系统的意图,然而我们可能会质问CPS的意图。随着在日常生活的各个环节中CPS日益被人们接受并根深蒂固地存在,就需要我们区分回答那些试图通过建模与仿真来应对的问题。

回忆Horowitz在前言中所述的内容,这一领域公认的挑战之一,是缺少从事开发和/或运用复杂分析技术来构建CPS的人才。如果我们将影响这一领域的科学家和工程技术人员的相关技术背景大致归为数学、计算机科学、物理学、心理学和社会科学以及工程学,我们就要关注这些领域的研究生学位教育的趋势。在相关的研究领域(NSF,2013—2017),图E.1给出了五年内博士毕业的最新数据,表明在五年中目标方向的毕业生比率略有增加,达到7%。然而,人力短缺的挑战是否还将会持续下去,这依然是个未解的问题。这本跨学科的书籍,汇集了具有不同技术背景的CPS建模与仿真领域的专家的各种观点,并提供了面向开发和研究人员,利用相关专家技能来开发和建立专业知识的机会。

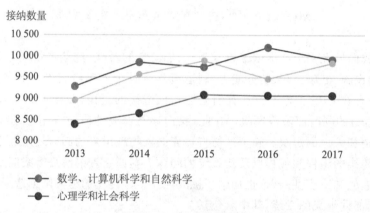

图 E.1 相关研究领域接纳的博士研究生数量
(数据来源:美国国家科学基金会,获得博士学位的调查(2013—2017))

本书涉及CPS演进中建模与仿真方法的各种不同的应用方式,界定此领域的应用发展上限将是徒劳的。随着这些系统的不断涌现和持续完善,人们将有幸看到CPS所能达到的令人激动的高度。

参考文献

［1］Givehchi O, Landsdorf K, Simoens P, et al. Interoperability for industrial cyber-physical systems: An approach for legacy systems. IEEE Transactions on Industrial Informatics, 13(6), 3370-3378, 2017.

［2］Elizabeth F. Loftus Eyewitness Testimony: Civil and Criminal. Fourth edition. LexisNexis, 2007.

［3］NSF Survey of Earned Doctorates 2013-2017.

附　录　词汇表

英文简称	英文全称
AHP	Analytical Hierarchy Process
AL	Active Learning
AOC	Air Operations Center
AR	Agent Representation
ARX	Autoregressive
ARX	Auto Regressive model with eXogenous inputs
AS	Autonomous System
AV	Autonomous Vehicle
AxS	Autonomous System
BDI	Belief-Desire-Intention
BPMN	Business Process Modeling Notation
CAN	Controller Access Network
CAS	Complex Adaptive Systems
CAS	CyCAS Cyber
CBRN	Chemical，Biological，Radiological and Nuclear
CERPS	Critical-Events Robust Prediction System
CERT	Cyber Emergency Response Team
CICAS	Cooperative Intersection Collision Avoidance Systems
COMBATXXI	Combined Arms Analysis Tool for the Twenty-First Century
COMPASS	Comprehensive Modelling for Advanced Systems of Systems
COP	Common Operational Picture
CORBA	Common Object Request Broker Architecture
CPS	Cyber-physical systems
CS	Constituent System
CSV	Comma Separated Value
CVSS	Common Vulnerability Scoring System
CWSS	Common Weakness Scoring System

英文简称	英文全称
DA	Distributed Agency
DAS	Data Acquisition System
DCS	Distributed Control System
DD	Data Driver
DDoS	Distributed Denial of Service
DDS	Discrete Dynamic System
DDS	Data Distribution Service
DevOps	Development and Operations
DEVS	Discrete Event System
DEVS	Discrete Event system specification
DSMF	Domain specific modeling formalism
DSML	Domain-specific modeling language
DSRC	Dedicated Short-Range Communication
EDA	Electrodermal Activity
EDS	Expert Decision System
EF	Experimental Frame
ESC	Electronic Speed Controller
ETD	exponential time differencing
F2T2EA	Find，Fix，Track，Target，Engage and Assess
FA	Focus Area
FFRDC	Federally funded research and development center
FMI	Functional Mock-up Interface
FMU	Functional Mock－up Unit
FSPN	Fluid stochastic Petri Net
GALS	globally asynchronous/locally synchronous
GAMS	Generic Algebraic Modeling System
GE	Grammatical Evolution
GPML	Gaussian Process Machine Learning
GUI	Graphical User Interface
HIL	Hardware in the loop
HLA	High Level Architecture
HMI	Human － machine interface

续表

英文简称	英文全称
HSSEDI	Homeland Security Systems Engineering and Development Institute
HyFlow	Hybrid Flow System Specification Formalism
I2C	Inter-Integrated Circuit
ICS	Industrial Control Systems
ICT	Information and Communication Technologies
I-DEVS	Imprecise-DEVS
INCOSE	International Council of Systems Engineering
IRQ	Interrupt Request
JISR	Joint Intelligence，Surveillance，and Reconnaissance
LAWS	Lethal Autonomous Weapon Systems
LCIM	Levels of Conceptual Interoperability Model
LiDAR	Light Detection And Ranging
LiPo	lithium polymer
LOA	Level of Autonomy
LTE	Long Term Evolution
MBE	Model-based engineering
MBSE	Model-based Systems Engineering
MCC	Mobile Cloud Computing
MCDA	Multi-criteria decision analysis
MDA	Model Driven Architecture
MDP	Markov decision process
MDSE	Model-Driven Systems Engineering
MESAS	Modeling and Simulation for Autonomous Systems Conference
MIC	Model Integrated Computing
MPM	Multi-Perspective Modeling
MSaaS	Modelling and Simulation as a Service
NATO M&S COE	NATO Modeling and Simulation Centre of Excellence
NIST	National Institute of Standards and Technology
NSGA-II	Non-dominated Sorting Genetic Algorithm II
O4CS	Ontology for Complex Systems
OCL	Object Constraint Language
ODE	Ordinary Differential Equation

英文简称	英文全称
OMG	Object Management Group
OPM	Object Process Methodology
OSLC	Open Services for Lifecycle Collaboration
OWL	Ontology Web Language
PADS	Performance Analytics Data Store
PLC	Programmable logic controller
PMU	Phasor Measurement Unit
PWM	Pulse Width Modulation
QSS	Quantized State System
R4	Robustness, Redundancy, Resourcefulness, Rapidity
RCIDS	Resource-Constrained Complex Intelligent Dynamical System
RMF	Risk Management Framework
ROS	Robot Operating System / Robotic Operating System
ROV	Remotely Operated Vehicle
RPS	Robust Prediction System
RPV	Remotely Piloted Vehicle
RRT	Rapidly exploring random tree
RTOS	Real Time Operating System
SAE	Society of Automotive Engineers
SBC	Single Board Computer
SCADA	Control and Data Acquisition
SCRN	Stochastic Chemical Reaction Networks
SD	System Dynamics
SDMS2	Sensor Dependent Model Selection System
SES	System Entity Structure
SIL	Software in the loop
SISO	Simulation Interoperability Standards Organization
SLAM	Simultaneous Localization and Mapping
SMC	Statistical Model Checking
SME	Subject Matter Experts
SoS	System of Systems
SosADL	SoS Architectural Description Language

续表

英文简称	英文全称
SSD	Sensor Status Detector
STANAG	Standardization Agreement
SVN	Stakeholder Value Network
SysML	Systems Modeling Language
TOSE	Technological，Organizations，Societal，and Environmental
T−REX	Threat network simulation for REactive eXperience
TTP	Tactics，Techniques and Procedures
UAF	Unified Architecture Framework
UAV	Unmanned Aerial Vehicle
UML	Unified Modeling Language
UP	Urbanization Project
UPDM	Unified Profile for DoDAF/MoDAF
V2I	Vehicle-to-Infrastructure
V2V	Vehicle-to-Vehicle
VM	Virtual Machine
WBSN	Wireless Body Sensor Network
WebGME	Web-Based Generic Modeling Environment
WSAN	Wireless Sensor and Actuator Network